新工科·新商科·统计与数据科学系列教材

统计计算

田　霞　徐瑞民　孙　倩　主　编

電子工業出版社
Publishing House of Electronics Industry
北京•BEIJING

内 容 简 介

统计包括统计计算和计算统计两个领域。传统的统计计算有优化算法、随机数生成算法、随机模拟、回归分析、分布函数和分位数函数计算等。计算统计包括马尔可夫链蒙特卡罗方法、EM 算法和自助法等。本书理论部分囊括了这两部分内容；实验部分是以 Python 作为编程语言实现的，部分代码展示在书中，部分代码以二维码形式放在每节后面；课程思政部分以扩展阅读形式放在每章最后。

本书可以作为高校信息与计算科学、数据计算及应用、统计学等相关专业统计计算课程的教材，也可以作为其他专业的本科生、研究生和研究统计计算方法人员的参考书。

未经许可，不得以任何方式复制或抄袭本书之部分或全部内容。

版权所有，侵权必究。

图书在版编目（CIP）数据

统计计算 / 田霞，徐瑞民，孙倩主编. —北京：电子工业出版社，2023.11

ISBN 978-7-121-46608-3

Ⅰ. ①统… Ⅱ. ①田… ②徐… ③孙… Ⅲ. ①概率统计计算法 Ⅳ. ①O242.28

中国国家版本馆 CIP 数据核字（2023）第 214124 号

责任编辑：杜　军
印　　刷：北京盛通数码印刷有限公司
装　　订：北京盛通数码印刷有限公司
出版发行：电子工业出版社
　　　　　北京市海淀区万寿路 173 信箱　　　　邮编：100036
开　　本：787×1092　1/16　印张：15.75　字数：414 千字
版　　次：2023 年 11 月第 1 版
印　　次：2025 年 1 月第 2 次印刷
定　　价：49.90 元

凡所购买电子工业出版社图书有缺损问题，请向购买书店调换。若书店售缺，请与本社发行部联系，联系及邮购电话：（010）88254888，88258888。

质量投诉请发邮件至 zlts@phei.com.cn，盗版侵权举报请发邮件至 dbqq@phei.com.cn。

本书咨询联系方式：dujun@phei.com.cn。

前 言

随着人工智能的飞速发展，有很多人开始学习 Python。Python 是开源的开发语言，用户群体数量庞大，使用 Python 解决统计计算问题既可以锻炼学生的编程能力，又可以巩固学生习得的理论知识，加深学生对统计计算理论知识的理解。由于统计计算主要考虑算法问题，因此必须与实验相配合。本书以 Python 作为编程语言，完成统计计算中的实验，使用的 Python 版本是 Spyder 中的 Python 3.5。

本书一共 7 章，理论部分建议学时数为 48 学时，实验部分建议学时数为 32 学时。

第 1 章为优化算法。本章包括误差、方程求根和优化算法，是后面回归分析、分布函数和分位数的计算等内容的基础知识。

第 2 章为随机数的生成方法。随机数在日常生活和科学研究中很常见，Python 中就有随机数生成命令，如何生成随机数、原理是什么是第 2 章要解决的问题。本章主要介绍使用平方取中法和线性同余法生成在区间[0,1]上服从均匀分布的随机数（这是随机数生成的基础），以及利用逆变换法、舍选抽样法和复合抽样法生成服从离散型和连续型随机分布的随机数。

第 3 章为随机模拟。本章首先介绍了使用随机模拟法求积分的方法，主要包括随机投点法、平均值法、重要抽样法和分层抽样法。然后为了减小估计的渐近方差，介绍了控制变量法和对偶变量法。又介绍了使用 Python 计算积分的问题、使用随机模拟求二重积分和三重积分的方法，以及使用梯形方法和辛普森公式计算积分的方法。

第 4 章为马尔可夫链蒙特卡罗方法。本章首先介绍了马尔可夫链的性质和细致平衡条件，然后介绍了如何使用 Metropolis-Hasting 算法进行数据采样和利用模拟退火算法求解极值问题，还介绍了 Python 中求最值的命令。Gibbs 抽样是一种应用更为广泛的多维分布抽样方法，它的核心是通过后验分布获得各个参数的满条件分布，并从中得到 Gibbs 样本，用于解决高维抽样时的维数灾难问题，4.3 节详细对 Gibbs 抽样进行了介绍。最后讨论了马尔可夫链蒙特卡罗方法的收敛问题，重点介绍了使用 Gelman-Rubin 检验判断马尔可夫链蒙特卡罗方法的收敛性的方法。

第 5 章为 EM 算法。EM 算法是一种求参数极大似然估计的迭代优化策略，可以处理数据截尾、数据缺失和数据有噪声等不完全数据的参数的极大似然估计或极大后验估计。本章介绍了用 EM 算法解决三枚硬币问题、分类问题、k-均值聚类问题和高斯混合分布问题等，最后讨论了 EM 算法的收敛性。

第 6 章为回归分析。本章主要涉及多元线性回归和逻辑回归（使用最小二乘法解决多元线性回归问题，使用梯度下降法解决逻辑回归分析问题），并给出了求解多元线性回归问题和逻辑回归问题时用到的代码。为了便于读者理解理论公式，例题中的代码分为两类：一类是使用理论计算公式编写代码，另一类是调用 Python 的包。

第 7 章为分布函数和分位数的计算。在一般情况下，在与数理统计相关的教材中会给出常见分布的分布函数和分位数的数值表，那么这些数值是如何算出的呢？本章使用连分式求出了标准正态分布的分布函数，再利用贝塔分布和 F 分布、t 分布的分布函数的关系，求出了这三种分布的分布函数的数值，同时给出了伽玛分布和卡方分布的分布函数的算法。对于分位数的计算，本章给出标准正态分布、贝塔分布、t 分布、F 分布和卡方分布这几种分布的分位数的算法。

本书每章最后均有扩展阅读，其内容是与每章内容相关的数学家的简介和成果，或者是具体内容在实际生活中的应用等。本书的部分代码展示在书中，部分代码以二维码形式放在每节后面，读者可通过扫描二维码查看。

第 1 章中的方程求根问题和极值问题的代码是使用公式编写的。第 2 章中的产生随机数的代码是使用公式编写的。第 3 章及之后章节中的代码则调用了 Python 中的包。虽然 Python 中包含许多标准算法，但是我们在需要解决的问题没有现成的工具可用时，或者在遇到新问题需要修改原有代码或编写新代码时，需要自己动手编程，所以自己编写代码是非常必要的，同时使用公式编程有利于读者更好地理解和掌握相关理论内容。因此本书中的部分代码是使用公式编写的，部分代码则调用了 Python 中的包。

本书的配套资源有例题代码和习题代码（放在二维码中），以及课件 PPT、课后习题的详细解答（放在出版社的网站）。

在此，感谢齐鲁工业大学数学与人工智能学部的三位主任，他们对本书的编写给予了大力的支持。感谢齐鲁工业大学数学与人工智能学部的黄玉林教授，他对本书理论部分内容给予了大量指导。感谢熊晶晶和解献文，他们对本书部分代码的编写做出了贡献。最后感谢电子工业出版社的杜军编辑对本书的支持和帮助。本书由齐鲁工业大学发展类项目（校级教材建设项目）资助，同时感谢齐鲁工业大学优秀教学团队项目对本书的资助。

本书正文内容由齐鲁工业大学的田霞完成；附录部分由齐鲁工业大学的徐瑞民完成；校对工作由齐鲁工业大学的孙倩完成。

田霞

2023.7

相关阅读请扫二维码

目 录

第 1 章　优化算法 1

1.1　误差 1

1.1.1　误差的分类 1

1.1.2　绝对误差和相对误差 2

1.1.3　算法的数值稳定性 4

1.2　方程求根和优化算法 7

1.2.1　牛顿法求根 7

1.2.2　爬山法求极值 14

1.2.3　牛顿下山法求根 15

1.2.4　牛顿法求一元函数的极值 17

1.2.5　梯度下降法 18

第 2 章　随机数的生成方法 26

2.1　服从均匀分布的随机数的生成方法 26

2.1.1　平方取中法 26

2.1.2　线性同余法 27

2.1.3　混合同余法 29

2.1.4　乘同余法 31

2.1.5　素数模乘同余法 33

2.2　服从其他分布的随机数的生成方法 34

2.2.1　逆变换法 34

2.2.2　舍选抽样法 36

2.2.3　复合抽样法 43

2.3　服从常见离散型分布的随机数的生成方法 47

2.3.1　服从离散型均匀分布的随机数的生成方法 47

2.3.2　服从几何分布的随机数的生成方法 49

2.3.3　服从二项分布的随机数的生成方法 50

2.3.4　服从泊松分布的随机数的生成方法 55

2.4　分布间的关系 58

2.4.1　与正态分布相关的分布 58

2.4.2　与贝塔分布相关的分布 59

2.4.3　其他分布 62

2.5 服从常见连续型分布的随机数的生成方法......62
2.5.1 服从均匀分布的随机数的生成方法......62
2.5.2 服从指数分布的随机数的生成方法......64
2.5.3 服从正态分布的随机数的生成方法......66
2.5.4 服从卡方分布的随机数的生成方法......68

第 3 章 随机模拟......73

3.1 使用随机模拟法求积分......73
3.1.1 使用蒲丰投针方法计算圆周率......73
3.1.2 随机投点法......74
3.1.3 使用平均值法求积分......78
3.1.4 使用重要抽样法求积分......81
3.1.5 使用分层抽样法求积分......85
3.2 方差缩减......88
3.2.1 控制变量法......88
3.2.2 对偶变量法......89
3.3 随机模拟的应用......91
3.3.1 停车的平均次数......91
3.3.2 快递问题......93
3.3.3 冰激凌销售问题......96
3.3.4 旧笔新笔问题......97
3.3.5 进货问题......99
3.3.6 迷宫问题......101
3.4 积分的计算......103
3.4.1 使用 Python 计算积分......103
3.4.2 使用随机模拟法求积分......105
3.4.3 使用其他方法计算积分......108

第 4 章 马尔可夫链蒙特卡罗方法......114

4.1 马尔可夫链......114
4.1.1 马尔可夫链与一步状态转移概率矩阵......114
4.1.2 多步状态转移概率矩阵......116
4.1.3 不可约性和遍历性......117
4.1.4 非周期性......120
4.2 Metropolis-Hasting 采样......123
4.2.1 Metropolis-Hasting 算法......123
4.2.2 模拟退火算法......138
4.2.3 使用 Python 中的包计算函数的最值......144

4.3 Gibbs 抽样......146
4.4 马尔可夫链蒙特卡罗方法分析......150
4.4.1 马尔可夫链蒙特卡罗方法的收敛问题......150
4.4.2 Gelman-Rubin 检验......151

第 5 章 EM 算法......157

5.1 EM 算法概述......157
5.2 EM 算法应用......170
5.2.1 使用 EM 算法估计混合正态分布的参数......170
5.2.2 使用 EM 算法进行 k-均值聚类......173
5.3 EM 算法的收敛性......182

第 6 章 回归分析......184

6.1 多元正态分布......184
6.1.1 随机向量及数字特征......184
6.1.2 n 维正态分布......187
6.1.3 距离......188
6.2 多元线性回归......191
6.2.1 多元线性回归概述......191
6.2.2 建立模型......192
6.2.3 回归模型的检验......194
6.2.4 用模型进行预测......198
6.2.5 使用 Python 实现线性回归......199
6.3 逻辑回归......203

第 7 章 分布函数和分位数的计算......216

7.1 连分式......216
7.1.1 连分式的起源......216
7.1.2 连分式的定义和性质......217
7.1.3 计算连分式的方法......221
7.1.4 将函数展开成连分式......221
7.2 标准正态分布分布函数的计算......223
7.2.1 误差函数和分布函数......223
7.2.2 连分式展开......225
7.2.3 使用连分式法计算标准正态分布分布函数的算法......226
7.3 其他分布的分布函数的计算......227
7.3.1 贝塔分布的分布函数......227
7.3.2 卡方分布的分布函数......232

7.4 分位数的计算 234
7.4.1 利用 Toda 近似公式计算标准正态分布的分位数 234
7.4.2 计算贝塔分布的分位数 234
7.4.3 计算 t 分布的分位数 235
7.4.4 计算 F 分布的分位数 235
7.4.5 计算卡方分布的分位数 236

附录 A 统计图形 238

参考文献 242

第 1 章　优化算法

统计计算是计算数学的一个应用性很强的分支，涉及数理统计、计算数学和计算机科学。统计计算在科学研究和生产实践中的各个领域都有广泛应用，主要研究内容是使用已有的统计方法来解决实际问题。

统计计算和计算统计是统计的两个领域，可以描述为用计算、图形和数值的方法解决统计问题。传统的统计计算包括数值方法和算法，如优化算法、随机数生成算法、回归分析、分布函数和分位数的计算等。计算统计包括随机模拟、马尔可夫链蒙特卡罗方法、EM 算法、自助法等，借助于计算机发展。

随着人工智能的快速发展，各种机器学习算法如雨后春笋般进入了人们的视野。大多数机器学习算法会涉及某种形式的优化，优化的本质是改变 x，以最小化或最大化某个函数 $f(x)$。Pedro Domingos 曾经指出，机器学习其实是由模型表示、模型优化、模型评估三部分组成的。机器学习就是针对一个实际问题，先使用数学方法建立一个模型；然后基于训练集数据利用优化算法使用求解模型；最后利用验证数据和测试数据对模型进行评估，循环这三个步骤直到得到满意的模型。因此，优化算法在机器学习中起着承上启下的作用。大多数优化问题是将模型中的函数 $f(x)$ 最小化。如果需要将函数 $f(x)$ 最大化，那么可以将问题转化为把 $-f(x)$ 最小化，通常称 $f(x)$ 为目标函数，在需要将该函数最小化时，称该函数为损失函数。因此研究优化问题（极值问题）是非常重要的。

1.1　误差

1.1.1　误差的分类

在日常生活和科学研究中，误差是不可避免的。

1．模型误差

在研究实际问题时，通常需要借助数学模型。在把实际问题抽象成数学模型时，会产生一定的误差，这种误差被称为模型误差。例如，使用直线拟合真实数据，因为真实数据不可能精确地位于一条直线上，所以会产生误差。这种误差是不可避免的，我们在选择合适的数学模型时要尽量避免过拟合。过拟合是指给出的数学模型完全适合这些已知数据，但是当使用该数学模型对其他数据进行验证或预测时误差非常大。

2．观测误差

数学模型中包含一些参数，在测量这些参数的对应数据时会产生误差，这种误差被称为观测误差。例如，在测量温度、长度、电压等参数时，无论使用多么精密的工具，都会产生误差。

又如，在测量风速时，因为风速是随时变化的，在测量时可能会受到影响，从而会产生误差。

模型误差和观测误差都是不可避免的，我们重点关注以下两种误差。

3．截断误差

当数学模型不能得到精准解时（如在使用数学模型求解某些方程时得不到解析解），要使用数值方法求它的近似解，近似解与精准解之间的误差称为截断误差。例如，在求标准正态分布的分布函数时，由于积分无法给出原函数，只能使用数值方法求近似解，若应用泰勒公式替代被积函数只取前 n 项，则会产生误差，这个误差就是截断误差。使用有限差分法求导数的近似值也会产生截断误差。

对可导函数 $f(x)$ 在原点处应用泰勒公式得

$$f(x)=f(0)+\frac{f'(0)}{1!}x+\frac{f''(0)}{2!}x^2+\cdots+\frac{f^{(n)}(0)}{n!}x^n+\cdots \tag{1-1}$$

若使用式（1-1）的前 n 项作为 $f(x)$ 的近似值，则截断误差为 $\frac{f^{(n+1)}(\xi)}{n+1!}x^{n+1}$，$0<\xi<x$。

例 1.1 求计算 $\int_0^1 \mathrm{e}^{-x^2}\mathrm{d}x$ 的近似值产生的截断误差。

解：先将被积函数在原点处展开，$\mathrm{e}^{-x^2}=1-x^2+\frac{x^4}{2!}-\frac{x^6}{3!}+\cdots$，再计算积分：

$$\int_0^1 \mathrm{e}^{-x^2}\mathrm{d}x=\int_0^1\left(1-x^2+\frac{x^4}{2!}-\frac{x^6}{3!}+\cdots\right)\mathrm{d}x=1-\frac{1}{3}+\frac{1}{2!\times 5}-\frac{1}{3!\times 7}+\cdots \tag{1-2}$$

若只取式（1-2）的前 4 项，则截断误差为 $\frac{1}{4!\times 9}$。

4．舍入误差

计算机的字长是有限的，在运算时可能需要对数据进行四舍五入，因此产生的误差被称为舍入误差。例如，$1/3\approx 0.333333$，事实上 1/3 是一个无限循环小数；无理数 $\mathrm{e}\approx 2.718281828459$，e 是无限不循环小数，这里只取了小数点后 12 位。

舍入误差是为了便于计算人为造成的，是我们主观选择的，而截断误差是计算方法和手段造成的不可避免的误差，是客观导致的。

1.1.2 绝对误差和相对误差

定义 1.1 设 x 为精确值，x^* 为 x 的近似值，称 $e=x-x^*$ 为近似值的绝对误差，简称为误差。

在一般情况下，精确值 x 是未知的，因此只能得出误差绝对值的一个范围值，即 $|e|$ 的上界 ε，称 ε 为绝对误差限，即 $|e|=|x-x^*|\leqslant\varepsilon$，从而有 $x^*-\varepsilon\leqslant x\leqslant x^*+\varepsilon$。

凡是由精准值经过四舍五入得到的近似值的绝对误差限都等于该近似值末位的半个单位。例如，近似值 10.3041 的末位的半个单位为 0.00005，则该精确值的绝对误差限为 0.00005。

若自变量 x 有误差，则函数 $y=f(x)$ 也有误差，为 $e(f(x))=f(x)-f(x^*)$。由泰勒公式可得，$f(x^*)=f(x)+f'(x)(x^*-x)+\frac{f''(\xi)}{2!}(x^*-x)^2$，$\xi$ 介于 x^* 和 x 之间。

$$e(f(x))=f(x)-f(x^*)=f'(x)(x-x^*)+\frac{f''(\xi)}{2!}(x-x^*)^2$$

$$|e(f(x))|=\left|f'(x)(x-x^*)+\frac{f''(\xi)}{2!}(x-x^*)^2\right|\leqslant|f'(x)|\varepsilon+\frac{|f''(\xi)|}{2!}\varepsilon^2$$

舍去第二项高阶无穷项，有 $|e(f(x))|\leqslant|f'(x)|\varepsilon$，这就是函数 $y=f(x)$ 的绝对误差限。

绝对误差限的大小并不能完全表示近似值的好坏，因此引入相对误差。

定义 1.2　$e_{\mathrm{r}}=\frac{e^*}{x}=\frac{x-x^*}{x}$，称为 x^* 关于 x 的相对误差。

在一般情况下，精确值 x 是未知的，因此将相对误差的公式改为

$$e_{\mathrm{r}}=\frac{e}{x^*}=\frac{x-x^*}{x^*} \tag{1-3}$$

$$|e_{\mathrm{r}}|=\left|\frac{x-x^*}{x^*}\right|=\left|\frac{e}{x^*}\right|\leqslant\delta$$

称 δ 为相对误差限。

相对误差限和绝对误差限的关系为

$$\delta=\left|\frac{\varepsilon}{x^*}\right|$$

例 1.2　已知圆周率 π 为 3.141592653589793…，它的近似值 π^* 为 3.14159，求绝对误差限和相对误差限。

解：绝对误差为 $e=\pi-\pi^*$=0.000002653589793…。$|e|\leqslant 0.000005$，即绝对误差限为 0.000005。相对误差为 $e_{\mathrm{r}}=\frac{\pi-\pi^*}{\pi^*}=\frac{0.000002653589793}{3.14159}\approx 0.00000084466$，$|e_{\mathrm{r}}|\leqslant 0.0000009$，即相对误差限为 0.0000009。

例 1.3　设自变量 x 有绝对误差 ε，则函数 $y=f(x)$ 的相对误差为多少？

解：因为自变量 x 的绝对误差为 ε，所以 $|e(f(x))|\leqslant f'(x)\varepsilon$，相对误差限为 $|e_{\mathrm{r}}(f(x))|=\left|\frac{f(x)-f(x^*)}{f(x^*)}\right|\leqslant\left|\frac{f'(x)\varepsilon}{f(x^*)}\right|$。

若 $y=f(x)=\mathrm{e}^x$，则函数 $y=f(x)$ 的相对误差限为 $|e_{\mathrm{r}}(f(x))|\leqslant\left|\frac{\mathrm{e}^x\varepsilon}{\mathrm{e}^x}\right|=\varepsilon$。

若 $y=f(x)=\ln x$，则函数 $y=f(x)$ 的相对误差限为 $|e_{\mathrm{r}}(f(x))|\leqslant\left|\frac{\varepsilon}{x\ln x}\right|$。

定义 1.3　有效数字是指在一个数中从该数的第一个非零数字起到末尾数字止的数字。

把一个数字前面的 0 都去掉，从第一个正整数到精确的数位的所有数字都是有效数字。例如，0.1234 的有效数字有 4 位，分别是 1、2、3、4；0.0201 前面 2 个 0 不是有效数字，后面的 2、0、1 均为有效数字（中间的 0 也是有效数字）；1100.120 有 7 位有效数字；3.109×10^5 的有效数字为 3、1、0、9，10^5 不作为有效数字，若保留 3 位有效数字，则为 3.11×10^5。

若 $|x-x^*|\leqslant\frac{1}{2}\times10^{-k}$，则称用 x^* 近似表示 x 时精确到小数点后第 k 位。若 $x^*=10^m(a_0+a_1\times10^{-1}+a_2\times10^{-2}+\cdots+a_n\times10^{-n})$，$|x-x^*|\leqslant\frac{1}{2}\times10^{(m-n+1)}$，则称近似数有 n 位有

效数字。式中，$a_i = 0,1,2,\cdots,9$；m，n 为正整数。

例如，$\ln 5 = 1.6094379$ 有 8 位有效数字，确定近似数 $x^* = \ln 5 \approx 1.609$ 的有效数字的步骤：因为 $|1.6094379 - 1.609| = 0.0004379 \leqslant \frac{1}{2} \times 10^{-3}$，所以 x^* 有 4 位有效数字，分别为 1、6、0、9。类似地，确定近似数 $x^* = \ln 5 \approx 1.62$ 的有效数字的步骤：因为 $|1.6094379 - 1.62| = 0.010561 \leqslant \frac{1}{2} \times 10^{-1}$，因此 x^* 有 2 位有效数字，分别为 1、6。

1.1.3 算法的数值稳定性

数值稳定性指的是算法对误差的敏感性。输入数据存在误差，在算法执行过程中误差会累积。对同一个计算问题，不同算法的误差对计算结果产生的影响不同。误差对计算结果的精确性影响小的算法的数值稳定性好；反之，误差对计算结果的精确性影响大的算法的数值稳定性差。在设计算法时一定要控制误差的影响。

定义 1.4 对于某个算法，如果输入数据有误差，且在计算过程中误差不增长，就称此算法是数值稳定的，否则称此算法是数值不稳定的。

用一个算法进行计算，初始数据存在较小误差，但是在计算过程中这个误差使后面的计算结果的误差增长得很快，那么这个算法就是数值不稳定的。

例 1.4 求积分 $s_k = \int_0^1 x^k \mathrm{e}^{x-1} \mathrm{d}x$（$k = 0,1,\cdots$）。

分析：对该积分使用分部积分法可得递推公式：

$$s_k = \int_0^1 x^k \mathrm{e}^{x-1} \mathrm{d}x = 1 - k\int_0^1 x^{k-1} \mathrm{e}^{x-1} \mathrm{d}x = 1 - ks_{k-1}$$

初值 $s_0 = \int_0^1 \mathrm{e}^{x-1} \mathrm{d}x = 1 - \frac{1}{\mathrm{e}} \approx 0.6321$，分别选择 s_0 和 s_{10} 作为初值，计算这些积分的值。

（1）将 s_0 作为初值进行计算。

算法为

$$\begin{cases} s_0 = 0.6321 \\ s_k = 1 - ks_{k-1}, \quad k = 1,2,\cdots,10 \end{cases} \tag{1-4}$$

s_0 作为初值的计算结果如表 1.1 所示。

表 1.1 s_0 作为初值的计算结果

迭代次数	积分值	迭代次数	积分值
0	0.3679	6	0.2160
1	0.2642	7	−0.7280
2	0.2074	8	7.5520
3	0.1704	9	−74.5200
4	0.1480	10	820.7200
5	0.1120	—	—

从表 1.1 中的数据可以看出，s_7 为负数，事实上该积分的值均是大于 0 的，计算结果出现了问题，原因在于随着迭代次数的增加误差不断增长。下面看中间产生的误差。

误差的计算公式为 $e_k = s_k - s_k^*$，$k = 1,2,\cdots,n$。第一次迭代的误差为 $e_1 = s_1 - s_1^*$；第二次迭代

公式为$s_2^* = 1-2s_1^* = 1-2(s_1-e_1) = 1-2s_1+2e_1 = s_2+2e_1$，误差为$e_2 = s_2 - s_2^* = -2e_1$；第三次迭代公式为$s_3^* = 1-3s_2^* = 1-3(s_2+2e_1) = 1-3s_2-6e_1 = s_3-6e_1$，误差为$e_3 = s_3 - s_3^* = 3!e_1$。同理可得$e_k = (-1)^{k+1}k!e_1$，$k=2,\cdots,n$，随着迭代次数的增加，误差增长得非常快，导致后面的计算结果不准确。因此该算法是数值不稳定的。

（2）将 s_{10} 作为初值进行计算。

因为 $\frac{1}{\mathrm{e}} < \mathrm{e}^{x-1} < 1$（$x \in (0,1)$），有 $\frac{1}{\mathrm{e}} \times \frac{1}{k+1} < s_k = \int_0^1 x^k \mathrm{e}^{x-1}\mathrm{d}x < \frac{1}{k+1}$，因此 $\frac{1}{\mathrm{e}} \times \frac{1}{11} < s_{10} = \int_0^1 x^{10}\mathrm{e}^{x-1}\mathrm{d}x < \frac{1}{11}$，取 $\mathrm{e} \approx 2.7183$，则$0.03344 < s_{10} < 0.09091$，取中间值作为 s_{10}，即 $s_{10} = 0.06218$，作为算法的初值。

算法为

$$\begin{cases} s_{10} = 0.06218 \\ s_{k-1} = (1-s_k)/k, \quad k = 10,9,\cdots,1 \end{cases} \tag{1-5}$$

s_{10} 作为初值的计算结果如表 1.2 所示。

表 1.2　s_{10} 作为初值的计算结果

迭代次数	积分值	迭代次数	积分值
0	0.6321	6	0.1268
1	0.3679	7	0.1124
2	0.2642	8	0.1007
3	0.2073	9	0.0938
4	0.1709	10	0.0622
5	0.1455	—	—

误差的计算公式为$e_k = s_k - s_k^*$，$k=1,2,\cdots,n$，初值误差为$e_{10} = s_{10} - s_{10}^*$。第一次迭代公式为$s_9^* = \frac{1}{10}(1-s_{10}^*) = \frac{1}{10}(1-(s_{10}-e_{10})) = \frac{1}{10}(1-s_{10}) + \frac{1}{10}e_{10} = s_9 + \frac{1}{10}e_{10}$，误差为$e_9 = s_9 - s_9^* = -\frac{1}{10}e_{10}$；第二次迭代公式为$s_8^* = \frac{1}{9}(1-s_9^*) = \frac{1}{9}\left(1-\left(s_9+\frac{1}{10}e_{10}\right)\right) = \frac{1}{9}(1-s_9) - \frac{1}{10\times 9}e_{10} = s_8 - \frac{1}{10\times 9}e_{10}$，误差为$e_8 = s_8 - s_8^* - = \frac{1}{10\times 9}e_{10}$。同理可得$e_k = (-1)^k \frac{1}{10\times 9\times\cdots\times(k+1)}e_{10}$，$k=n-1,\cdots,1$，随着迭代次数的增加，误差的增长速度越来越慢，计算结果精度变高。因此该算法是数值稳定的。

代码 1.1 和代码 1.2 请扫描本节后面的二维码查看。

为了提高数值稳定性，在设计算法时需要遵循如下几个原则。

1）尽量减少运算次数

每一步运算都可能产生误差，而且产生的误差可能会累积到下一步计算，随着迭代的进行，误差逐渐增大，进而导致最终计算结果不准确，因此应尽量减少运算次数。减少运算次数既可以减少计算量，又可以减少误差的产生。

例如，对$\frac{1}{2}+\frac{1}{6}+\frac{1}{12}+\frac{1}{20}+\cdots+\frac{1}{2550}$求和，先化简该式，再进行计算。

$$\frac{1}{2}+\frac{1}{6}+\frac{1}{12}+\frac{1}{20}+\cdots+\frac{1}{2550}=\frac{1}{1\times2}+\frac{1}{2\times3}+\frac{1}{3\times4}+\frac{1}{4\times5}+\cdots+\frac{1}{50\times51}$$
$$=1-\frac{1}{2}+\frac{1}{2}-\frac{1}{3}+\cdots+\frac{1}{50}-\frac{1}{51}$$
$$=1-\frac{1}{51}$$
$$=\frac{50}{51}$$

此时，只要计算一次除法即可得到最终结果。对于同一个问题，使用不同算法的计算量不同。

又如，求多项式 $f(x)=a_0+a_1x+a_2x^2+\cdots+a_nx^n$。直接计算多项式的计算量很大，需要进行 1+2+3+…+n=$\dfrac{n(n+1)}{2}$ 次乘法运算。可以考虑如下算法：

$$s_k=x^k=xs_{k-1}$$

此时先计算 $s_2,\cdots,s_n$，再分别乘以系数 $a_1,a_2,\cdots,a_n$，需要进行 $2n-1$ 次乘法和 n 次加法。

下面使用秦九韶算法计算多项式 $f(x)=((a_nx+a_{n-1})x+\cdots+a_1)x^n$，迭代公式为

$$\begin{cases}s_0=a_n\\ s_k=s_{k-1}x+a_{n-k}\end{cases},\quad k=1,2,\cdots,n \tag{1-6}$$

需要计算 n 次加法和 n 次乘法。这再次证明了不同算法的计算量是不同的。

2）做加法运算时，避免大数加小数

0.456 和 0.0001 的和为 0.4561，如果用只有 3 位有效数字的计算工具计算，那么计算结果为 0.456，小数 0.0001 被大数 0.456 吃掉了。

3）避免两个相近数相减

当 x 和 y 相近时，它们的差很小。它们的近似值 x^*和 y^*的前几位有效数字必然相同，相减后有效数字位会大大减少，从而影响计算结果的准确性。这时应该多保留几位有效数字，或变换计算公式防止这种情形出现。

例 1.5 计算 $(10-3\sqrt{11})^2$。

解：当对根式保留 5 位小数时，$3\sqrt{11}\approx9.94987$，$10-3\sqrt{11}=0.05013$，$(10-3\sqrt{11})^2\approx$ 0.002513。

当取 $\sqrt{11}\approx3.3$ 时，若直接代入公式，则有 $3\sqrt{11}=9.9$，$(10-9.9)^2=0.01$；若使用完全平方公式，则有 $(10-3\sqrt{11})^2=100+99-60\sqrt{11}=1$；若先将公式有理化再计算，则有

$$(10-3\sqrt{11})^2=\frac{1}{(10+3\sqrt{11})^2}=\frac{1}{199+60\sqrt{11}}=\frac{1}{199+198}\approx0.002519$$

由以上计算过程可以看出，直接代入公式和使用完全平方公式的误差较大，而先将公式有理化再计算的误差相对较小。

4）避免小数作除数或大数作乘数

计算 $10000/\pi$，当取 π 的近似值为 3.1416 时，$10000/\pi=10000/3.1416\approx3183.0914$；当取 π 的近似值为 3.1415926 时，$10000/\pi=10000/3.1415926\approx3183.0989$，$\pi$ 的两个近似值的绝对误差为 0.0000074，计算的函数值误差为 0.0074，误差增大了 1000 倍。因此，尽量避免取相对于分子来说绝对值较小的数作分母。

习题 1.1

1．计算球的体积，若相对误差限为 1%，则测量半径 R 时允许的相对误差限为多少？

2．某圆柱高度 h 的近似值 h^*=20cm，半径 r 的近似值 r^*=5cm，已知 $|h-h^*|\leqslant 0.2\text{cm}$，$|r-r^*|\leqslant 0.1\text{cm}$，求圆柱体积的绝对误差限与相对误差限。

3．自变量 x 的近似值 x^*=0.236，绝对误差限为 0.5×10^{-5}，该近似值有几位有效数字？

4．圆周率 π 的具有 4 位有效数字的近似值 π^* 为多少？

5．已知 x 为正数，x 的相对误差限为 ε，求 $\ln x$ 的绝对误差限和相对误差限。

6．已知 x 的相对误差为 δ，求 x^n 的相对误差。

7．自变量 x 经四舍五入后的近似值 x^*=0.1753，该近似值的绝对误差限为多少？

8．3.141、3.14、3.15 分别作为 π 的近似值，确定它们各有几位有效数字。

9．已知积分 $s_n=\int_0^1\frac{1}{x+5}x^n\mathrm{d}x$（$n=0,1,2,\cdots$），分别使用 s_0 和 s_{10} 作为初值进行计算。

1.1 节代码

1.2　方程求根和优化算法

1.2.1　牛顿法求根

很多方程的根是非常难求的，还有可能没有解析解，那么怎么求根呢？我们可以使用求数值解的方法求根。下面介绍牛顿法。牛顿法又称为牛顿-拉弗森法，它是牛顿在 17 世纪提出的一种利用迭代法求方程的近似根的方法。

1．求根的算法

求方程 $f(x)=0$ 的根。

方法一：先给定一个初值 x_0，在点 $(x_0,f(x_0))$ 处做曲线 $y=f(x)$ 的切线，交 x 轴于点 $(x_1,0)$，切线方程为 $f(x_1)-f(x_0)=f'(x_0)(x_1-x_0)$，可求出 $x_1=x_0-\frac{f(x_0)}{f'(x_0)}$。在点 $(x_1,f(x_1))$ 处做曲线 $y=f(x)$ 的切线，交 x 轴于点 $(x_2,0)$，切线方程为 $f(x_2)-f(x_1)=f'(x_1)(x_2-x_1)$，可求出 $x_2=x_1-\frac{f(x_1)}{f'(x_1)}$，如图 1.1 所示。依次类推，求得的 x_i 越来越接近于方程的根。

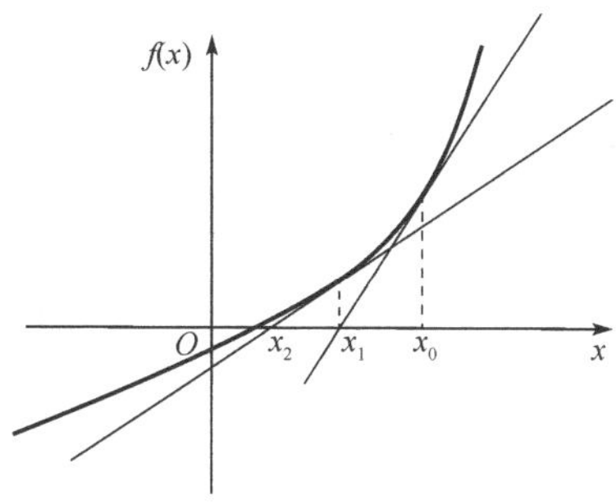

图 1.1　牛顿法

方法二：先给定一个初值 x_0，在 x_0 处应用泰勒公式可得

$$f(x)-f(x_0)=f'(x_0)(x-x_0)$$

令 $f(x)=0$，则 $x=x_0-\dfrac{f(x_0)}{f'(x_0)}$，把求得的 x 作为 x_1，即 $x_1=x_0-\dfrac{f(x_0)}{f'(x_0)}$。在 x_1 处应用泰勒公式，有 $f(x)-f(x_1)=f'(x_1)(x-x_1)$，令 $f(x)=0$，则 $x=x_1-\dfrac{f(x_1)}{f'(x_1)}$，把求得的 x 作为 x_2，即 $x_2=x_1-\dfrac{f(x_1)}{f'(x_1)}$。依次类推，求出一系列 $x_1,x_2,\cdots,x_n$：

$$x_n=x_{n-1}-\frac{f(x_{n-1})}{f'(x_{n-1})} \tag{1-7}$$

以上两种方法都可以推出牛顿法。

什么时候停止迭代呢？可以取 $|x_n-x_{n-1}|<\varepsilon$，只要满足该条件，就停止迭代，求出的 x_n 为 $f(x)=0$ 的近似根。

2. 收敛性

在介绍收敛性前，先介绍不动点算法。

不动点指的是满足 $x=\Phi(x)$ 的点。若 $x=\Phi(x)$，则 $f(x)=x-\Phi(x)$，求不动点 $x=\Phi(x)$ 等价于求方程 $x-\Phi(x)=0$ 的根。

定义 1.5 任取初值 $x_0\in[a,b]$，若使用迭代算法 $x_k=\Phi(x_{k-1})$ 求得的序列 $\{x_k\}$ 有极限 $\lim\limits_{k\to\infty}x_k=x^*$，则称该迭代算法收敛，且 x^* 为 $\Phi(x)$ 的不动点。

定理 1.1 $\Phi(x)\in[a,b]$，若满足以下两个条件：

① 任意 $x\in[a,b]$，$a\leqslant\Phi(x)\leqslant b$。

② 存在正常数 $L<1$，使得任意的 $x,y\in[a,b]$，有 $|\Phi(x)-\Phi(y)|\leqslant L|x-y|$。

则有如下结论：

① $\Phi(x)$ 在区间 $[a,b]$ 上存在唯一不动点。

② 使用迭代算法得到的序列 $\{x_k\}$ 收敛于 x^*，且 $|x_k-x^*|\leqslant\dfrac{L^k}{1-L}|x_1-x_0|$，$|x_k-x^*|\leqslant\dfrac{L}{1-L}|x_k-x_{k-1}|$。

证明：（1）存在性。若 $\Phi(a)=a$ 或 $\Phi(b)=b$，则结论成立。否则，由 $a\leqslant\Phi(x)\leqslant b$，可得 $a<\Phi(a)$，$\Phi(b)<b$。令 $f(x)=x-\Phi(x)$，$f(x)\in[a,b]$，且 $f(a)<0$，$f(b)>0$，则存在 $x^*\in(a,b)$ 使得 $f(x^*)=0$，此时 x^* 为不动点。

唯一性。若 $\Phi(x)$ 在区间 $[a,b]$ 上存在两个不动点 x_1^* 和 x_2^*，则有 $|x_1^*-x_2^*|=|\Phi(x_1^*)-\Phi(x_2^*)|\leqslant L|x_1^*-x_2^*|<|x_1^*-x_2^*|$，产生矛盾，唯一性得证。

（2）由于 $|x_k-x^*|=|\Phi(x_{k-1})-\Phi(x^*)|\leqslant L|x_{k-1}-x^*|\leqslant\cdots\leqslant L^k|x_0-x^*|\to 0$，因此序列 $\{x_k\}$ 收敛。$|x_{k+1}-x_k|=|\Phi(x_k)-\Phi(x_{k-1})|\leqslant L|x_k-x_{k-1}|\leqslant\cdots\leqslant L^k|x_1-x_0|$，取 p 为正整数，则有

$$
\begin{aligned}
|x_{k+p}-x_k| &\leqslant |x_{k+p}-x_{k+p-1}|+|x_{k+p-1}-x_{k+p-2}|+\cdots+|x_{k+1}-x_k| \\
&\leqslant (L^{k+p-1}+L^{k+p-2}+\cdots+L^k)|x_1-x_0| \\
&= L^k\frac{1-L^p}{1-L}|x_1-x_0|
\end{aligned}
\quad (1\text{-}8)
$$

令 p 趋于无穷，则有 $|x_k-x^*|\leqslant\dfrac{L^k}{1-L}|x_1-x_0|$。

$$
\begin{aligned}
|x_{k+p}-x_k| &\leqslant |x_{k+p}-x_{k+p-1}|+|x_{k+p-1}-x_{k+p-2}|+\cdots+|x_{k+1}-x_k| \\
&\leqslant (L^p+L^{p-1}+\cdots+L)|x_k-x_{k-1}| \to \frac{L}{1-L}|x_k-x_{k-1}|
\end{aligned}
\quad (1\text{-}9)
$$

令 p 趋于无穷，则有 $|x_k-x^*|\leqslant\dfrac{L}{1-L}|x_k-x_{k-1}|$。

条件②可替换为 $|\Phi(x)|\leqslant L<1$。因为任意 $x,y\in[a,b]$，$|\Phi(x)-\Phi(y)|\leqslant|\Phi(\xi)||x-y|\leqslant L|x-y|$。

定理 1.2　设 x^* 为 $\Phi(x)$ 的不动点，$\Phi'(x)$ 在 x^* 的邻域 $U_\delta(x^*)$ 内连续，且 $|\Phi'(x^*)|<1$，则迭代算法 $x_{k+1}=\Phi(x_k)$ 收敛。

定义 1.6　设迭代过程 $x_{k+1}=\Phi(x_k)$ 收敛于方程 $x=\Phi(x)$ 的根 x^*，若迭代误差 $e_{k+1}=x_k-x^*$，当 k 趋于无穷时有渐近关系式 $\dfrac{e_{k+1}}{e_k^p}\to c$（$c\neq 0$）成立，则称该迭代过程是 p 阶收敛的，其中 c 为常数。

当 p=1 时，算法线性收敛；当 p>1 时，算法超线性收敛；当 p=2 时，算法平方收敛。

定理 1.3（局部收敛定理）　设 $y=f(x)\in C^2(a,b)$，若 x^* 为 $f(x)=0$ 在区间[a,b]上的根，且 $f'(x^*)\neq 0$，则存在 x^* 的邻域 $U_\delta(x^*)$ 使得任取初值 $x_0\in U_\delta(x^*)$，牛顿法产生的序列 $\{x_k\}$ 以不低于二阶的收敛速度收敛于 x^*，且满足 $\lim\limits_{k\to\infty}\dfrac{|x_{k+1}-x^*|}{|x_k-x^*|^2}=\left|\dfrac{f''(x^*)}{2f'(x^*)}\right|$。

证明：设 $g(x)=x-\dfrac{f(x)}{f'(x)}$，则 $g'(x)=\dfrac{f(x)f''(x)}{(f'(x))^2}$，$|g'(x^*)|=0<1$，因此在 x^* 的邻域 $U_\delta(x^*)$ 收敛。在 x_k 处对 $f(x^*)$ 应用泰勒公式有

$$
f(x^*)=f(x_k)+f'(x_k)(x^*-x_k)+\frac{f''(\xi_k)}{2!}(x^*-x_k)^2 \quad (1\text{-}10)
$$

解得

$$
x^*=x_k-\frac{f(x_k)}{f'(x_k)}-\frac{f''(\xi_k)}{2!f'(x_k)}(x^*-x_k)^2=x_{k+1}-\frac{f''(\xi_k)}{2!f'(x_k)}(x^*-x_k)^2 \quad (1\text{-}11)
$$

从而有

$$
\frac{x^*-x_{k+1}}{(x^*-x_k)^2}=-\frac{f''(\xi_k)}{2!f'(x_k)},\quad \frac{|x_{k+1}-x^*|}{(x_k-x^*)^2}=\left|\frac{f''(\xi_k)}{2!f'(x_k)}\right|
$$

定理 1.4　对于迭代过程 $x_{k+1}=\Phi(x_k)$，若 $x=\Phi^p(x)$ 在所求根 x^* 的邻域内连续，并且 $\Phi(x^*)$=$\Phi''(x^*)=\cdots=\Phi^{(p-1)}(x^*)=0$，$\Phi^p(x^*)\neq 0$，则该迭代过程在 x^* 的邻域内 p 阶收敛。

证明：$x_{k+1}=\Phi(x_k)$，$x^*=\Phi(x^*)$，$x_{k+1}-x^*=\Phi(x_k)-\Phi(x^*)$，由泰勒公式：

$$\Phi(x_k)=\Phi(x^*)+\Phi'(x^*)(x_k-x^*)+\frac{\Phi''(x^*)}{2!}(x_k-x^*)^2+\cdots+\frac{\Phi^p(\xi)}{p!}(x_k-x^*)^p$$
$$=\Phi(x^*)+\frac{\Phi^p(\xi)}{p!}(x_k-x^*)^p$$

从而有

$$x_{k+1}-x^*=\Phi(x_k)-\Phi(x^*)=\frac{\Phi^p(\xi)}{p!}(x_k-x^*)^p$$

下面求收敛阶。

由于 $\dfrac{e_{k+1}}{e_k^p}\to\dfrac{\dfrac{\Phi^p(\xi)}{p!}(x_k-x^*)^p}{(x_k-x^*)^p}=\dfrac{\Phi^p(\xi)}{p!}=c$，$\xi$介于$x_k$和$x^*$之间，因此该迭代过程在 x^* 的邻域内是 p 阶收敛的。

定理 1.5（全局收敛定理） 函数在区间$[a,b]$上满足如下条件：

① $y=f(x)$ 的一阶导数 $f'(x)$ 和二阶导数 $f''(x)$ 都存在，且一阶导数 $f'(x)$ 和二阶导数 $f''(x)$ 在区间$[a,b]$上的符号保持不变。

② $f(a)f(b)<0$。

③ $f(x_0)f''(x_0)>0$，$x_0\in[a,b]$。

则 $y=f(x)$ 在区间$[a,b]$上仅有一个根，由牛顿法得到的近似解收敛于方程 $f(x)=0$ 的根，为平方收敛。

证明：设 $f'(x)>0$，$f''(x)>0$，$f(x_0)>0$，在 x_k 处对 $f(x^*)$ 应用泰勒公式有

$$f(x^*)=f(x_k)+f'(x_k)(x^*-x_k)+\frac{f''(\xi_k)}{2!}(x^*-x_k)^2$$

解得

$$x^*=x_k-\frac{f(x_k)}{f'(x_k)}-\frac{f''(\xi_k)}{2!f'(x_k)}(x^*-x_k)^2=x_{k+1}-\frac{f''(\xi_k)}{2!f'(x_k)}(x^*-x_k)^2\leqslant x_{k+1}$$

因此序列 $\{x_k\}$ 有下界 x^*。

在 x_k 处对 $f(x_{k+1})$ 应用泰勒公式有

$$f(x_{k+1})=f(x_k)+f'(x_k)(x_{k+1}-x_k)+\frac{f''(\xi_k)}{2!}(x_{k+1}-x_k)^2$$

而 $x_{k+1}-x_k=-\dfrac{f(x_k)}{f'(x_k)}$，则有

$$f(x_{k+1})=\frac{f''(\xi_k)}{2!}(x_{k+1}-x_k)^2>0$$

从而可得

$$x_1=x_0-\frac{f(x_0)}{f'(x_0)}<x_0,x_2=x_1-\frac{f(x_1)}{f'(x_1)}<x_1,\cdots,x_{k+1}=x_k-\frac{f(x_k)}{f'(x_k)}<x_k$$

所以序列 $\{x_k\}$ 单调递减。因此序列 $\{x_k\}$ 收敛，且收敛于 x^*。

已知牛顿迭代公式 $x_{k+1}=x_k-\dfrac{f(x_k)}{f'(x_k)}$，对该迭代公式等号两边求极限，得 $\lim\limits_{k\to\infty}x_{k+1}=$

$\lim\limits_{k\to\infty}\left(x_k-\dfrac{f(x_k)}{f'(x_k)}\right)$，$x^*=x^*-\dfrac{f(x^*)}{f'(x^*)}$，因此 $f(x^*)=0$。

另外牛顿法的迭代公式为 $x_{k+1}=x_k-\dfrac{f(x_k)}{f'(x_k)}$，$\varPhi(x)=x-\dfrac{f(x)}{f'(x)}$，$\varPhi'(x)=\dfrac{f(x)f''(x)}{(f'(x))^2}$，若 x^* 为单根，则 $f(x^*)=0,\ f'(x^*)\neq 0$，$\varPhi'(x^*)=\dfrac{f(x^*)f''(x^*)}{(f'(x^*))^2}=0$，$\varPhi''(x^*)\neq 0$，由定理 1.4 可知，牛顿法是平方收敛的。

条件①保证 $y=f(x)$ 在区间$[a,b]$上的单调性，条件②保证 $y=f(x)$ 在区间$[a,b]$上至少有一个根，根据条件③确定初值 x_0 是选择 a 还是选择 b。若 $f(a)>0,\ f''(x)>0$ 或 $f(a)<0,\ f''(x)<0$，则初值 $x_0=a$，按照本节开始给出的做切线的步骤，从 $(a,f(a))$ 点开始做切线，可求出一系列 $x_1,x_2,\cdots,x_n$，它们收敛于方程的根。若 $f(a)>0,\ f''(x)<0$ 或 $f(a)<0,\ f''(x)>0$，则初值 $x_0=b$，按照本节开始给出的做切线的步骤从 $(b,f(b))$ 开始做切线，可求出一系列 $x_1,x_2,\cdots,x_n$，它们收敛于方程的根。

定理 1.6　设 $y=f(x)$ 在区间$[a,b]$上有 m+1 阶连续导数，x^* 是 $f(x)$ 在区间$[a,b]$上的 m 重根，则牛顿法收敛于 x^*，且线性收敛。

证明：由于 x^* 是 $f(x)$ 在区间$[a,b]$上的 m 重根，因此可设 $f(x)=(x-x^*)^m h(x)$，$h(x^*)\neq 0$。

对 $f(x)$ 求导数，有

$$f'(x)=m(x-x^*)^{m-1}h(x)+(x-x^*)^m h'(x) \tag{1-12}$$

令 $g(x)=x-\dfrac{f(x)}{f'(x)}$，有

$$g(x)=x-\frac{(x-x^*)h(x)}{mh(x)+(x-x^*)h'(x)},\quad g'(x^*)=1-\frac{1}{m}\neq 0$$

所以牛顿法收敛，且为线性收敛。

对有重根的牛顿法进行如下改进：

$$x_{k+1}=x_k-m\frac{f(x_k)}{f'(x_k)} \tag{1-13}$$

称为带参数 m 的牛顿法，该方法平方收敛。

令

$$q(x)=\frac{f(x)}{f'(x)}=\frac{(x-x^*)h(x)}{mh(x)+(x-x^*)h'(x)} \tag{1-14}$$

$q(x^*)=0,\ q'(x^*)\neq 0$，有重根的牛顿法的改进算法为

$$x_{k+1}=x_k-\frac{q(x_k)}{q'(x_k)} \tag{1-15}$$

令 $g(x)=x-\dfrac{q(x)}{q'(x)}$，则 $g'(x^*)=0$，$g''(x^*)\neq 0$。

所以有重根的牛顿法平方收敛。

例 1.6　求方程 $x\mathrm{e}^x-1=0$ 的根。

解：牛顿法的迭代公式为

$$x_{k+1}=x_k-\frac{x_k\mathrm{e}^{x_k}-1}{\mathrm{e}^{x_k}(1+x_k)}=x_k-\frac{x_k-\mathrm{e}^{-x_k}}{1+x_k} \tag{1-16}$$

选择初值为 0.5，迭代结果如表 1.3 所示。

表 1.3　初值为 0.5 的迭代结果

迭代的轮数	输出值	误差
1	0.57103	0.07103
2	0.56716	0.00387
3	0.56714	0.00002

第一轮的函数值为–0.17564，导数值为 2.47308，代入式（1-7）：

$$x_1 = x_0 - \frac{f(x_0)}{f'(x_0)} = 0.5 - \frac{-0.17564}{2.47308} \approx 0.57103$$

第二轮的函数值为 0.01077，导数值为 2.78086，代入迭代公式（1-7）：

$$x_2 = x_1 - \frac{f(x_1)}{f'(x_1)} = 0.57103 - \frac{0.01077}{2.78086} \approx 0.56716$$

第三轮的函数值为 0.000046173，导数值为 2.76330，代入迭代公式（1-7）：

$$x_3 = x_2 - \frac{f(x_2)}{f'(x_2)} = 0.56716 - \frac{0.000046173}{2.76330} \approx 0.56714$$

算法步骤如下。

（1）给出初值 x_0 和迭代次数 n。

（2）定义函数 $f(x)$ 和函数的导数 $f'(x)$。

（3）按照牛顿法的迭代公式 $x_{k+1} = x_k - \dfrac{f(x_k)}{f'(x_k)}$ 计算 $x_1, x_2, \cdots, x_n$，设置终止条件为 $|x_n - x_{n-1}| < \varepsilon$，$\varepsilon = 0.0001$。

代码 1.3 请扫描本节后面的二维码查看。

代码输出结果：

```
1 迭代值 0.5710204398084222 绝对误差为 0.07102043980842221
函数值 -0.1756393646499359 导数值 2.4730819060501923
2 迭代值 0.5671555687441145 绝对误差为 0.0038648710643076623
函数值 0.010747510338822597 导数值 2.7808198928229406
3 迭代值 0.567143290533261 绝对误差为 1.2278210853589044e-05
```

例 1.7　用牛顿法求方程 $x^3 - x - 1 = 0$ 的根，要求精度为 10^{-4}。

解：令 $f(x) = x^3 - x - 1$，$f'(x) = 3x^2 - 1$，$f''(x) = 6x$，牛顿法的迭代公式为

$$x_{k+1} = x_k - \frac{x_k^3 - x_k - 1}{3x_k^2 - 1} \tag{1-17}$$

选择初值：因为 $f(1) = -1$，$f(2) = 5$，而 $f''(x) = 6x$ 在区间[1,2]内为正，所以 $f(2)f''(x) > 0$，取初值为 2，迭代结果如表 1.4 所示。

表 1.4　初值为 2 的迭代结果

迭代的轮数	输出值	误差
1	1. 54545	0.45454
2	1. 35961	0.18584

续表

迭代的轮数	输出值	误差
3	1. 32580	0.03381
4	1.32472	0.00108
5	1.32472	0.00000

根据表 1.4 可知，方程 $x^3-x-1=0$ 的根为 1.32472。

算法步骤如下。

（1）利用定理给出初值 x_0 和迭代次数 n。

（2）定义函数 $f(x)$ 和函数的导数 $f'(x)$。

（3）按照牛顿法迭代公式 $x_{k+1}=x_k-\dfrac{f(x_k)}{f'(x_k)}$ 计算 $x_1,x_2,\cdots,x_n$，设置终止条件为 $|x_n-x_{n-1}|<\varepsilon$，$\varepsilon=0.0001$。

代码 1.4 请扫描本节后面的二维码查看。

代码输出结果：

```
1 迭代值 1.5454545454545454 绝对误差为 0.4545454545454546
2 迭代值 1.359614915915184 绝对误差为 0.1858396295393614
3 迭代值 1.325801345005845 绝对误差为 0.03381357090933901
4 迭代值 1.3247190494171253 绝对误差为 0.0010822955887197505
5 迭代值 1.3247179572458576 绝对误差为 1.0921712676470463e-06
```

当将初值 x_0 设为 0.5 时，代码输出结果：

```
1 迭代值 -5.0 绝对误差为 5.5
2 迭代值 -3.364864864864865 绝对误差为 1.635135135135135
3 迭代值 -2.280955053664953 绝对误差为 1.083909811199912
4 迭代值 -1.556276567967263 绝对误差为 0.72467848569769
5 迭代值 -1.0435052271790375 绝对误差为 0.5127713407882255
6 迭代值 -0.5614095187713111 绝对误差为 0.4820957084077264
7 迭代值 -11.86434492135064 绝对误差为 11.302935402579328
8 迭代值 -7.925964323903191 绝对误差为 3.9383805974474484
9 迭代值 -5.306828631368329 绝对误差为 2.6191356925348623
10 迭代值 -3.5682842225998956 绝对误差为 1.738544408768433
11 迭代值 -2.415924209768375 绝对误差为 1.152360012831520 6
12 迭代值 -1.647600608320907 绝对误差为 0.7683236014474681
13 迭代值 -1.1121747148997627 绝对误差为 0.5354258934211442
14 迭代值 -0.6460719137732106 绝对误差为 0.4661028011265521
15 迭代值 1.8263234859851178 绝对误差为 2.4723953997583283
16 迭代值 1.4637689875292759 绝对误差为 0.362554498455842
17 迭代值 1.3398653980746533 绝对误差为 0.12390358945462254
18 迭代值 1.3249274555821327 绝对误差为 0.014937942492520673
19 迭代值 1.3247179981331736 绝对误差为 0.0002094574489590606
20 迭代值 1.3247179572447476 绝对误差为 4.088842597838038e-08
```

经过 20 迭代，收敛到方程的根的近似值为 1.32472。由此可知，初值的选择对算法的收敛速度有很大影响，还可能影响算法的收敛性。

1.2.2 爬山法求极值

爬山法是一种优化算法，一般从一个随机的解开始，逐步找到一个最优解（局部最优）。从山脚爬到山顶有多条路径。爬山法指的是不管迈步的方向如何，只要保证下一步的海拔始终比这一步的海拔高，离山顶更近即可。在爬山时在这一步的落脚点附近（邻域）找下一个落脚点，要保证下一个落脚点的海拔高于该落脚点的海拔，即每一步都比上一步更接近山顶。对应数学模型就是找到一个可行解后，在这个解的附近找其他解，其他解对应的函数值要大于这个解的函数值。

若这一步的落脚点为 x_i，下一步选择的落脚点为 x_{i+1}，则比较 $f(x_i)$和$f(x_{i+1})$，若满足条件 $f(x_i)<f(x_{i+1})$，则接受落脚点 x_{i+1}，并迈步走到该点。若不满足条件 $f(x_i)<f(x_{i+1})$，则拒绝该落脚点，继续选择，直到找到合适的落脚点为止。当到达山顶时，自然找不到更合适的落脚点，停止攀爬。

下面以求一个函数的最大值为例，来研究爬山法。

例 1.8 设函数 $y=x_1x_2+x_3$，x_1 是区间[−2, 5]中的整数，x_2 是区间[2, 6]中的整数，x_3 是区间[−5, 2]中的整数。使用爬山法，找到使得 y 取值最大的解。假设初值为[0,3,1]。

解：所求函数有 3 个参数，在使用爬山法逐步获得最优解的过程中可以依次将某个自变量的值增加或减少一个单位，即寻找周围的点。找出周围一系列点，并比较对应的函数值的大小，将函数值最大的那组自变量的值作为本次迭代的最优解。使用爬山法得到的结果如表 1.5 所示。

表 1.5 使用爬山法得到的结果

迭代的轮数	解集	函数值	最大值	最优解
1	{(0,3,1),(−1,3,1),(1,3,1),(0,2,1),(0,4,1),(0,3,0),(0,3,2)}	1,−2,4,1,1,0,2	4	(1,3,1)
2	{(1,3,1), (0,3,1),(2,3,1),(1,2,1),(1,4,1),(1,3,0),(1,3,2)}	4,1,7,3,5,3,5	7	(2,3,1)
3	{(2,3,1),(1,3,1),(3,3,1),(2,2,1),(2,4,1), (2,3,0),(2,3,2)}	7,4,10,5,9,6,5	10	(3,3,1)
4	{(3,3,1),(2,3,1),(4,3,1), (3,2,1),(3,4,1)(3,3,0)(3,3,2)}	10,7,13,7,13,9,11	13	(4,3,1)
5	{(4,3,1),(3,3,1),(5,3,1),(4,2,1),(4,4,1),(4,3,0),(4,3,2)}	13,10,16,9,17,12,14	17	(4,4,1)
6	{(4,4,1),(3,4,1),(5,4,1),(4,3,1),(4,5,1),(4,4,0),(4,4,2)}	17,13,21,13,21,16,18	21	(5,4,1)
7	{(5,4,1), (4,4,1), (5,3,1), (5,5,1), (5,4,0), (5,4,2)}	21,17,16,26,20,22	26	(5,5,1)
8	{(5,5,1),(4,5,1),(5,4,1),(5,6,1),(5,5,0),(5,5,2)}	26,21,21,31,25,27	31	(5,6,1)}
9	{(5,6,1),(4,6,1),(5,5,1),(5,6,0),(5,6,2)}	31,25,26,30,32	32	(5,6,2)
10	{(5,6,2),(4,6,2),(5,5,2),(5,6,1),(5,6,0)}	32,26,27,31,30	32	(5,6,2)

代码 1.5 请扫描本节后面的二维码查看。

代码输出结果：

```
[1, 3, 1]4
[2, 3, 1]7
[3, 3, 1]10
```

```
[4, 3, 1]13
[4, 4, 1]17
[5, 4, 1]21
[5, 5, 1]26
[5, 6, 1]31
[5, 6, 2]32
[5, 6, 2]32
最优解为 32，在取最优解 32 时，自变量为 [5, 6, 2]
```

爬山法求得的是局部极值，如果这座山只有一个山峰，那么就会到达山顶，此时为全局最高点。如果这座山的山峰不止一个，那么在使用爬山法爬山时，很可能在爬到一个小山峰的山顶后发现周围没有比此处更高的地方了，从而停止爬山，陷入局部最高点。解决这种现象的方法是在达到山顶后，如果发现周围没有比此处更高的地方，就接受比此处稍微低的地方，在走到稍微低的地方后可能发现周围有比之前的地方更高的地方，继续攀爬，从而爬到全局最高点，跳出局部最高点。

在求最小值时，可以采取下山法，即每次都找比当前函数值小的点。设这一步的落脚点为 x_i，下一步选择的落脚点为 x_{i+1}，比较 $f(x_i)$和$f(x_{i+1})$，若满足条件 $f(x_i)>f(x_{i+1})$，则接受落脚点 x_{i+1}，并迈步走到该点。若不满足条件 $f(x_i)>f(x_{i+1})$，则拒绝该落脚点，继续选择，直到找到合适的落脚点为止。在到达山脚最低点后，自然找不到更合适的落脚点了，停止下山。该点也是局部最低点，即利用下山法求得的是局部极小值。

1.2.3　牛顿下山法求根

初值的选择影响着牛顿法的收敛速度，为了防止迭代发散，对迭代过程再附加一项要求，即具有单调性$|f(x_{k+1})|<|f(x_k)|$，这个方法称为下山法。把牛顿法和下山法结合在一起就是牛顿下山法。下山法用来保证函数值逐步下降收敛，牛顿法用来加快收敛速度。

先使用牛顿法计算得到的 $\tilde{x}_{k+1}$：

$$\tilde{x}_{k+1}=x_k-\frac{f(x_k)}{f'(x_k)}$$

再取 $\tilde{x}_{k+1}$ 和 x_k 的加权平均值 $x_{k+1}=\lambda\tilde{x}_{k+1}+(1-\lambda)x_k$（$0\leqslant\lambda\leqslant1$），化简得

$$x_{k+1}=x_k-\lambda\frac{f(x_k)}{f'(x_k)} \tag{1-18}$$

在选取 λ 时需要验证函数是否满足下山法的单调性要求$|f(x_{k+1})|<|f(x_k)|$。λ 的选取顺序一般是 1，0.5，0.25，0.025，…。

例 1.9　用牛顿下山法求方程 $3x^3-x-1=0$ 的根，要求精度为 10^{-4}。

解：令 $f(x)=3x^3-x-1$，$f'(x)=9x^2-1$，牛顿下山法迭代公式为 $x_{k+1}=x_k-\lambda\dfrac{f(x_k)}{f'(x_k)}$。取初值为 $x_0=0.5$，$\lambda=1$。$f(0.5)=-1.125$，$f'(0.5)=1.25$，$x_1=x_0-\dfrac{f(x_0)}{f'(x_0)}=1.4$，$f(x_1)=5.832$，$|f(x_1)|>|f(x_0)|$，不满足条件$|f(x_{k+1})|<|f(x_k)|$。取 $\lambda=0.5$，$x_1=x_0-\lambda\dfrac{f(x_0)}{f'(x_0)}=0.95$，$f(x_1)\approx0.6221$，$|f(x_1)|<|f(x_0)|$，满足条件$|f(x_{k+1})|<|f(x_k)|$。得到如表 1.6 所示的迭代结果。

表 1.6 例 1.9 迭代结果

迭代的轮数	输出值	绝对误差	对应的函数值
1	0.95	1.7471	0.6221
2	0.9063	0.2950	0.3271
3	0.8807	0.1583	0.1688
4	0.8666	0.0828	0.0860
5	0.8592	0.0426	0.0434
6	0.85531	0.02160	0.0218
7	0.8534	0.0109	0.0109
8	0.8523	0.0055	0.0054
9	0.8519	0.0027	0.0027
10	0.8516	0.0013	0.0014
11	0.8515	0.000714	0.000686
12	0.8514	0.0003429	0.0003429
13	0.8514	0.0001714	0.0001715
14	0.8514	0.00008577	0.00008573

由表 1.6 可知，方程 $3x^3-x-1=0$ 的根的近似值为 0.8514。

代码 1.6 请扫描本节后面的二维码查看。

代码输出结果：

```
1 迭代值 0.95 绝对误差为 1.7471249999999998 对应的函数值为 0.6221249999999998
2 迭代值 0.9063267813267812 绝对误差为 0.295004557594412
对应的函数值为 0.3271204424055878
3 迭代值 0.8807419301219646 绝对误差为 0.15827105547867637
对应的函数值为 0.16884938692691143
4 迭代值 0.8666272916432682 绝对误差为 0.08285395274658591
对应的函数值为 0.08599543418032551
5 迭代值 0.8591616140770946 绝对误差为 0.04256424170653217
对应的函数值为 0.043431192473793345
6 迭代值 0.8553136699186525 绝对误差为 0.021601275227360883
对应的函数值为 0.021829917246432462
7 迭代值 0.8533590039969359 绝对误差为 0.010885569810231921
对应的函数值为 0.010944347436200541
8 迭代值 0.8523737358430085 绝对误差为 0.00546472097756423
对应的函数值为 0.005479626458636311
9 迭代值 0.8518790837229411 绝对误差为 0.002737936557639875
对应的函数值为 0.0027416899009964357
10 迭代值 0.8516312487707388 绝对误差为 0.0013703740778587825
对应的函数值为 0.0013713158231376532
11 迭代值 0.8515072035174475 绝对误差为 0.0006855399791212413
对应的函数值为 0.0006857758440164119
12 迭代值 0.8514451488768255 绝对误差为 0.0003428584120346301
对应的函数值为 0.0003429174319817818
13 迭代值 0.8514141135442848 绝对误差为 0.00017145133513540856
```

```
对应的函数值为 0.00017146609684637326
14 迭代值 0.8513985938738634 绝对误差为 8.57312027884305e-05
对应的函数值为 8.573489405794277e-05
```

1.2.4 牛顿法求一元函数的极值

当 $f'(x)=0$ 时，若 $f''(x)>0$，则函数取得极小值；若 $f''(x)<0$，则函数取得极大值。因此使用牛顿法求一元函数 $f(x)$ 的极值的问题可以转化为求 $f'(x)=0$ 的根的问题。

给定初值 x_0，对 $f(x_0)$ 在 x_0 处应用泰勒公式有

$$f(x)=f(x_0)+f'(x_0)(x-x_0)+\frac{f''(x_0)}{2!}(x-x_0)^2 \tag{1-19}$$

对式（1-19）求导数，有

$$f'(x)=f'(x_0)+\frac{f''(x_0)}{2!}2(x-x_0)=f'(x_0)+f''(x_0)(x-x_0) \tag{1-20}$$

令 $f'(x)=0$，则有 $x=x_0-\dfrac{f'(x_0)}{f''(x_0)}$，把求得的 x 作为 x_1，$x_1=x_0-\dfrac{f'(x_0)}{f''(x_0)}$，依次类推，可求出一系列 $x_1,x_2,\cdots,x_n$。迭代公式为

$$x_n=x_{n-1}-\frac{f'(x_{n-1})}{f''(x_{n-1})} \tag{1-21}$$

当 $|x_n-x_{n-1}|<\varepsilon$ 时停止迭代，ε 为指定的阈值。

例 1.10 已知 x 为正数，求 $f(x)=x^3-x-1$ 取得极小值时的 x 的值，要求精度为 10^{-4}。

解：$f(x)=x^3-x-1$，则 $f'(x)=3x^2-1=0$，$f''(x)=6x>0$（x 为正数），此时驻点为 $x=\dfrac{1}{\sqrt{3}}$。

迭代公式为 $x_{k+1}=x_k-\dfrac{f'(x_k)}{f''(x_k)}$。取初值为 $x_0=0.5$，代入迭代公式，有

$$x_1=x_0-\frac{f'(x_0)}{f''(x_0)}=0.5-\frac{-0.25}{3}\approx 0.5833$$

$$x_2=x_1-\frac{f'(x_1)}{f''(x_1)}=0.5833-\frac{0.02082}{3.5}\approx 0.57738$$

$$x_3=x_2-\frac{f'(x_2)}{f''(x_2)}=0.57738-\frac{0.0001030}{3.4628}\approx 0.57735$$

最后两次迭代得到的 x_2 和 x_3 的误差的绝对值为 0.00003，小于设定的阈值 0.0001。

因此当 x 为 0.57735 时，$f(x)=x^3-x-1$ 取得极小值。精准值 $x^*=\dfrac{1}{\sqrt{3}}\approx 0.5773502691896258$。

在取初值 $x_0=0.5$ 时，$f(x_0)=-1.375$，输出值、对应的函数值和绝对误差如表 1.7 所示。

表 1.7 输出值、对应的函数值及绝对误差

迭代的轮数	输出值	对应的函数值	绝对误差
1	0.58333	−1.3848	0.0001
2	0.57738	−1.3849	0.0000
3	0.57735	−1.3849	—

算法步骤如下。

（1）给出初值和迭代次数。

（2）定义该函数、求函数的一阶导数和二阶导数。

（3）按照迭代公式 $x_{k+1}=x_k-\dfrac{f'(x_k)}{f''(x_k)}$ 计算 $x_1,x_2,\cdots,x_n$，设置终止条件为 $|x_n-x_{n-1}|<\varepsilon$，$\varepsilon=0.0001$。

代码 1.7 请扫描本节后面的二维码查看。

代码输出结果：

```
1 迭代值 0.5833333333333334 绝对误差为 0.08333333333333337
2 迭代值 0.5773809523809523 绝对误差为 0.005952380952381042
3 迭代值 0.5773502700049091 绝对误差为 3.0682376043200676e-05
```

1.2.5 梯度下降法

当我们站在只有一个山峰的山顶上想下山时，向哪个方向走才能以最短的路程下山呢？我们知道两点之间直线距离最短，但是我们不可能沿着山顶到水平面的垂线下山，所以必须选择合适的方向。那么怎么选择方向呢？第一步的方向有无数个，若想走最短的路程到达山脚，则应沿着最陡峭的方向前进，以此类推，直至到达山脚。若步伐太大，则可能错过山脚；若步伐太小，则会花费很长时间。

“最陡峭”对应于数学分析中的“梯度”，梯度是一个向量。向量是既有大小又有方向的量，如力、速度、加速度。梯度表示的是函数在空间某点的各个维度的陡峭程度，即导数，又称变化率。梯度的方向是函数值增大最快的方向，梯度的反方向是函数值减小最快的方向。

在一元函数中，梯度代表的是图像斜率的变化，指明哪里下山最快。在多元函数中，梯度代表的是向量变化最快的地方，即最陡峭的方向，指明哪个方向下山最快。

除了下山的方向，还有下山的步长。如果步长太大，就很容易越过最优值，从而产生振荡，但计算量相对较小；如果步长太小，计算量就会很大，耗时变长，但比较精准。确定一个适合的步长，能够顺利地以最快的速度下山。最好的情况是先大步下山，在接近山脚时以小步不断逼近最低处。

除此之外，还要确定一个阈值，以在满足条件时停止迭代。

使用梯度下降法求函数的最小值的步骤如下。

（1）给出 x 的初值和步长。

（2）给出迭代公式：

$$x_i=x_{i-1}-\alpha\nabla f(x_{i-1}) \tag{1-22}$$

式中，x_i 表示第 i 次迭代的结果；x_{i-1} 表示第 i–1 次迭代的输出结果，是第 i 次迭代的输入；$\nabla f(x_{i-1})$ 表示梯度，对于一元函数来说就是一阶导数 y'；α 为步长，又称学习率。如果前后两次输出结果差距非常小，就可以停止迭代。

例 1.11 求函数 $y=x^2+2x+1$ 的最小值，要求精度为 0.001。

（1）给出 x 的初值，设 x_0=0。

（2）设步长为 0.25，即 $\alpha = 0.25$。

（3）函数的一阶导数为 $y' = 2(x+1)$，迭代公式为 $x_i = x_{i-1} - \alpha(2x_{i-1} + 2)$。

第一次迭代：

$$x_0=0,\quad x_1 = x_0 - \alpha(2x_0 + 2) = 0 - 0.25\times(2\times 0 + 2) = -0.5$$

第二次迭代：

$$x_2 = x_1 - \alpha(2x_1 + 2) = -0.5 - 0.25\times(2\times(-0.5) + 2) = -0.75$$

第三次迭代：

$$x_3 = x_2 - \alpha(2x_2 + 2) = -0.75 - 0.25\times(2\times(-0.75) + 2) = -0.875$$

第四次迭代：

$$x_4 = x_3 - \alpha(2x_3 + 2) = -0.875 - 0.25\times(2\times(-0.875) + 2) = -0.9375$$

第五次迭代：

$$x_5 = x_4 - \alpha(2x_4 + 2) = -0.9375 - 0.25\times(2\times(-0.9375) + 2) = -0.9688$$

第六次迭代的结果为–0.9844；第七次迭代的结果为–0.9922；第八次迭代的结果为–0.9961；第九次迭代的结果为–0.9980。

当步长为 0.2 时，需要迭代 12 次才能保证前后两次迭代结果的绝对误差小于 0.001；当步长为 0.25 时，迭代 9 次就能保证前后两次迭代结果的绝对误差小于 0.001；当步长为 0.3 时，迭代 7 次就能保证前后两次迭代结果的绝对误差小于 0.001；当步长为 0.4 时，迭代 7 次就能保证前后两次迭代结果的绝对误差小于 0.001；当步长为 0.5 时，只需要迭代 1 次，就能得到 x=–1；当步长为 0.6 时，迭代 5 次就能保证前后两次迭代结果的绝对误差小于 0.001。

观察步长为 0.6 时的 5 次迭代结果：–1.2、–0.96、–1.008、–0.9984、–1.00032，发现结果在 x=1 附近左右摆动，这是步长过大导致的。而步长过小，如在步长为 0.01 时，需要迭代 150 次才能保证前后两次迭代结果的绝对误差小于 0.001。因此，选择一个合适的步长是很重要的。

步长也可以这样设置：开始选择大一些的步长，后面更新步长，选择一个小的步长。这样设置步长，计算效率会更高。

针对例 1.11，选择不同步长时达到规定的精度需要迭代的次数如表 1.8 所示。

表 1.8　选择不同步长时达到规定的精度需要迭代的次数

步长	0.01	0.2	0.25	0.3	0.4	0.5
迭代次数	150	12	9	7	7	1

设 $h(x,\boldsymbol{\theta})$ 为预测函数，y 为真实值，定义损失函数 $J(\boldsymbol{\theta})$ 为

$$J(\boldsymbol{\theta}) = \frac{1}{2n}\sum_{i=1}^{n}(h(x_i,\boldsymbol{\theta}) - y_i)^2 \tag{1-23}$$

式中，$\frac{1}{2}$ 是为了求导后无多余常数而设定的，可以删除；n 为样本容量；求均值是为了减少样本容量对损失函数的影响。求使得 $J(\boldsymbol{\theta})$ 最小的 $\boldsymbol{\theta}$ 值。

以一元线性回归为例，使用梯度下降法求回归直线的系数。

设回归直线方程为

$$h=\theta_0+\theta_1\boldsymbol{X}，\ \boldsymbol{Y}=\begin{pmatrix}\boldsymbol{y}_1\\ \boldsymbol{y}_2\\ \vdots\\ \boldsymbol{y}_n\end{pmatrix}，\ \boldsymbol{X}=\begin{pmatrix}1 & \boldsymbol{x}_1\\ 1 & \boldsymbol{x}_2\\ \vdots & \vdots\\ 1 & \boldsymbol{x}_n\end{pmatrix}，\ \boldsymbol{\theta}=\begin{pmatrix}\theta_0\\ \theta_1\end{pmatrix}，\ h=\boldsymbol{X\theta}$$

损失函数为

$$J(\boldsymbol{\theta})=\frac{1}{2n}(\boldsymbol{X\theta}-\boldsymbol{y})^{\mathrm{T}}(\boldsymbol{X\theta}-\boldsymbol{y}) \tag{1-24}$$

$$\nabla J(\boldsymbol{\theta})=\frac{1}{n}\boldsymbol{X}^{\mathrm{T}}(\boldsymbol{X\theta}-\boldsymbol{y}) \tag{1-25}$$

迭代公式为

$$\theta_i=\theta_{i-1}-\alpha\nabla f(\theta_{i-1}) \tag{1-26}$$

例 1.12 已知数据为(2.07,128)，(3.1,194)，(4.14,273)，(5.17,372)，(6.2,454)，步长为 0.01，使用梯度下降法求 y 关于 x 的线性回归方程。

算法如下。

（1）对 x_0 赋初值，x_1 为已知的自变量的数据，把 x_0 和 x_1 合在一起，构建大小为 n×2 的矩阵。y 为已知的因变量的数据。

（2）定义步长为 0.01，分别定义损失函数、梯度函数为式（1-24）和式（1-25）。

（3）定义梯度下降函数，给出程序终止条件。例如，计算的梯度的分量均小于指定的数，如 0.00001，或者指定迭代次数，或者两次损失函数值的差值。

代码 1.8：

```
import numpy as np
#数据的数量
n = 5
#迭代的次数
N=10000
#阈值
value=0.00001
#对 x0 赋初值，x1 为已知的数据
x0 = np.ones((n, 1))
x1=np.array([2.07,3.1,4.14,5.17,6.2]).reshape(n, 1)
#把 x0 和 x1 合在一起，构建大小为 n×2 的矩阵
x= np.hstack((x0, x1))
y=np.array([128,194,273,372,454]).reshape(n, 1)
#定义步长
alpha = 0.01
#定义损失函数
def loss(theta,x, y):
    h= np.dot(x, theta) - y
    J=(1/(2*n)) * np.dot(np.transpose(h),h)
    return J
#定义梯度函数
```

```
def gradient(theta, x, y):
    h = np.dot(x, theta) - y
    g=(1/n) * np.dot(np.transpose(x),h)
    return g
#定义梯度下降法
def gd(x, y, alpha):
    #赋θ初值
    theta = np.array([1, 1]).reshape(2, 1)
    for i in range(N):
        #计算梯度
        grad= gradient(theta, x, y)
        #满足条件，终止程序
        if np.all(np.abs(grad))<value:
            break
        theta = theta - alpha * grad
        grad = gradient(theta, x, y)
    return theta
theta= gd(x, y, alpha)
print('theta:', theta)
print('lossfunction:', loss(theta, x, y)[0,0])
```

输出结果：

```
theta: [[-48.10881309]
 [ 80.34549792]]
lossfunction: 31.51717241414373
```

分析：根据输出结果可知，y 关于 x 的线性回归方程为 $y=-48.10881309+80.34549792x$，损失函数值为 31.51717241414373。

代码 1.9： 梯度下降法相关代码可以换成如下代码。

```
#定义梯度下降法
def gd(x, y, alpha):
    #赋θ初值
    theta = np.array([1, 1]).reshape(2, 1)
    #计算梯度
    grad= gradient(theta, x, y)
    while not np.all(np.absolute(grad) <= 1e-5):
        theta = theta - alpha * grad
        grad = gradient(theta, x, y)
return theta
```

输出结果：

```
theta: [[-48.1102879 ]
 [ 80.34581671]]
lossfunction: 31.517172278048026
```

在用梯度下降法求非凸函数的极值时容易陷入局部极值。下面以 Himmelblau 函数 $z=(x^2+y-11)^2+(x+y^2-7)^2$ 为例，来介绍参数的初值对梯度下降方向的影响，从而得到不同的局部极小值。

（1）先画 Himmelblau 函数的图像，如图 1.2 所示。

代码 1.10：

```
#画 Himmelblau 函数图像
import numpy as np
import matplotlib.pyplot as plt
from mpl_toolkits.mplot3d import axes3d
x=np.arange(-6,6,0.1)
y=np.arange(-6,6,0.1)
def h(x,y):
   return (x**2+y-11)**2+(x+y**2-7)**2
X,Y=np.meshgrid(x,y)
Z=h(X,Y)
fig=plt.figure('hi')
ax=fig.gca(projection='3d')
ax.plot_surface(X,Y,Z)
plt.show()
```

运行上述代码，输出图像如图 1.2 所示。

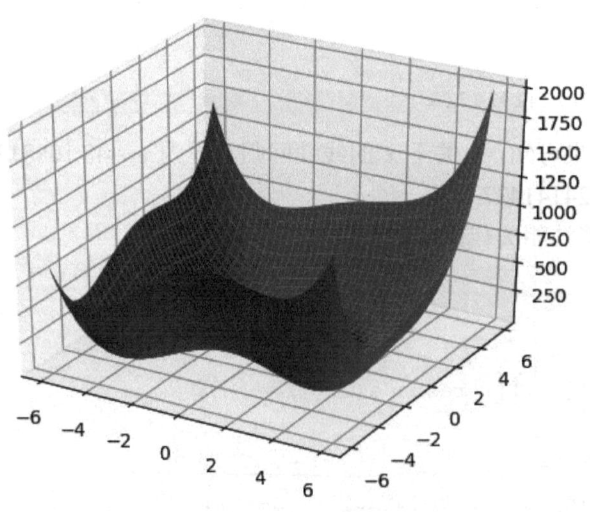

图 1.2　Himmelblau 函数图像

（2）使用梯度下降法求极值：

```
#使用梯度下降法求极值
from sympy import symbols,diff
def f(x0,y0):
    #求偏导
```

```
    x,y=symbols('x y',real=True)
    w=(x**2+y-11)**2+(x+y**2-7)**2
    z1=diff(w,x)
    z2=diff(w,y)
    #计算多元函数在（x0,y0）处对 y 的偏导
    t1=z1.subs({x:x0,y:y0})
    t2=z2.subs({x:x0,y:y0})
    return t1,t2

x0=-2
y0=2
alpha=0.01
N=200
for i in range(N):
    t1,t2=f(x0,y0)
    x=x0-alpha*t1
    y=y0-alpha*t2
    if abs(x-x0)<0.0001 and abs(y-y0)<0.0001 :
        break
    w=(x**2+y-11)**2+(x+y**2-7)**2
    print('迭代次数',i,x,y,w)
    x0=x
    y0=y
```

输出结果如下。

（1）初值为(4,0)，步长为 0.01 时的部分输出结果：

```
迭代次数 40 3.58435656457706 -1.84734011697726 8.94196357084690e-6
迭代次数 41 3.58437714467867 -1.84756560408526 4.54980137716182e-6
迭代次数 42 3.58439182652081 -1.84772646581455 2.31459740917551e-6
迭代次数 43 3.58440229925460 -1.84784121002987 1.17734540386876e-6
```

由输出结果可知，得到的极小值约为 0，此时(x,y)接近(3.584,–1.848)。

（2）初值为(1,0)，步长为 0.01 时的部分输出结果：

```
迭代次数 34 3.00030485474026 1.99926346001463 8.16758031668205e-6
迭代次数 35 3.00022653490299 1.99945278960249 4.50889819277735e-6
迭代次数 36 3.00016832164902 1.99959346623032 2.48885923320543e-6
迭代次数 37 3.00012505961465 1.99969798589066 1.37371054938081e-6
```

由输出结果可知，得到的极小值约为 0，此时(x,y)接近(3,2)。

（3）初值为(–4,0)，步长为 0.01 时的部分输出结果：

```
迭代次数 23 -3.77633205246572 -3.27837208151202 0.00113132534456683
迭代次数 24 -3.77843175894933 -3.28176989384486 9.81480389323343e-5
```

```
迭代次数 25 -3.77905283736059 -3.28277048078778 8.44619901285985e-6
迭代次数 26 -3.77923471937618 -3.28306432192347 7.25107549614849e-7
```

由输出结果可知，得到的极小值约为 0，此时(x,y)接近(−3.779,−3.283)。

（4）初值为(−2,2)，步长为 0.01 时的部分输出结果：

```
迭代次数 6 -2.80274853221647 3.13100075280319 0.000185131656755464
迭代次数 7 -2.80428156122890 3.13122050318438 2.29584402850135e-5
迭代次数 8 -2.80482344147015 3.13128359207357 2.84156760516183e-6
迭代次数 9 -2.80501440526848 3.13130301438519 3.51434495384662e-7
```

由输出结果可知，得到的极小值约为 0，此时(x,y)接近(−2.805,3.131)。

由以上输出结果可以看出，虽然最后的极小值均约为 0，但是在步长相同时，取不同初值得到极小值的迭代次数不同，迭代最快的是初值为(−2,2)，此时只需要迭代 9 次就能达到要求，得到的自变量(x,y)接近(−2.805,3.131)；若将初值设为(4,0)，则需要迭代 43 次才能达到要求。

习题 1.2

1．求方程 $x^x - \mathrm{e} = 0$ 的根，要求精度为 10^{-5}。

2．用牛顿法求方程 $x^3 - 3x - 1 = 0$ 的根，要求精度为 10^{-4}。

3．对于迭代函数 $\Phi(x) = x + c(x^2 - 3)$，①当 c 为何值时，产生的序列$\{x_k\}$收敛于 $\sqrt{3}$；②当 c 取何值时收敛速度最快。

4．函数 $y = x_1+x_2-x_3$，x_1 是区间[−2, 5]中的整数，x_2 是区间[2, 6]中的整数，x_3 是区间[−5, 2]中的整数。使用下山法，找到使得 y 取值最小的解。假设初值为[3,5,2]。

5．函数 $y = x_1+x_2-x_3$，x_1 是区间[−2, 5]中的整数，x_2 是区间[2, 6]中的整数，x_3 是区间[−5, 2]中的整数。使用爬山法，找到使得 y 取值最大的解。假设初值为[3,5,2]。

6．有函数 $y=x_1+x_2-x_3$，x_1 是区间[−2, 5]中的整数，x_2 是区间[2, 6]中的整数，x_3 是区间[−5, 2]中的整数。使用下山法，找到使得 y 取值最小的解。初值在范围内随机选取。

7．使用梯度下降法求函数 $y = x^2 + 2x + 5$ 的最小值，设初值为 3，步长为 0.4。

8．使用梯度下降法求二元函数 $z = x^2 + y^2$ 的最小值，设初值为(1,3)，步长为 0.4。

9．使用梯度下降法求二元函数 $z = \frac{1}{3}x^2 + \frac{1}{2}y^2$ 的最小值，设初值为(2,2)，步长为 6/5。

1.2 节代码

10．使用梯度下降法求二元函数 $z = 2(x-1)^2 + y^2$ 的近似根。设初值为(2,2)，步长为 0.4。

扩展阅读：梯度下降法

梯度下降法在机器学习中的应用非常广泛，是一种非常经典的求极小值的算法。无论是线性回归还是逻辑回归，其损失函数均为凸函数，在计算损失函数的最小值时可以使用梯度下降法。支持向量机的目标函数也可以使用梯度下降法来优化。在训练深度神经网络时，常见的优化算法有随机梯度下降法、动量优化法、自适应步长优化法等，这些算法都是由梯度下降法改进而来的。

在线性回归中使用最小二乘法求解最优解会涉及矩阵求逆问题，以及多重共线性问题，无论是采用 L1 正则化的 Lasso 回归还是采用 L2 正则化的岭回归，其目的都是解决多重共线性问题，并不是提升模型效果。若使用梯度下降法优化线性回归的损失函数，则完全不用考虑多重共线性问题。损失函数是严格意义上的凸函数，存在全局唯一极小值，只要步长较小，设置足够多的迭代次数，就一定可以到达最小值附近，满足精度要求，并且随着特征数目的增多，梯度下降法的效率逐渐提高。

第2章　随机数的生成方法

2.1　服从均匀分布的随机数的生成方法

统计学家Francis Galton在1890年的*Nature*杂志中写道："在所有产生随机数的事物中，我认为没有什么能够超越骰子。"掷3颗骰子，骰子在容器中以各种形式和角度与容器壁发生碰撞，骰子在容器中的位置和形态在外界看来都是不可预知的。哪怕容器只发生一次晃动，外界也不可能知道骰子在容器中到底是什么形态。因此骰子的点数之和在3到18间都是有可能的，此时生成的是3到18间的随机数。

随机数是由随机实验生成的结果，随机数有多种不同的生成方法，这些方法的重要特征是产生一个与前一个数无关的数字。随机数是使用物理现象生成的，如抛硬币实验、掷骰子实验和使用电子元件的噪声等。这种由随机实验生成随机数的方法称为物理随机数发生器，技术要求很高。

在概率算法设计中生成随机数的步骤是必需的。在计算机上无法产生真正的随机数，一般使用伪随机数发生器产生伪随机数。使用伪随机数发生器生成的伪随机数序列非常接近真正的随机数，其本质是由一种固定的、可重复的计算方法生成的数据。因为在多次计算后会得到相同的伪随机数，所以伪随机数不是真正意义上的随机数，但是伪随机数的统计特性与随机数的统计特性类似。伪随机数通常是均匀分布的。有了均匀分布的伪随机数，我们就可以通过逆变换抽样生成服从其他分布的伪随机数了。

常用的均匀分布$U(0,1)$的伪随机数发生器有平方取中法、乘积取中法、线性同余法、混合同余法、线性反馈移位寄存器法等。本节主要介绍平方取中法、线性同余法。

2.1.1　平方取中法

J. 冯・诺伊曼（1903—1957）于1946年提出的平方取中（middle-square）法被用来生成"曼哈顿计划"中制造核弹所需要的数值计算中的数字。

平方取中法指的是任取一个十进制正整数，确定一个偶数位数m，求该数的平方，结果表示为$2m$位数（位数不够，在左端补0），取其中间的m位数。

例2.1　使用平方取中法由1234生成伪随机数序列。

解：1234的位数为m=4，其平方为1522756，不够8位，左端补0，故$2m$位数是01522756，中间4位数是5227，这个数就是由1234得到的伪随机数。

5227的平方为27321529，正好8位，左端不需要补0，故$2m$位数是27321529，中间4位数是3215，这个数就是由5227得到的伪随机数。

3215的平方为10336225，正好8位，左端不需要补0，故$2m$位数是10336225，中间4位数是3362，这个数就是由3215得到的伪随机数。

一直计算，就会产生很多伪随机数，从而通过平方取中法得到1234的伪随机数序列。

得到的10个伪随机数分别为5227, 3215, 3362, 3030, 1809, 2724, 4201, 6484, 422, 1780。

该方法的不足之处在于，计算出的伪随机数可能是 0。如果计算出的伪随机数为 0，那么之后得到的伪随机数都将是 0，从而导致算法失效。

算法如下。

（1）建立一个空列表 x，用来存放取得的随机数。初值 x_0 可以是随机的，也可以是指定的。若需要 10 个随机数，则令 n=10。

（2）计算 x_0 的平方，并使用函数 str()将其转换为字符型变量 zs。如果 zs 的长度不等于 8，就使用函数 rjust()进行左端补齐操作。取 zs 的中间 4 位作为变量 $z4$。

（3）把 $z4$ 转换为整数后放入列表 x。

注：函数 rjust()可以进行左端补齐操作，功能是返回一个与原字符串右对齐并使用空格填充至指定长度的新字符串。若指定长度小于字符串的长度，则返回原字符串。

练习：（1）取初值为 1234，编写使用平方取中法产生 10 个伪随机数的代码。

（2）初值是随机的，设置一个 4 位的随机数，范围为 1000～9999，要求两个端点都能取到，编写使用平方取中法产生 10 个伪随机数的程序。

代码 2.1 和代码 2.2 请扫描本节后面的二维码查看。

注：如果平方后的数的位数不足 8 位，就使用函数 rjust()完成左端补齐操作。

练习中第 1 题的输出结果：

```
[1234, 5227, 3215, 3362, 3030, 1809, 2724, 4201, 6484, 422, 1780]
```

2.1.2　线性同余法

线性同余法包括混合同余法和乘同余法两种，是最知名的伪随机数发生器算法之一，具有理论容易理解且易于快速实现的优点。线性同余发生器（Linear Congruential Generator，LCG）是一种伪随机数发生器算法，是由 Lehmer 于 1951 年提出的。线性同余发生器的优点是通过选择适当参数，使得周期区间长度很长。线性同余发生器不适用于加密应用程序，但可用于嵌入式系统，因为嵌入式系统的可用内存通常会受到严格限制。

1．同余的概念

定义 2.1　（**整除**）若 a 和 b 都是整数，若存在不为零的整数 k，使得 $b=ka$，则称 b 为 a 的倍数，a 为 b 的因数，a 能整除 b，记作 $a|b$。

例如，$2|10$，$7|35$。

性质 2.1

（1）自反性：任意一个非零整数 a 有 $a|a$。

（2）传递性：任意 3 个非零整数 a、b、c 有 $a|b$ 和 $b|c$，就有 $a|c$。

（3）任意 3 个非零整数 a、b、c，有 $a|b$ 和 $a|c$，则对于任意的非零整数 s 和 t 有 $a|sb+tc$。

定义 2.2　（**公因数**）若 a、b、d 都是整数，且有 $d|a$、$d|b$，则称 d 为 a 和 b 的公因数。若 d 为 a 和 b 的公因数中最大的数，则称 d 为 a 和 b 的最大公因数，记为 $\gcd(a,b)$。

对于任意两个非零整数，一定存在最大公因数。使用欧几里得算法（辗转相除法）可以求出最大公因数。若两个整数比较容易进行因数分解，则可以提取它们的公因数的最低次幂作为最大公因数。

若最大公因数为 1，则称 a 和 b 互素。

定义 2.3 （同余）a、b、n 都是整数，若存在不为零的整数 k 使得 $a-b=kn$，则称 a 与 b 模 n 同余，记为 $a \equiv b \bmod n$。

例如，钟表只有 12 个数字，13 点表示下午 1 点，即 $13 \equiv 1 \bmod 12$。又如，在军训时，学生进行 1、2 报数，最后一个同学如果报的是 1，就说明总人数为奇数，这采用的是模 2 运算，如 $43 \equiv 1 \bmod 2$。

性质 2.2

（1）自反性：对于任意 2 个非零整数 a 和 n 有 $a \equiv a \bmod n$。

（2）对称性：对于任意 3 个非零整数 a、b、n，若 $a \equiv b \bmod n$，则 $b \equiv a \bmod n$。

（3）传递性：对于任意 4 个非零整数 a、b、c、n，若 $a \equiv b \bmod n$，$b \equiv c \bmod n$，则 $a \equiv c \bmod n$。

（4）对于任意 4 个非零整数 a、b、c、d、n，若 $a \equiv b \bmod n$，$c \equiv d \bmod n$，则 $a \pm c \equiv (b \pm d) \bmod n$，$ac \equiv (bd) \bmod n$。

（5）对于任意 4 个非零整数 a、b、c、n，若 $ac \equiv bc \bmod n$，$\gcd(c,n)=d$，则 $a \equiv b \bmod \dfrac{n}{d}$；若 $\gcd(c,n)=1$，则 $a \equiv b \bmod n$。

证明过程中会用到“若 d 为 a 和 b 的最大公因数，令 $a \equiv a'd$，$b \equiv b'd$，则 a'和b' 互素，其中 a'、b' 都是整数”结论。

例如，$21 \equiv 6 \bmod 15$，则 $7 \equiv 2 \bmod 5$。

2．线性同余发生器

线性同余发生器的迭代算法：

$$x_i \equiv (a \times x_{i-1} + c) \bmod n, \quad r_i = x_i / n \tag{2-1}$$

式中，a 为乘因子。$r_i = x_i / n$ 用于把 x_i 转换到 0～1 之间，如果只需要产生小于 n 的整数的伪随机数，那么可以省略此步，要注意初值 x_0 的选取。

若 $c=0$，则称式（2-1）为乘法同余发生器；若 $c>0$，则称式（2-1）为混合同余发生器。

因为生成伪随机数的算法是固定的，初始种子值是固定的，所以线性同余发生器无法生成真正的随机数，它生成的伪随机数有一个共同的特点——按固定的顺序出现。

例 2.2 初值 x_0 为 1，乘因子 a 为 3，c 为 5，n 为 7。使用线性同余法求 0～1 之间的伪随机数。

解：由题意可得 $x_0 = 1$，$a = 3$，$c = 5$，$n = 7$，下面进行迭代。

$x_1 = 3\times1+5 = 8 \equiv 1 \bmod 7$，$r_1 = 1/7 \approx 0.1429$；$x_2 = 3\times1+5 = 8 \equiv 1 \bmod 7$，$r_2 = 1/7 \approx 0.1429$。周期为 1。所谓周期指的是重复数间最短的长度。

若选初值 x_0 为 0，则迭代结果如下。

第一次迭代的结果：

$$x_1 = 3\times0+5 \equiv 5 \bmod 7, \quad r_1 = 5/7 \approx 0.7143$$

第二次迭代的结果：

$$x_2 = 3\times5+5 = 20 \equiv 6 \bmod 7, \quad r_2 = 6/7 \approx 0.8571$$

第三次迭代的结果：

$$x_3 = 3\times6+5 = 23 \equiv 2 \bmod 7, \quad r_3 = 2/7 \approx 0.2857$$

第四次迭代的结果：

$$x_4 = 3\times 2 + 5 = 11 \equiv 4 \bmod 7\text{，}\quad r_4 = 4/7 \approx 0.5714$$

第五次迭代的结果：

$$x_5 = 3\times 4 + 5 = 17 \equiv 3 \bmod 7\text{，}\quad r_5 = 3/7 \approx 0.4286$$

第六次迭代的结果：

$$x_6 = 3\times 3 + 5 = 14 \equiv 0 \bmod 7\text{，}\quad r_6 = 0/7 = 0$$

周期为 6。

若选初值 x_0 为 2，则有

$$x_1 = 4,\ x_2 = 3,\ x_3 = 0,\ x_4 = 5,\ x_5 = 6,\ x_6 = 2,\ x_7 = 4,\ x_8 = 3,\ x_9 = 0$$

求得的伪随机数分别为 $r_1 = 4/7 \approx 0.5714$，$r_2 = 3/7 \approx 0.4286$，$r_3 = 0/7 = 0$，$r_4 = 5/7 \approx 0.7143$，$r_5 = 6/7 \approx 0.8571$，$r_6 = 2/7 \approx 0.2857$；$r_7 = 4/7 \approx 0.5714$。周期为 6。

通过例 2.2 可以发现，伪随机数序列的产生有周期性。假设伪随机数序列为 2,5,6,1,5,2,5,6,1,5，这个序列从第 6 位开始重复，因此周期为 5。若伪随机数序列的周期为 n，则称该伪随机数序列为满周期。对于同一递推公式，若初值不同，则周期也不同。

对于例 2.2 而言，无论如何选择初值，都不可能获得满周期的伪随机数序列。

例 2.3　已知初值 x_0 为 1，乘因子 a 为 4，c 为 1，n 为 9。使用线性同余发生器生成伪随机数序列。

解：10 次迭代分别为

$$x_1 = 4\times 1 + 1 \equiv 5 \bmod 9\text{，}\quad x_2 = 4\times 5 + 1 \equiv 3 \bmod 9$$

$$x_3 = 4\times 3 + 1 = 13 \equiv 4 \bmod 9\text{，}\quad x_4 = 4\times 4 + 1 = 17 \equiv 8 \bmod 9$$

$$x_5 = 4\times 8 + 1 = 33 \equiv 6 \bmod 9\text{，}\quad x_6 = 4\times 6 + 1 = 25 \equiv 7 \bmod 9$$

$$x_7 = 4\times 7 + 1 = 29 \equiv 2 \bmod 9\text{，}\quad x_8 = 4\times 2 + 1 = 9 \equiv 0 \bmod 9$$

$$x_9 = 4\times 0 + 1 \equiv 1 \bmod 9\text{，}\quad x_{10} = 4\times 1 + 1 \equiv 5 \bmod 9$$

因此生成的伪随机数序列为 1,5, 3, 4, 8, 6, 7, 2, 0，周期为 9，这就是满周期。

只有生成满周期的伪随机数序列才能接近真正的随机数。由于算法固定，这种重复一定会发生。在第几位发生取决于 a、c、n。为了让生成的伪随机数序列更接近真正的随机数序列，选择合适的 a、c、n 是关键。

2.1.3　混合同余法

混合同余法的迭代算法：

$$x_i \equiv a \times x_{i-1} + c \bmod n\text{，}\quad r_i = x_i / n \qquad (2\text{-}2)$$

注意初值的选取，初值会影响伪随机数序列的周期。

周期越长，伪随机数序列的随机性越好。如果需要每次都产生不一样的序列，每次就要传入不同的种子。

在用线性同余法产生随机数时，为了得到近似随机数（得到最大周期），在选择 a、c、n 时，可以将 n 选择得尽可能大，此时伪随机数序列的周期可能变大，如取系统位数——32 位系统，即 2^{32}。

定理 2.1　（1）如果 c 不为 0，那么 c 要选为与 n 互素的整数。如果 c 为 0，那么 n 要选为素数（乘同余法）。

（2）a、c 要比 n 小，a、c、n 都是正整数，且 a 与 n 互素。

（3）对于 n 的任一个素数因数 p，$a-1$ 被 p 整除。

（4）若 n 有因数 4，则 $a-1$ 被 4 整除。

当满足上面这些条件时，可取得满周期伪随机数序列。

例 2.3 满足定理 2.1 中的条件，同样若 a、c、n 的值分别为 5、1、8，也满足定理 2.1 中的条件，因此得到的伪随机数序列为满周期。

例 2.4 已知初值 x_0 为 11，乘因子 a 为 4，c 为 7，n 为 14。使用混合同余法求 10 个介于 0～1 的伪随机数。

解：由题意可知 $x_0=11$，$a=4$，$c=7$，$n=14$，下面进行迭代。

第一次迭代的结果：

$$x_1=4\times11+7=51\equiv9\bmod14，\quad r_1=9/14\approx0.6429$$

第二次迭代的结果：

$$x_2=4\times9+7=43\equiv1\bmod14，\quad r_2=1/14\approx0.0714$$

第三次迭代的结果：

$$x_3=4\times1+7\equiv11\bmod14，\quad r_3=11/14\approx0.7857$$

第四次迭代的结果：

$$x_4=4\times11+7=51\equiv9\bmod14，\quad r_4=9/14\approx0.6429$$

依次类推，产生的所有随机数序列为 0.6429,0.0714,0.7857,0.6429,0.0714,0.7857,0.6429,0.0714,0.7857,0.6429，周期为 3。

练习：试针对例 2.4 编写使用混合同余法求伪随机数的代码。

代码 2.3 请扫描本节后面的二维码查看。

代码输出结果如下：

```
[9, 1, 11, 9, 1, 11, 9, 1, 11, 9]
[0.6428571428571429, 0.07142857142857142, 0.7857142857142857, 0.6428571428571429,
0.07142857142857142, 0.7857142857142857, 0.6428571428571429, 0.07142857142857142,
0.7857142857142857, 0.6428571428571429]
```

例 2.5 已知初值 x_0 为 71，乘因子 a 为 81，c 为 3，n 为 1000。使用混合同余法求 10 个介于 0～1 的伪随机数。

解：由题意可知 $x_0=71$，$a=81$，$c=3$，$n=1000$，下面进行迭代。

第一次迭代的结果：

$$x_1=81\times71+3\equiv754\bmod1000，\quad r_1=754/1000=0.754$$

第二次迭代的结果：

$$x_2=81\times754+3\equiv77\bmod1000，\quad r_2=77/1000=0.077$$

第三次迭代的结果：

$$x_3=81\times77+3\equiv240\bmod1000，\quad r_3=240/1000=0.240$$

第四次迭代的结果：

$$x_4=81\times240+3\equiv443\bmod1000，\quad r_4=443/1000=0.443$$

依次类推得到 10 个伪随机数为[754, 77, 240, 443, 886, 769, 292, 655, 58, 701]（伪随机

数为整数），[0.754, 0.077, 0.24, 0.443, 0.886, 0.769, 0.292, 0.655, 0.058, 0.701]（伪随机数为小数）。

下面看是否满足定理 2.1。1000 的素数因数为 2 和 5，而 a–1=80 为 2、4、5 的倍数，满足定理 2.1 中的条件。所以伪随机数序列为满周期的，即周期为 1000。

练习：试针对例 2.5 编写使用混合同余法求出伪随机数的代码。

代码 2.4 请扫描本节后面的二维码查看。

输出结果如下：

```
[754, 77, 240, 443, 886, 769, 292, 655, 58, 701]
[0.754, 0.077, 0.24, 0.443, 0.886, 0.769, 0.292, 0.655, 0.058, 0.701]
```

一般可取 $a=4\alpha+1$，$c=2\beta+1$，$n=2^l$，此时 n 的素数因数为 2；a–1 为 4 的倍数，自然也是 2 的倍数，且 a 与 n 互素，c 与 n 互素，满足定理 2.1 中的条件，产生的伪随机数序列为满周期的。

2.1.4　乘同余法

乘同余法的迭代算法：

$$x_i \equiv a\times x_{i-1} \bmod n\text{，}\quad r_i = x_i / n \tag{2-3}$$

定义 2.4　（元素的阶）若 a、n 均为正整数且互素，使得 $a^k\equiv 1\bmod n$ 成立的最小正整数 k 称为元素 a 的阶。

练习：（1）若 n=5，在 mod5 下求集合{1,2,3,4}中所有元素的阶。

元素 1 的阶为 1。

元素 2 的阶为 4（2，4，$2^3\equiv 3\text{mod}5$，$2^4\equiv 1\text{mod}5$）。

元素 3 的阶为 4（3，$3^2\equiv 4\text{mod}5$，$3^3\equiv 2\text{mod}5$，$3^4\equiv 1\text{mod}5$）。

元素 4 的阶为 2（$4^2\equiv 1\bmod 5$）。

即在 mod5 下所有元素的阶均为 4 的因数。

（2）若 n=7，在 mod7 下求集合{1,2,3,4,5,6}中所有元素的阶。

元素 1 的阶为 1，元素 2 的阶为 3，元素 3 的阶为 6，元素 4 的阶为 3，元素 5 的阶为 6，元素 6 的阶为 2，即在 mod7 下所有元素的阶均为 6 的因数。

定理 2.2　若 a 和 n 均为非零的正整数且互素，则元素 a 的阶在 mod n 下一定存在。

证明：由乘同余法可知 $x_{i+1}\equiv a\times x_i \bmod n$，$i=1,2,\cdots,n$。令 $x_0=1$，则 $x_i=a^i$，且在 mod n 下 $0\leqslant x_i=a^i\leqslant n-1$，即取值为{1,2,3,4,…,$n$–1}中的一个，且 $x_n\neq 0$（因为 a 和 n 互素）。设存在 $1\leqslant j<k<n$，使得 $x_j=x_k$，则 $a^j=a^k$，$a^{k-j}\equiv 1\bmod n$，令 $m=k-j<k$，则 $a^m\equiv 1\bmod n$，则 a 的阶存在，可能为 m，也可能小于 m。

定理 2.3　若 a、n、x_0 均为非零的正整数，且 a 与 n 互素，x_0 与 n 互素，则使用乘同余法产生的伪随机数序列的周期 T 等于元素 a 的阶 $k$mod n。

证明：$x_k=a\times x_{k-1}=a^k\times x_0\equiv x_0 \bmod n$，所以 $x_k\equiv x_0 \bmod n$。因此周期 $T\leqslant k$。下面假设 $T<k$，则一定存在 $1\leqslant i<j<k$，使得 $x_j=x_i$，则 $a^j=a^i$，$a^{j-i}\equiv 1\bmod n$，且 $j-i<k$，这与元素 a 的阶为 k 矛盾。因此假设错误，周期 $T=k$。

例 2.6 初值 x_0 为 1，乘因子 a 为 5，n=1000。使用乘同余法求 10 个介于 0～1 的伪随机数。

解：由题意可知 $x_0=1$，$a=5$，$n=1000$，下面进行迭代。

第一次迭代的结果为

$$x_1=5\times1\equiv5\bmod1000\text{，}\ r_1=5/1000=0.005$$

第二次迭代的结果为

$$x_2=5\times5\equiv25\bmod1000\text{，}\ r_2=25/1000=0.025$$

第三次迭代的结果为

$$x_3=5\times25\equiv125\bmod1000\text{，}\ r_3=125/1000=0.125$$

第四次迭代的结果为

$$x_4=5\times125\equiv625\bmod1000\text{，}\ r_4=625/1000=0.625$$

第五次迭代的结果为

$$x_5=5\times625\equiv125\bmod1000\text{，}\ r_5=125/1000=0.125$$

第六次迭代的结果为

$$x_6=5\times125\equiv625\bmod1000\text{，}\ r_6=625/1000=0.625$$

第七次迭代的结果为

$$x_7=5\times625\equiv125\bmod1000\text{，}\ r_7=125/1000=0.125$$

第八次迭代的结果为

$$x_8=5\times125\equiv625\bmod1000\text{，}\ r_8=625/1000=0.625$$

第九次迭代的结果为

$$x_9=5\times625\equiv125\bmod1000\text{，}\ r_9=125/1000=0.125$$

第十次迭代的结果为

$$x_{10}=5\times125\equiv625\bmod1000\text{，}\ r_{10}=625/1000=0.625$$

由迭代结果可以看出该伪随机数序列的周期为 2。

练习： 针对例 2.6 编写使用乘同余法求伪随机数的代码。

代码 2.5 请扫描本节后面的二维码查看。

输出结果如下：

```
[0.005, 0.025, 0.125, 0.625, 0.125, 0.625, 0.125, 0.625, 0.125, 0.625]
```

一般软件中常用的混合同余法的迭代公式为

$$x_i\equiv3125\times x_{i-1}\bmod(2^{35}-31)\text{，}\ r_i=x_i/(2^{35}-31) \tag{2-4}$$

乘同余法的迭代公式还可推广为

$$x_i\equiv(a_1\times x_{i-1}+a_2\times x_{i-2}+a_3\times x_{i-3}+\cdots+a_k\times x_{i-k})\bmod n\text{，}\ r_i=x_i\bmod n \tag{2-5}$$

例 2.7 已知初值 x_0 为 1，乘因子 a 为 2，n=11，使用乘同余法求伪随机数。

解：由题意可知 $x_0=1$，$a=2$，$n=11$，因为 2 和 11 互素，1 和 11 互素，满足定理 2.3 中的条件，而元素 2 的阶为 10，因此周期为 10。10 次迭代的结果分别为 $x_1=2\times1\equiv2\bmod11$，$x_2=2\times2\equiv4\bmod11$，$x_3=2\times4\equiv8\bmod11$，$x_4=2\times8\equiv5\bmod11$，$x_5=2\times5\equiv10\bmod11$，$x_6=2\times10\equiv9\bmod11$，$x_7=2\times9\equiv7\bmod11$，$x_8=2\times7\equiv3\bmod11$，$x_9=2\times3\equiv6\bmod11$，$x_{10}=2\times6\equiv1\bmod11$。由此可知，求得的伪随机数序列的周期为 10。

2.1.5　素数模乘同余法

当 n 为小于 2^l 的最大素数时，可以选择乘因子 a，使得产生的伪随机数序列的周期为 $n-1$，这就是素数模乘同余法。为了得到统计性能好的伪随机数序列，a 的值应尽可能大，且它的二进制表示尽可能无规律。

定义 2.5　（**本原元素**）若 n 是一个素数，对于有限域$\{0,1,2,\cdots,n-1\}$中的非零元素 a，它的阶为 $n-1$，则称 a 为本原元素。

例 2.8　当 $n=7$ 时，在 mod7 下求集合$\{1,2,3,4,5,6\}$中所有元素的阶。

解：元素 1 的阶为 1，元素 2 的阶为 3，元素 3 的阶为 6，元素 4 的阶为 3，元素 5 的阶为 6，元素 6 的阶为 2，由此可以推断出非零元素的阶都是 $n-1$ 的因数。

如果我们仅计算元素 3 的阶：3，$3^2=9\equiv 2\bmod 7$，$3^3=27\equiv 6\bmod 7$，$3^4=81\equiv 4\bmod 7$，$3^5=243\equiv 5\bmod 7$，$3^6=729\equiv 1\bmod 7$，因此 3 为本原元素。

在有限域$\{1,2,\cdots,n-1\}$中还有哪些元素为本原元素呢？先研究 3^k 的阶。

结论 2.1　a 为有限域$\{0,1,2,\cdots,n-1\}$中的本原元素，它的阶为 $n-1$，则 a^i 的阶为 $\dfrac{n-1}{\text{gc}d(n-1,i)}$。

当 $n-1$ 与 i 互素时，a^i 的阶为 $n-1$，也为本原元素，由此可以找出有限域$\{1,2,\cdots,n-1\}$中的所有本原元素。

结论 2.2　有限域$\{0,1,2,\cdots,n-1\}$中一定存在本原元素，且个数为 $\varPhi(n-1)$，其中 $\varPhi(n)$ 为 n 的欧拉函数，表示与 n 互素的正整数的个数。若 n 可以因数分解为 $n=a_1^{p_1}a_2^{p_2}\cdots a_k^{p_k}$，则 $\varPhi(n)=n\left(1-\dfrac{1}{a_1}\right)\left(1-\dfrac{1}{a_2}\right)\cdots\left(1-\dfrac{1}{a_k}\right)$。

例 2.9　在 mod7 下，求有限域$\{0,1,2,3,4,5,6\}$中的所有本原元素。

解：元素 3 的阶是 6，计算过程为 $3^2=9\equiv 2\bmod 7$，$3^3=27\equiv 6\bmod 7$，$3^4=81\equiv 4\bmod 7$，$3^5=243\equiv 5\bmod 7$，$3^6=729\equiv 1\bmod 7$。$3^2\equiv 2\bmod 7$ 的阶是 3，$3^3\equiv 6\bmod 7$ 的阶是 2，$3^4\equiv 4\bmod 7$ 的阶是 3，$3^5\equiv 5\bmod 7$ 的阶是 6。由结论 2.1 可知，本原元素为 5，因此该有限域中共有 2 个本原元素。

计算 6 的欧拉函数：$\varPhi(6)=6\times\left(1-\dfrac{1}{2}\right)\left(1-\dfrac{1}{3}\right)=2$。

下面给出两个素数模乘同余发生器。

当 $l=35$ 时，小于 2^{35} 的最大素数为 $2^{35}-31=34359738337$，可以取 $a=5^5=3125$。当 $l=31$ 时，小于 2^{31} 的最大素数为 $2^{31}-1=2147483647$，可以取 $a=7^5=16807$，再使用乘同余法即可。

习题 2.1

1. 已知初值 x_0 为 34，乘因子为 55，$n=1000$，使用乘同余法求 0～1 之间的伪随机数序列。
2. 使用平方取中法由 2563 生成伪随机数序列的前 4 个数。
3. 已知初值 x_0 为 11，乘因子 a 为 91，c 为 4，n 为 131，使用混合同余法求 5 个介于 0～1 的伪随机数。
4. 当 $n=5$ 时，求有限域中的所有本原元素及非零元素的阶。

2.1 节代码

2.2 服从其他分布的随机数的生成方法

2.2.1 逆变换法

如果随机变量 X 的分布函数 $F(x)$ 具有反函数，且反函数容易求解，可以使用逆变换法给出变换的抽样公式，从而得出服从分布函数 $F(x)$ 的随机数。

1．连续型随机变量

定理 2.4 设 $X \sim F(x)$，若 $F(x)$ 为严格单调增的连续函数，则 $Y = F(X) \sim U(0,1)$。

证明：设 $G(y)$ 是随机变量 $Y = F(X)$ 的分布函数。

由于 $Y = F(X)$ 是随机变量 X 的分布函数，因此 $0 \leqslant Y \leqslant 1$。

当 $y \leqslant 0$ 时，$G(y) = 0$；当 $y \geqslant 1$ 时，$G(y) = 1$；当 $0 < y < 1$ 时，$G(y) = P\{Y \leqslant y\} = P\{F(X) \leqslant y\} = P\{X \leqslant F^{-1}(y)\} = F(F^{-1}(y)) = y$。

因此，$Y = F(X)$ 的分布函数为 $G(y) = \begin{cases} 0, & y < 0 \\ y, & 0 \leqslant y \leqslant 1 \\ 1, & y \geqslant 1 \end{cases}$，则 $Y = F(X) \sim U(0,1)$。

若 X 的密度函数为 $f(x)$，则 $Y = F(X) = \int_{-\infty}^{X} f(x)\mathrm{d}x$。

定理 2.5 随机变量 $Y \sim U(0,1)$，若 $F(x)$ 为严格单调增的连续函数，则 $X = F^{-1}(Y)$ 的分布函数为 $F(x)$。

证明：$F_X(x) = P\{X \leqslant x\} = P\{F^{-1}(Y) \leqslant x\} = P\{Y \leqslant F(x)\} = F(x)$。

抽样公式如下。

（1）已知分布函数 $F(x)$ 为严格单调增的连续函数，随机变量 $Y = F(X)$ 服从 $U(0,1)$ 分布，则 $X = F^{-1}(Y)$ 的分布函数为 $F(x)$。

（2）已知随机变量 X 的密度函数为 $f(x)$，随机变量 $Y = F(X) = \int_{-\infty}^{x} f(x)\mathrm{d}x$ 服从 $U(0,1)$ 分布，则 $X = F^{-1}(Y)$ 的分布函数为 $F(x)$。

例 2.10 产生在区间(a,b)上服从均匀分布的随机数。

解：设随机变量 X 在区间(a,b)上服从均匀分布，则密度函数为 $f(x) = \dfrac{1}{b-a}$，$x \in (a,b)$，分布函数为 $F(x) = \begin{cases} 0, & x < a \\ \dfrac{x-a}{b-a}, & a \leqslant x < b \\ 1, & x \geqslant b \end{cases}$。

由逆变换法可知，$Y = F(x) = \int_a^x \dfrac{1}{b-a}\mathrm{d}x = \dfrac{x-a}{b-a}$，从而可得 $X = (b-a)Y + a$。若 Y 在区间(0,1)上服从均匀分布，则 X 在区间(a,b)上服从均匀分布。因此抽样公式为 $X = (b-a)Y + a$。

2．离散型随机变量

定理 2.6 设 X 为离散型随机变量，取值为 $\{a_1, a_2, \cdots, a_n\}$，$F(x)$ 为分布函数，U 服从 $U(0,1)$ 分布，定义随机变量 Y 为 $Y = a_i$，当且仅当 $F(a_{i-1}) < U \leqslant F(a_i)$ 时，$F(a_0) = 0$，i=1,2,$\cdots$，则 Y 的分布函数为 $F(y)$。

证明：$P\{Y=a_i\}=P\{F(a_{i-1})<U\leqslant F(a_i)\}=F(a_i)-F(a_{i-1})=p_i=P\{X=a_i\}$，$Y$ 的分布函数为 $F(y)$。

例 2.11　掷骰子实验中出现的点数 X 的分布律为 $P\{X=k\}=\frac{1}{6}$，$k=1,2,\cdots,6$，现生成 5000 个服从该离散均匀分布的随机数。

解：分布函数为 $F(x)=P\{X\leqslant k\}=\frac{k}{6}$，$k=1,2,\cdots,6$。设 Y 为服从 $U(0,1)$分布的随机数，则 $X=i\Leftrightarrow F(i-1)<Y\leqslant F(i)\Leftrightarrow \frac{i-1}{6}<Y\leqslant\frac{i}{6}\Leftrightarrow i-1<6Y\leqslant i$，$X$ 取值如下：

$$X=\begin{cases}1, & Y\leqslant 1/6\\ 2, & \frac{1}{6}<Y\leqslant\frac{2}{6}\\ & \vdots\\ 6, & \frac{5}{6}<Y\leqslant 1\end{cases}$$

因此 $X=\lceil 6Y\rceil+1$，先生成服从 $U(0,1)$分布的随机数 Y，再使用抽样公式 $X=\lceil 6Y\rceil+1$ 就可以生成服从离散均匀分布的随机数 X。

算法如下。

（1）生成服从 $U(0,1)$分布的随机数 Y。

（2）使用抽样公式 $X=\lceil 6Y\rceil+1$ 生成服从离散均匀分布的随机数 X，并画出 5000 个随机数的直方图，如图 2.1 所示。

注：① $X=\lceil 6Y\rceil+1$ 可使用 int(m*y)+1 来计算。

② 画直方图的代码：

```
import matplotlib.pyplot as plt
plt.hist(X,bins=20,cumulative=False,normed=True)
```

输出图像如图 2.1 所示。

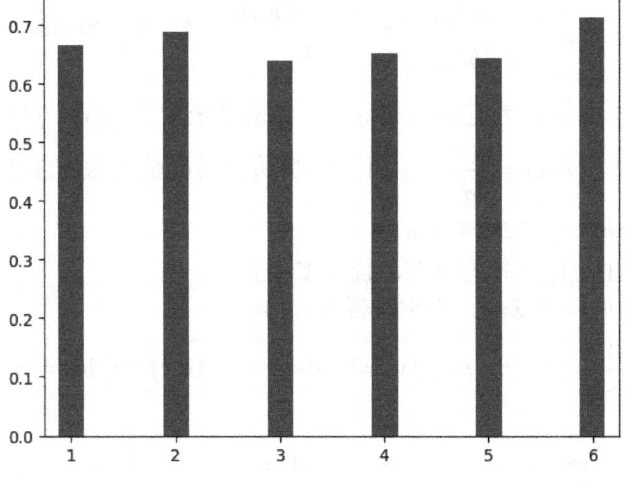

图 2.1　直方图

练习：试编写代码实现使用抽样公式生成5000个服从离散均匀分布的随机数，并画出直方图。

代码2.6请扫描本节后面的二维码查看。

2.2.2 舍选抽样法

1．舍选抽样法Ⅰ

若随机变量X的分布函数的反函数不易求，则可以考虑舍选抽样法。对已知随机数，根据某个检验条件进行取舍（符合条件的留下，不符合条件的舍去），得到最终随机数，这就是由von Neumann提出的舍选抽样法，又称为接受拒绝抽样法（Acceptance Rejection Sampling Method）。

定理2.7 设$f(x)$、$g(y)$为两个连续型随机变量的密度函数，$h(x)$为给定的函数，执行步骤如下。

（1）X具有密度函数$f(x)$。

（2）Y具有密度函数$g(y)$，且与X独立。

（3）当$Y \leqslant h(x)$时，令$Z=X$；否则跳转到（1）。

可得Z的密度函数为

$$p(z)=\frac{f(z)G(h(z))}{C}$$

式中，$G(y)=\int_{-\infty}^{y} g(y)\mathrm{d}y$，$C=\int_{-\infty}^{+\infty} f(x)G(h(x))\mathrm{d}y$。

证明：

$$F(z)=P(Z\leqslant z)=P(X\leqslant z|Y\leqslant h(x))=\frac{P(X\leqslant z,Y\leqslant h(x))}{P(Y\leqslant h(x))}$$

$$=\frac{\int_{-\infty}^{z}\int_{-\infty}^{h(x)} f(x)g(y)\mathrm{d}x\mathrm{d}y}{\int_{-\infty}^{+\infty}\int_{-\infty}^{h(x)} f(x)g(y)\mathrm{d}x\mathrm{d}y}=\frac{\int_{-\infty}^{z} f(x)G(h(x))\mathrm{d}x}{\int_{-\infty}^{+\infty} f(x)G(h(x))\mathrm{d}x}=\int_{-\infty}^{z}\frac{f(x)G(h(x))}{\int_{-\infty}^{+\infty} f(x)G(h(x))\mathrm{d}x}\mathrm{d}x$$

求导数得

$$p(z)=\frac{f(z)G(h(z))}{\int_{-\infty}^{+\infty} f(x)G(h(x))\mathrm{d}x}=\frac{f(z)G(h(z))}{C}，\quad C=\int_{-\infty}^{+\infty} f(x)G(h(x))\mathrm{d}x$$

定理2.8 若Z的取值为有限区间$[a,b]$，其密度函数为$p(x)$，$p(x)$有上界M，即任意$x\in[a,b]$，$p(x)\leqslant M$，$h(x)=\dfrac{p(x)}{M}$。由下述步骤可得密度函数为$p(z)$的随机变量Z。

（1）X在区间$[a,b]$上服从均匀分布。

（2）Y在区间$[0,1]$上服从均匀分布，且与X独立。

（3）当$Y\leqslant h(x)$时，令$Z=X$，否则跳转到（1）。

证明：$f(x)=\dfrac{1}{b-a}$，$a<x<b$，$g(y)=1$，$0<y<1$，$G(y)=\int_{0}^{y}1\mathrm{d}y=y$，由定理2.7可知，

$$C=\int_{a}^{b} f(x)G(h(x))\mathrm{d}x=\int_{a}^{b}\frac{1}{b-a}h(x)\mathrm{d}x=\int_{a}^{b}\frac{1}{b-a}\frac{p(x)}{M}\mathrm{d}x=\frac{1}{b-a}\frac{1}{M}，\quad p(z)=\frac{\frac{1}{(b-a)}h(z)}{\frac{1}{(b-a)M}}=p(z)。$$

由此可知，定理 2.8 中的 3 个步骤可求出密度函数为 $p(z)$ 的随机变量 Z。

伪代码如下：

```
While(Y 小于或等于 p(x)/M)
    { U1 ~ U(0,1), U2 ~ U(0,1),
    X = a + (b - a)U1, Y = U2
    Z=X}
```

由上述伪代码可求出密度函数为 $p(z)$ 的随机变量 Z。

若先画出以区间 $[a,b]$ 为底，以 M 为高的矩形，然后画出密度函数曲线 $p(x)$，则只取位于矩形内且在密度函数曲线 $p(x)$ 下方的点的横坐标 x 作为抽样值，密度函数曲线上方的点舍去。

点位于密度函数曲线 $p(x)$ 下方的概率为

$$p_0 = P(Y \leqslant h(x)) = P(Y \leqslant p(x)/M) = \int_a^b \int_0^{p(x)/M} \frac{1}{b-a}\mathrm{d}y\mathrm{d}x$$

$$= \int_a^b \frac{p(x)}{M}\frac{1}{b-a}\mathrm{d}x = \frac{1}{M(b-a)}$$

称该概率为舍选法的效率。

令 T 表示产生一个密度函数的随机数 Z 需要执行步骤（1）～（3）的轮数，研究 T 服从什么分布。

因为

$$P(T=k) = (P(Y > p(x)/M))^{k-1} P(Y \leqslant p(x)/M) = (1-p_0)^{k-1} p_0$$

所以 T 服从参数为 p_0 的几何分布。几何分布的期望为 $1/p_0$，因此平均迭代轮数为 $1/p_0 = M(b-a)$。

例 2.12　X 的密度函数为 $p(x)=6x(1-x)$，$0<x<1$，使用舍选抽样法 I 生成服从该分布的随机数。

解：$p(x)=6x(1-x)$，$0<x<1$，当 $x=1/2$ 时，密度函数最大值为 $M=3/2$。

伪代码如下：

```
While(Y 小于或等于 4x(1-x))
    { U1 ~ U(0,1), U2 ~ U(0,1),
    X = U1, Y = U2
    Z=X}
```

由上述伪代码可求出密度函数为 $p(x)=6x(1-x)$ 的随机变量 Z。平均迭代轮数为 3/2。

练习：试编写代码使用舍选抽样法 I 生成 1000 个服从该分布的随机数，并画出直方图和该分布的密度函数曲线。

代码 2.7 请扫描本节后面的二维码查看。

输出图像如图 2.2 所示。

例 2.13　X 的密度函数为 $p(x)=2x$，$0\leqslant x\leqslant 1$，使用舍选抽样法 I 生成服从该分布的随机数。

解：$p(x)=2x$，$0\leqslant x\leqslant 1$，当 $x=1$ 时，密度函数最大值为 $M=2$。

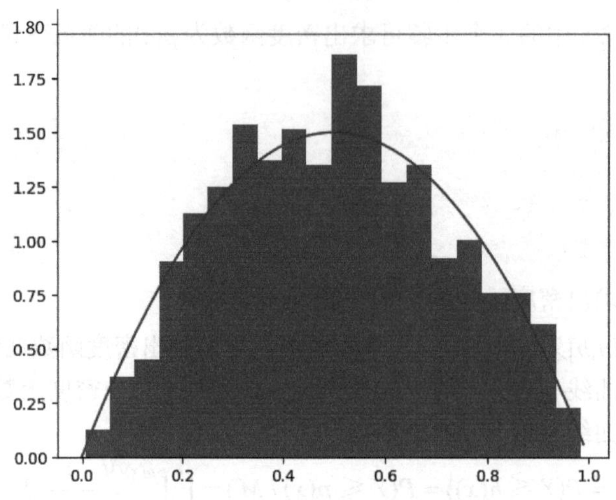

图 2.2 直方图和密度函数曲线

伪代码如下：

```
While(Y 小于或等于 x)
    {U_1 ~ U(0,1),U_2 ~ U(0,1),
    X = U_1,Y = U_2
    Z=X}
```

由上述伪代码可求出密度函数为 $p(x)=2x$ 的随机变量 Z。平均迭代轮数为 2。

练习： 试编写代码使用舍选抽样法 I 生成 1000 个服从该分布的随机数，并画出直方图和该分布的密度函数曲线。

代码 2.8 请扫描本节后面的二维码查看。

输出图像如图 2.3 所示。

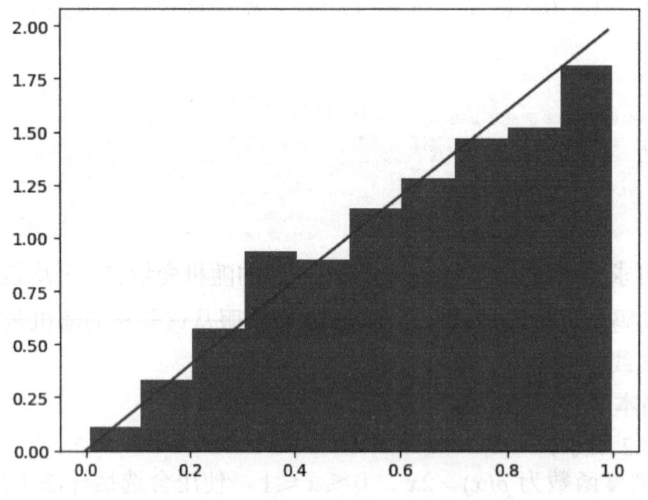

图 2.3 直方图和密度函数曲线

定理 2.8 适用于随机变量的取值为有限区间且密度函数有界的情形，但是有很多密度函数不满足这两个条件，那么应该怎么处理呢？

定理 2.9　若随机变量 Z 的密度函数为 $p(x)$，$p(x)$有上界函数 $M(x)$，即对于任意 x 有 $p(x)\leqslant M(x)$，$C=\int_{-\infty}^{+\infty}M(x)\,\mathrm{d}x$，$h(x)=\dfrac{p(x)}{M(x)}$。由下述过程可得密度函数为 $p(z)$的随机变量 Z。

（1）X 的密度函数为 $f(x)=\dfrac{M(x)}{C}$。

（2）Y 在区间[0,1]上服从均匀分布，X 与 Y 独立。

（3）当 $Y\leqslant h(x)$ 时，令 $Z=X$，否则跳转到（1）。

证明：$f(x)=\dfrac{M(x)}{C}$，$g(y)=1$，$0<y<1$，$G(y)=\int_0^y 1\mathrm{d}y=y$，由定理 2.7 可得，$p(z)=\dfrac{f(z)G(h(z))}{\int_{-\infty}^{+\infty}f(z)G(h(z))\mathrm{d}z}=\dfrac{\dfrac{M(z)}{C}h(z)}{\int_{-\infty}^{+\infty}\dfrac{M(z)}{C}h(z)\mathrm{d}z}=\dfrac{M(z)h(z)}{\int_{-\infty}^{+\infty}M(z)h(z)\mathrm{d}z}=\dfrac{p(z)}{\int_{-\infty}^{+\infty}p(z)\mathrm{d}z}=p(z)$，由此可知定理 2.9 中的 3 个步骤可以求出密度函数为 $p(z)$的随机变量 Z。

例 2.14　已知随机变量 Z 的密度函数为 $p(x)=\dfrac{1}{2}+x$，$0\leqslant x\leqslant 1$。使用舍选抽样法 I 生成服从该密度函数的随机数。

解：

$$M(x)=x+0.55$$

$$C=\int_{-\infty}^{+\infty}M(x)\mathrm{d}x=\int_0^1(x+0.55)\mathrm{d}x=1.05$$

$$h(x)=\frac{p(x)}{M(x)}=\frac{0.5+x}{0.55+x}$$

$$f(x)=\frac{M(x)}{C}=\frac{x+0.55}{1.05},\quad 0\leqslant x\leqslant 1$$

$$Y=F(x)=\int_0^x\frac{x+0.55}{1.05}\mathrm{d}x=\frac{(x+0.55)^2-0.55^2}{2.1}$$

因此 $X=\sqrt{2.1Y+0.55^2}-0.55$。当 $Y\sim U(0,1)$ 时，$X=\sqrt{2.1Y+0.55^2}-0.55$ 的密度函数为 $f(x)$。

伪代码如下：

```
While(Y 大于 (0.5 + x)/(0.55 + x)),
    {U1 ~ U(0,1), U2 ~ U(0,1),
    X = sqrt(2.1U1 + 0.55^2) - 0.55, Y = U2
    if  Y 小于或等于 (0.5 + x)/(0.55 + x),
        跳出}
Z=X
```

由上述伪代码可求出密度函数为 $f(x)$ 的随机变量 Z。

练习：试编写代码使用舍选抽样法 I 生成 10000 个服从该分布的随机数，并画出直方图和该分布的密度函数曲线，进行比较。

注：选取的 $M(x)$的大小会非常影响随机数的分布效果，尽量接近密度函数。

代码 2.9 请扫描本节后面的二维码查看。

输出图像如图 2.4 所示。

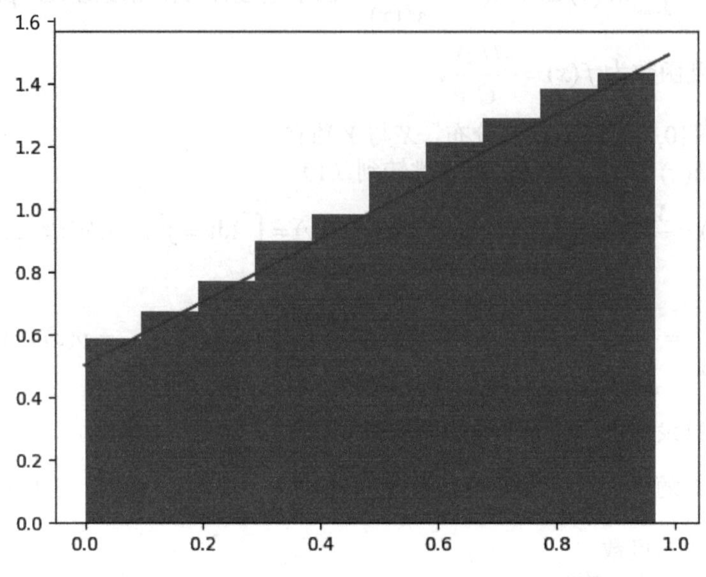

图 2.4 直方图和密度函数曲线

若密度函数未知，但知道 $p(x)$ 的最小值，可使用例 2.15 中的方法。

例 2.15 已知 Z 的密度函数为 $p(x)$，$0 < x \leqslant 2$，且密度函数 $p(x)$ 满足 $0.2 < p(x) \leqslant \frac{x+2}{4}$，$0 < x \leqslant 2$。使用舍选抽样法 I 生成服从该密度函数的随机数。

解：

$$M(x) = \frac{x+2}{4}$$

$$C = \int_{-\infty}^{+\infty} M(x)\,\mathrm{d}x = \int_0^2 \frac{x+2}{4}\mathrm{d}x = \frac{3}{2}$$

$$f(x) = \frac{M(x)}{C} = \frac{x+2}{6},\quad 0 < x < 2$$

当 $U_1 \sim U(0,1)$ 时，$X = \sqrt{12U_1 + 4} - 2$ 的密度函数为 $f(x)$。具体求法为 $Y = F(x) = \int_0^x \frac{x+2}{6}\,\mathrm{d}x = \frac{(x+2)^2 - 4}{12}$，因此 $X = \sqrt{12Y+4} - 2$。此时可选择 $Y \leqslant \frac{m(x)}{M(x)}$，其中 m 为 $p(x)$ 的最小值。此时选择的随机数会相对较少一些。

伪代码如下：

```
While(Y 大于 0.8/ (x+2)),
    { U₁ ~ U(0,1), U₂ ~ U(0,1),
    X = √(12U₁ + 4) − 2, Y = U₂
    if  Y 小于或等于 0.8/ (x+2),
        跳出
    Z=X}
```

由上述伪代码可求出随机变量 Z。

练习：

（1）编写使用舍选抽样法 I 生成 1000 个服从该分布的随机数，并画出直方图的代码。此时 $0.2 < p(x) \leqslant \frac{x+2}{4}$，$0 < x \leqslant 2$。

代码 2.10 请扫描本节后面的二维码查看。

输出图像如图 2.5 所示。

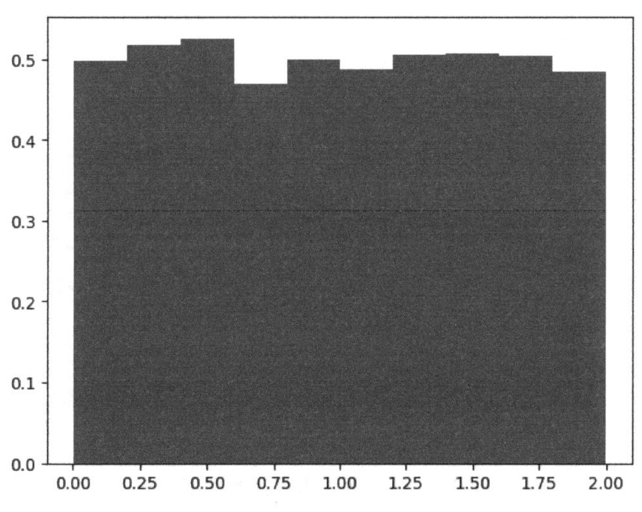

图 2.5　直方图和密度函数曲线

（2）编写使用舍选抽样法 I 生成 1000 个服从该分布的随机数，并画出直方图的代码。此时 $p(x) = \frac{x+1}{4}$，$0 < x \leqslant 2$。

代码 2.11 请扫描本节后面的二维码查看。

输出图像如图 2.6 所示。

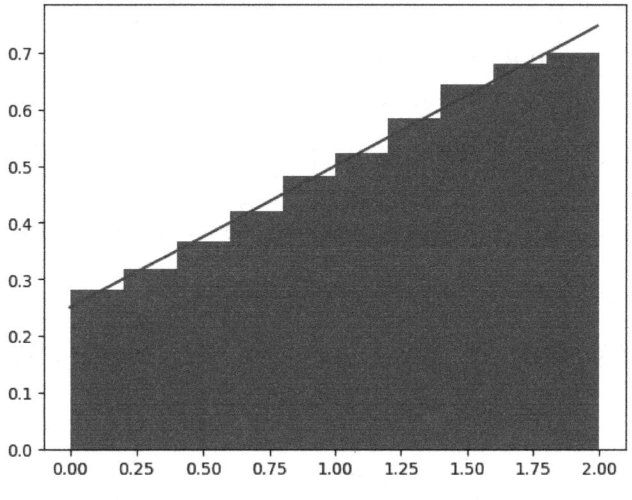

图 2.6　直方图和密度函数曲线

（3）当 $p(x)$未知时，令 $0.2 \leqslant p(x) \leqslant 1$，试编写使用舍选抽样法 I 生成 1000 个服从该分布的随机数，并画出直方图的代码。

代码 2.12 请扫描本节后面的二维码查看。

输出图像如图 2.7 所示。

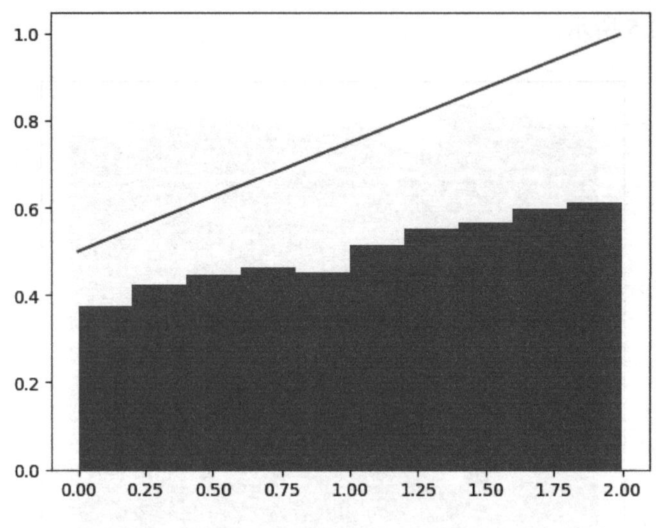

图 2.7 直方图和密度函数曲线

可以看出这种情况下得到的随机数和上界函数 $M(x)=\dfrac{x+2}{4}$（$0<x\leqslant 2$）相差有些大。

2. 舍选抽样法 II

定理 2.10 若随机变量 Z 的密度函数为 $p(x)$，$p(x)$能表示为 $p(x)=Lh(x)f(x)$，$0\leqslant h(x)\leqslant 1$，$f(x)$ 为随机变量 X 的密度函数，$L=\left(\int_{-\infty}^{+\infty} f(x)h(x)\mathrm{d}x\right)^{-1}>1$。由下述过程可得密度函数为 $p(x)$的随机变量 Z。

（1）X 的密度函数为 $f(x)$。

（2）Y 在区间[0,1]上服从均匀分布，X 与 Y 独立。

（3）当 $Y\leqslant h(x)$ 时，令 Z=X，否则跳转到（1）。

舍选抽样法 II 的效率为 $p_0=P(Y\leqslant h(x))=\int_{-\infty}^{+\infty}\int_0^{h(x)} f(x)\mathrm{d}x\mathrm{d}y=\int_{-\infty}^{+\infty} h(x)f(x)\mathrm{d}x=1/L$。

例 2.16 已知随机变量 Z 的密度函数为 $p(x)=\sqrt{\dfrac{2}{\pi}}\mathrm{e}^{-\frac{z^2}{2}}$，$x\geqslant 0$，使用舍选抽样法 II 生成服从该密度函数的随机数。

解：把 $p(x)$ 分解为 $Lh(x)f(x)$，由 $\mathrm{e}^{-\frac{x^2}{2}}=\mathrm{e}^{-\frac{(x-1)^2+2x-1}{2}}=\mathrm{e}^{-\frac{(x-1)^2}{2}}\mathrm{e}^{-x}\mathrm{e}^{\frac{1}{2}}$，可得

$$p(x)=\sqrt{\frac{2}{\pi}}\mathrm{e}^{-\frac{x^2}{2}}=\sqrt{\frac{2}{\pi}}\mathrm{e}^{-\frac{(x-1)^2}{2}}\mathrm{e}^{-x}\mathrm{e}^{\frac{1}{2}}=Lh(x)f(x)$$

式中，$f(x)=\mathrm{e}^{-z}$，$z>0$，$h(x)=\mathrm{e}^{-\frac{(x-1)^2}{2}}$（$0<h(x)\leqslant 1$），$L=\left(\int_{-\infty}^{+\infty} f(x)h(x)\mathrm{d}x\right)^{-1}=$

$$\left(\int_0^{+\infty} \mathrm{e}^{-x}\mathrm{e}^{-\frac{(x-1)^2}{2}}\mathrm{d}x\right)^{-1} = \left(\int_0^{+\infty} \mathrm{e}^{-\frac{1}{2}}\mathrm{e}^{-\frac{x^2}{2}}\mathrm{d}x\right)^{-1} = \sqrt{\frac{2}{\pi}}\mathrm{e}^{\frac{1}{2}}。$$

计算过程中会用到标准正态分布的密度函数的正则性，即 $\int_{-\infty}^{+\infty}\frac{1}{\sqrt{2\pi}}\mathrm{e}^{-\frac{x^2}{2}}\mathrm{d}x = 1$。

当 $U_1 \sim U(0,1)$ 时，$X = -\ln U_1$ 的密度函数为 $f(x)$，即参数为 1 的指数分布。

$Y \leqslant h(x) = \mathrm{e}^{-\frac{(x-1)^2}{2}}$，两边取对数有 $\ln Y \leqslant -\frac{(x-1)^2}{2}$，$\frac{(x-1)^2}{2} \leqslant -\ln Y$。

伪代码如下：

```
While(Y 小于 (x - 1)^2/2),
    {U_1 ~ U(0,1), U_2 ~ U(0,1),
    X = - ln U_1, Y = - ln U_2,
    if  Y 大于或等于 (x - 1)^2/2,
        跳出
    Z=X}
```

由上述伪代码可求出随机变量 Z，效率为 $\sqrt{\frac{\pi}{2\mathrm{e}}}$。

练习：针对例 2.16，编写代码使用舍去抽样法 II 生成 100 个服从该分布的随机数，并画出直方图和该分布的密度函数曲线，进行比较。

代码 2.13 请扫描本节后面的二维码查看。

输出图像如图 2.8 所示。

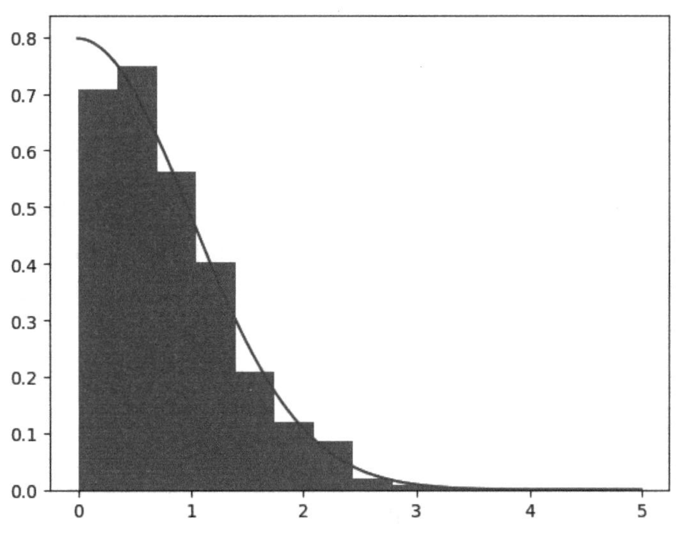

图 2.8　直方图和密度函数图像

2.2.3　复合抽样法

1961 年 Marsaglia 提出了复合抽样法，如果分布律或密度函数可以表示成几个简单的分布律或密度函数的线性组合，就可以先把简单的分布的随机数表示出来，再进行组合。

X 是离散型随机变量，分布律为 $p_i = p(X = a_i)$，$i = 1,2,\cdots,m$，若 X 的取值的概率 p_i 相同，则定义 I=i 和 $X = Y_i$，即

$$X = \begin{cases} Y_1, & I = 1 \\ Y_2, & I = 2 \\ & \vdots \\ Y_s, & I = s \end{cases}$$

$X = Y_i$ 的分布函数为 $F_i(x)$，则 $F(x) = \sum_{i=1}^{s} F_i(x) p_i$。

设随机变量 X 的分布律如下：

$$P(X = 1) = 1/4,\ P(X = 2) = 1/4,\ P(X = 3) = 1/6,\ P(X = 4) = 1/3$$

此时分布函数为 $F(x) = \begin{cases} 0, & x < 1 \\ \frac{1}{4}, & 1 \leqslant x < 2 \\ \frac{1}{2}, & 2 \leqslant x < 3 \\ \frac{8}{12}, & 3 \leqslant x < 4 \\ 1, & x \geqslant 4 \end{cases}$。令 $X = \begin{cases} Y_1, & I = 1,\ p = 1/4 \\ Y_2, & I = 2,\ p = 1/6 \\ Y_3, & I = 3,\ p = 1/3 \end{cases}$，$P(Y_1 = 1) = 1/4$，$P(Y_1 = 2) = 1/4$，$P(Y_2 = 3) = 1/6$，$P(Y_3 = 4) = 1/3$，$Y_1$、$Y_2$、$Y_3$ 的分布函数分别为

$$F_1(x) = \begin{cases} 0, & x < 1 \\ \frac{1}{2}, & 1 \leqslant x < 2 \\ 1, & x \geqslant 2 \end{cases},\quad F_2(x) = \begin{cases} 0, & x < 3 \\ 1, & x \geqslant 3 \end{cases},\quad F_3(x) = \begin{cases} 0, & x < 4 \\ 1, & x \geqslant 4 \end{cases}$$

则 $F(x) = \frac{1}{2} F_1(x) + \frac{1}{6} F_2(x) + \frac{1}{3} F_3(x)$。因此有

$$P(X \leqslant x) = \sum_{i=1}^{s} P(X \leqslant x | I = i) P(I = i) = \sum_{i=1}^{s} F_i(x) p_i = F(x)$$

当 I=1 时，p=1/4，X 的取值为 1 和 2。当 I=2 时，p=1/6，X 的取值为 3。当 I=3 时，p=1/3，X 的取值为 4。将(0,1)上的数 s 分成 3 部分，定义 s 介于(0,1/2)时为 I=1，X 取值为 1 和 2，使用 $U(0,1)$上的随机数 y 的向下取整函数 $\lfloor 2y \rfloor + 1$ 表示 1 和 2；定义 s 介于(1/2,2/3)时为 I=2，X 取值为 3，使用 $U(0,1)$上的随机数 y 的向下取整函数 $\lfloor y \rfloor + 3$ 表示 3；定义 s 介于(2/3,1)时为 I=3，X 取值为 3，使用 $U(0,1)$上的随机数 y 的向下取整函数 $\lfloor y \rfloor + 4$ 表示 4。

例 2.17 设随机变量 X 的分布律如下：

$$P(X = 1) = 1/6,\ P(X = 2) = 1/6,\ P(X = 3) = 1/3,\ P(X = 4) = 1/3$$

使用复合抽样法生成服从该离散分布的随机数。

解：研究随机变量 X 的分布律，发现随机变量 X 的分布律可以表示为

$$X = \begin{cases} \frac{1}{3}, & I = 1 \\ \frac{2}{3}, & I = 2 \end{cases}$$

I=1 包括 X=1 和 X=2，I=2 包括 X=3 和 X=4。

先生成两个服从 $U(0,1)$分布的随机变量 Y 和随机变量 Z，随机变量 Y 用来区分 I 取值是 1 还是 2，使用概率 $\frac{1}{3}$ 区分，概率小于 $\frac{1}{3}$ 的 I 取值是 1，概率大于 $\frac{1}{3}$ 的 I 取值是 2。再使用向下取整函数表示 X 取值为 1、2、3、4。

伪代码如下：

```
R1 ~ U(0, 1), R2 ~ U(0, 1), Y = R1
{if  Y<1/3:
   X = ⌊2 × R2⌋ + 1
else:
  X = ⌊2 × R2⌋ + 3
    }
```

使用上述伪代码可求出随机变量 X。

练习：针对例 2.17，编写代码使用复合抽样法生成 1000 个服从该分布的随机数，并画出直方图。

代码 2.14 请扫描本节后面的二维码查看。

输出图像如图 2.9 所示。

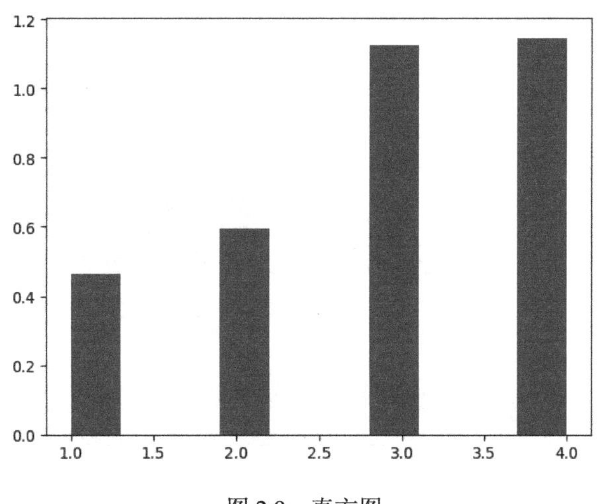

图 2.9　直方图

由图 2.9 可以看出 X 取值为 3 和 4 的概率是取值为 1 和 2 的概率的一倍。统计得到的 X 取值为 1、2、3、4 的频数为 168、153、357、322，同样可以看出 X 取值为 3 和 4 的概率是取值为 1 和 2 的概率的一倍左右。

对于连续型随机变量也可以采用类似的方法。若密度函数可表示为

$$f(x)=a_1f_1(x)+a_2f_2(x)+\cdots+a_sf_s(x)$$

则 $F(x)=a_1F_1(x)+a_2F_2(x)+\cdots+a_sF_s(x)$。

例 2.18　已知随机变量 Z 的密度函数为 $p(x)=a+(1-a)2x$，$0\leqslant x\leqslant 1$，$0<a<1$，使用复合抽样法生成服从该密度函数的随机数。

解：密度函数为 $p(x)=a\times 1+(1-a)\times 2x$（$0\leqslant x\leqslant 1$），可看作

$$p(x)=a\times f_1(x)+(1-a)\times f_2(x)，\quad 0\leqslant x\leqslant 1$$

式中，$f_1(x)=1,\ 0\leqslant x\leqslant 1$；$f_2(x)=2x,\ 0\leqslant x\leqslant 1$，$p(x)$为由$f_1(x)$和$f_2(x)$线性组合而成的密度函数。两个密度函数分别是均匀分布和三角分布。当 $Y<a$ 时，为 $U(0,1)$，当$Y\geqslant a$时，为三角分布。

伪代码如下：

```
R₁ ~ U(0, 1), R₂ ~ U(0, 1), R₃ ~ U(0, 1)
Y = R₁
{if Y<a:
  X = R₂
else:
  X = √R₃ }
   Z=X
```

由上述伪代码可求出随机变量 Z。

练习：试编写代码使用复合抽样法生成 10000 个服从该分布的随机数，a=0.4，并画出直方图和该分布的密度函数曲线。

代码 2.15 请扫描本节后面的二维码查看。

输出图像如图 2.10 所示。

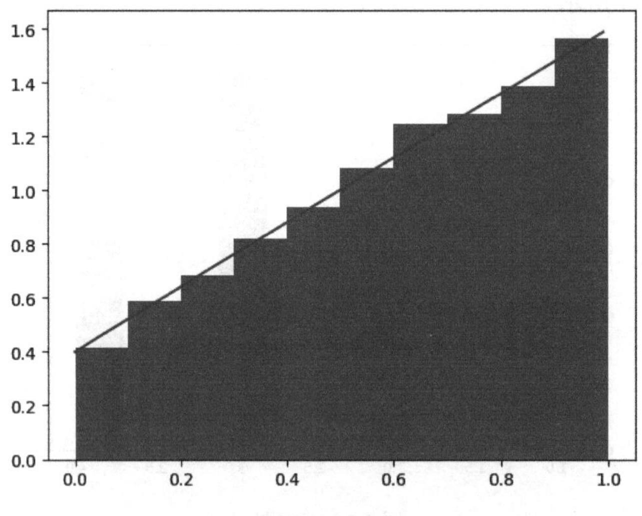

图 2.10 直方图和密度函数图像

习题 2.2

本习题只需要写出抽样公式和算法。

1．使用逆变换法给出生成密度函数为$f(x)=\dfrac{1}{n}x^{\frac{1}{n}-1}$（$0<x<1$）的随机数的抽样公式。

2．使用逆变换法给出生成密度函数为$f(x)=nx^{n-1}$（$0\leqslant x\leqslant 1$）的随机数的抽样公式。

3．使用逆变换法给出生成密度函数为$f(x)=2x$（$0\leqslant x\leqslant 1$）的随机数的抽样公式。

4．使用逆变换法给出生成密度函数为$f(x)=2(1-x)$（$0\leqslant x\leqslant 1$）的随机数的抽样公式。

5．使用逆变换法给出生成密度函数为$f(x)=\dfrac{2}{\pi\sqrt{1-x^2}}$（$0\leqslant x<1$）的随机数的抽样公式。

6．使用逆变换法给出生成密度函数为 $f(x)=\dfrac{1}{\pi(1+x^2)}$（$x\in\mathbf{R}$）的随机数的抽样公式。

7．使用逆变换法给出生成密度函数为 $f(x)=\cos x$（$0\leqslant x\leqslant\dfrac{\pi}{2}$）的随机数的抽样公式。

8．使用逆变换法给出生成密度函数为 $f(x)=\begin{cases}2x/m, & 0<x\leqslant m\\ 2(1-x)/(1-m), & m<x<1\end{cases}$ 的随机数的抽样公式。

9．使用舍选抽样法生成密度函数为 $f(x)=20x(1-x)^3$（$0<x<1$）的随机数的抽样公式。

10．使用舍选抽样法生成密度函数为 $f(x)=\dfrac{1}{\Gamma\left(\dfrac{3}{2}\right)}x^{\frac{1}{2}}\mathrm{e}^{-x}$（$x>0$）的随机数的抽样公式。

11．使用舍选抽样法生成密度函数为 $f(x)=\dfrac{1}{6}x\mathrm{e}^{-x}\mathrm{e}^{5}$（$x>5$）的随机数的抽样公式。

12．已知随机变量 Z 的密度函数为 $p(z)=\dfrac{1}{2}\mathrm{e}^{-|z|}$（$z\in\mathbf{R}$）使用复合法生成服从该密度函数的随机数。

2.2 节代码

2.3　服从常见离散型分布的随机数的生成方法

2.3.1　服从离散型均匀分布的随机数的生成方法

设随机变量 X 的分布律为 $P(X=k)=\dfrac{1}{m}$，$k=1,2,\cdots,m$，如在掷骰子实验中 m=6，分布函数为 $F(x)=P(X\leqslant k)=\dfrac{k}{m}$，$k=1,2,\cdots,m$。$X$ 取值如下：

$$X=\begin{cases}1, & Y\leqslant\dfrac{1}{m}\\ 2, & \dfrac{1}{m}<Y\leqslant\dfrac{2}{m}\\ \vdots & \\ 6, & \dfrac{5}{m}<Y\leqslant 1\end{cases}$$

1．原理

由定理 2.6 可知，$F(k-1)<Y\leqslant F(k)$，当且仅当 $\dfrac{k-1}{m}<Y\leqslant\dfrac{k}{m}$ 时，有 $k-1<mY\leqslant k$。若 Y 服从 $U(0,1)$分布，则抽样公式可取为 $X=\lceil mY\rceil+1$。

2．算法

（1）先产生服从 $U(0,1)$ 分布的随机数 Y。

（2）再用抽样公式 $X=\lceil mY\rceil+1$ 产生服从离散均匀分布的随机数 X。

3. 德国坦克问题

可以使用不放回抽样估计离散型均匀分布的最大值，最著名的应用是德国坦克问题：数学家曾在第二次世界大战中用数学方法来估计德国的坦克数量。

已知德国有 N 辆坦克，从 1 开始为坦克编号，连续编至 N，编号唯一，而且坦克被盟军俘获后不能再回收利用，俘获的坦克是随机的。

由于俘获的坦克是随机的，因此每辆坦克被俘获的概率相等，一共有 N 辆坦克，服从离散型均匀分布，$P(X=i)=\dfrac{1}{N}$（$i=1,2,\cdots,N$）。

假设目前俘获的坦克有 k 辆，且最大编号为 m，由此估计 N。

用 X 表示俘获的坦克的最大编号，则 $P(X=m)=\dfrac{C_{m-1}^{k-1}}{C_N^k}$，则 $\sum\limits_{m=k}^{N}\dfrac{C_{m-1}^{k-1}}{C_N^k}=1$。下面证明该结论。

先证明 $C_{n-1}^{m-1}+C_{n-1}^{m}=C_n^m$。

由 $\dfrac{C_{n-1}^{m}}{C_{n-1}^{m-1}}=\dfrac{n-m}{m}$，$\dfrac{m}{n-m}C_{n-1}^{m}=C_{n-1}^{m-1}$，可得 $C_{n-1}^{m-1}+C_{n-1}^{m}=C_n^m$。

然后把结论中的求和公式展开：

$$\begin{aligned}\sum_{m=k}^{N}C_{m-1}^{k-1}&=C_{k-1}^{k-1}+C_{k}^{k-1}+C_{k+1}^{k-1}+\cdots+C_{N-1}^{k-1}\\&=C_{k}^{k}+C_{k}^{k-1}+C_{k+1}^{k-1}+\cdots+C_{N-1}^{k-1}\\&=C_{k+1}^{k}+C_{k+1}^{k-1}+\cdots+C_{N-1}^{k-1}=\cdots=C_N^k\end{aligned}$$

计算 X 的期望：

$$E(X)=\sum_{m=k}^{N}m\frac{C_{m-1}^{k-1}}{C_N^k}=\sum_{m=k}^{N}m\frac{\dfrac{(m-1)!}{(k-1)!(m-k)!}\dfrac{k}{k}}{\dfrac{N!}{k!(N-k)!}\dfrac{k+1}{k+1}\dfrac{N+1}{N+1}}=\sum_{m=k}^{N}\frac{kC_m^k}{C_{N+1}^{k+1}\dfrac{k+1}{N+1}}$$

$$=k\frac{N+1}{k+1}\sum_{m=k}^{N}\frac{C_m^k}{C_{N+1}^{k+1}}=k\frac{N+1}{k+1}\sum_{u=k+1}^{N+1}\frac{C_{u-1}^k}{C_{N+1}^{k+1}}=k\frac{N+1}{k+1}$$

因此 $E(X)=k\dfrac{N+1}{k+1}$，将 m 看作最大值 X 的一个优良的估计，则 $m=\dfrac{k}{k+1}(N+1)$，$\hat{N}=m\dfrac{k+1}{k}-1$。

算法如下。

（1）先从 $1,2,\cdots,N$ 中不放回地生成 r 个数，作为俘获的坦克的编号。假设 N=1000，r=20。

（2）求出生成的这 r 个数的最大值，利用公式 $\hat{N}=m\dfrac{r+1}{r}-1$ 计算 N 的估计值。

练习：编写代码实现德国坦克问题。

代码 2.16 请扫描本节后面的二维码查看。

结果输出：

```
产生的随机数序列为 [818, 547, 308, 958, 450, 804, 463, 126, 500, 421, 190, 885,
170, 489, 948, 716, 690, 386, 347]
最大值为 958 估计的N为 1004.9
```

2.3.2　服从几何分布的随机数的生成方法

随机变量 X 服从参数为 p 的几何分布，分布律为

$$P(X=k)=p(1-p)^{k-1}，\ k=1,2,\cdots$$

表示在伯努利实验中，事件 A 首次成功需要进行的实验次数。$X\leqslant k$ 表示前 k 次实验中有成功的；$X>k$ 表示前 k 次实验都失败。因此分布函数为

$$F(k)=P(X\leqslant k)=1-P(X>k)=1-(1-p)^k，\ k=1,2,\cdots \tag{2-6}$$

1. 原理

已知 $Y\sim U(0,1)$，有

$$Y=k\Leftrightarrow F(k-1)<Y\leqslant F(k)\Leftrightarrow 1-(1-p)^{k-1}<Y\leqslant 1-(1-p)^k$$

$$\Leftrightarrow (1-p)^k<1-Y\leqslant(1-p)^{k-1}\Leftrightarrow k\ln(1-p)\leqslant\ln(1-Y)<(k-1)\ln(1-p)$$

因此，$k\ln(1-p)\leqslant\ln(1-Y)$，$(k-1)\ln(1-p)>\ln(1-Y)$，从而可得 $k\geqslant\ln(1-Y)/\ln(1-p)$，取 X 为 $\left\lfloor\dfrac{\ln Y}{\ln(1-p)}\right\rfloor$ 即可。若 Y 服从 $U(0,1)$分布，则 $1-Y$ 服从 $U(0,1)$分布。因此，抽样公式可取为 $X=\left\lfloor\dfrac{\ln Y}{\ln(1-p)}\right\rfloor$。

2. 算法

（1）生成服从 $U(0,1)$ 分布的随机数 Y。

（2）令 $X=\left\lfloor\dfrac{\ln Y}{\ln(1-p)}\right\rfloor$，则可以得到服从几何分布的随机数。

3. 代码

代码 2.17：

```
import random
import math
x=[]
def GeometryRandom(p,n):
    #p为概率，取值在0到1之间
    if p<=0 or p>=1:
        return False
    if (x == None):
        return False
    for i in range(n):
        #产生服从U(0,1)分布的随机数
        y=1.0 * random.random()
        x.append(1+int(math.log(y)/math.log(1.0-p)))     #x=lny/ln(1-p)
    return x
n = 100
p=0.2
print("产生的服从几何分布的随机数为")
```

```
z=GeometryRandom(p,n)
print(z)
```

4．输出结果

输出结果：

```
产生的服从几何分布的随机数为
[5, 2, 4, 2, 4, 3, 2, 6, 4, 2, 9, 3, 9, 2, 1, 5, 5, 2, 1, 6, 3, 17, 1, 1, 1, 2,
8, 8, 7, 9, 3, 5, 11, 8, 19, 2, 2, 1, 8, 4, 1, 6, 1, 5, 3, 4, 1, 3, 3, 1, 6, 2,
4, 7, 2, 1, 4, 1, 1, 2, 8, 5, 2, 1, 4, 4, 17, 2, 1, 7, 5, 4, 16, 8, 5, 12, 1, 10,
8, 3, 6, 1, 9, 12, 3, 3, 3, 4, 3, 3, 1, 7, 6, 6, 1, 10, 10, 2, 6, 2]
```

5．Python 的 numpy 库代码

使用 Python 中的 numpy 库的代码如下：

```
import numpy
print(numpy.random.geometric(0.2,100))
```

输出结果：

```
[14  2  3  1  2  4  8  1  4  2  15  1  4  1  5 17  7  9  5  7  3 15  6  7   2  1  6  1
7 19  1  1  2 15 16  5  7  4  3  1  1 13  5  8  17  4  5  1  1  7  6  7  2  2  4 11
3  4  1  7  4  6  2  1  24  10  2  2  18  2  14  13 2  3  6  1  7  7  1 10  4  4  4
13  12  10  14  16  1  4 17  4  3  8  1  7  6  4  3  4]
```

2.3.3 服从二项分布的随机数的生成方法

1．由 0-1 分布生成二项分布的算法（BU 算法）

在伯努利实验中，若事件 A 发生的概率 $P(A)=p$（$0<p<1$），随机变量 X 表示在 n 重伯努利实验中事件 A 发生的次数，事件 A 发生 k 次的概率为

$$P(X=k)=\mathrm{C}_n^k p^k(1-p)^{n-k},\ k=0,1,\cdots,n$$

则 X 服从参数为 n、p 的二项分布，记为 $X\sim b(n,p)$。当 $n=1$ 时二项分布为 0-1 分布。

1）原理

二项分布为 n 个独立的 0-1 分布的和。将 n 个相互独立的服从相同 0-1 分布的 X_i 相加，可得到二项分布，即 $X=\sum_{i=1}^{n}X_i\sim b(n,p)$。

先产生服从 $U(0,1)$ 分布的 Y，即可得到服从 0-1 分布的随机数；再将 n 个 X_i 相加得到服从二项分布的 X。

2）算法

（1）生成服从 $U(0,1)$ 分布的 Y，若 $y\leqslant p$，则 $X_i=1$；否则，$X_i=0$。

（2）将 n 个 X_i 相加，得到服从二项分布的随机变量 X。

3）代码

代码 2.18：

```
import random
x = []
def BinominalRandom(N,p,n):
    if p<=0:
        return False
    if (x == None):
        return False
    for i in range(n):
        s=0
        for i in range(N):
            y=1.0*random.random()
            #若 y≤p，则 xi=1
            if y<=p:
                s+=1
        x.append(s)
    return x
n = 100
N=30
p=0.4
print("产生的服从二项分布的随机数为")
Y=BinominalRandom(N,p,n)
print(Y)
```

4）输出结果

输出结果：

```
产生的服从二项分布的随机数为
[17, 12, 12, 8, 11, 12, 13, 13, 12, 11, 15, 14, 15, 9, 11, 13, 13, 11, 13, 15,
8, 15, 11, 12, 10, 16, 12, 10, 11, 12, 12, 10, 9, 9, 9, 14, 14, 14, 11, 9, 12,
14, 13, 10, 6, 12, 10, 11, 7, 9, 8, 9, 9, 13, 10, 17, 10, 9, 11, 14, 13, 8,
13, 15, 14, 9, 15, 14, 13, 14, 9, 17, 11, 9, 11, 10, 12, 12, 13, 12, 15, 14,
8, 7, 8, 12, 16, 13, 15, 14, 13, 14, 12, 10, 12, 12, 7, 13, 11, 16]
```

5）Python 的 numpy 库的代码

使用 Python 中的 numpy 库的代码如下：

```
import numpy
print(numpy.random.binomial(30,0.4,100))
```

输出结果：

```
[10  8  9  8  10  11  20  12  13  8  11  8  11  12  11  14  11  17  13  10  12  14  6
13  15  9  13  14  14  13  12  15  12  11  13  8 13  15  13  9  9  10  11  14  13  5
15 12  16  11  13  10  8  16  13  13  9  12  15  15  11  5  9  10  9  12  12  9  8
15  13  11  12  8  14 14  16  11  13  10  10  14  9  11  19  15  10  14  14 12  9
13  17  14  9  12  7  9   9  11]
```

2. 由逆变换法生成服从二项分布的随机数 1

1）原理

二项分布的分布律为

$$p_k = P(X=k) = \mathrm{C}_n^k p^k (1-p)^{n-k}，\ k=0,1,\cdots,n，\ 0<p<1$$

则分布律的递推公式为

$$p_{k+1} = \frac{n-k}{k+1}\frac{p}{1-p}p_k \tag{2-7}$$

事实上有

$$\begin{aligned} p_{k+1} &= \mathrm{C}_n^{k+1} p^{k+1}(1-p)^{n-k-1} \\ &= \frac{n!}{(k+1)!(n-k-1)!}p^{k+1}(1-p)^{n-k-1} \\ &= \frac{n!}{(k+1)k!(n-k)!/(n-k)}p^k p\frac{(1-p)^{n-k}}{1-p} \\ &= \frac{n-k}{k+1}\frac{p}{1-p}\mathrm{C}_n^k p^k(1-p)^{n-k} \\ &= \frac{n-k}{k+1}\frac{p}{1-p}p_k \end{aligned}$$

因此分布函数的递推公式为

$$F(k+1) = F(k) + p_{k+1} = F(k) + \frac{n-k}{k+1}\frac{p}{1-p}p_k，\ k=0,1,2,\cdots,n-1 \tag{2-8}$$

式中，$F(0)=(1-p)^n$。由定理 2.6 可知，$X=k$，当且仅当$F(k-1)<Y\leqslant F(k)$时，Y服从$U(0,1)$分布。我们只要找到满足$F(k-1)<Y\leqslant F(k)$的 Y 即可，此时 $X=k$。

2）算法

（1）生成服从$U(0,1)$分布的 Y。

（2）令 n=30，p=0.4，二项分布为 b(30,0.4)。建立空列表 x，用来存放产生的服从二项分布的随机数。

（3）X 的取值 k 的初值为 0，$F(0)=(1-p)^n$；a 表示 p_k，初值为$(1-p)^n$，递推公式为式（2-8）。为寻找满足条件的 Y，可设置一个 while 循环，只要 $Y>F$，k 就一直累加，直到找到满足条件的 Y 为止，即 $Y\leqslant F$。将 k 值放到列表 x 中。

（4）要找到 N 个随机数，设置一个 for 循环即可。

3）代码

代码 2.19：

```
import random
#二项分布的参数：总的实验次数
n=30
#二项分布的参数：事件发生的概率
p=0.4
#存放随机数
x=[]
```

```
def BinominalRandom2(n,p,N):
    for i in range(N):
        y=1.0 * random.random()
        #X 的取值
        k=0
        #表示 pk，赋初值
        a=(1-p)**n
        #分布函数的初值也是 a
        F=a
        #直到 y 小于或等于 F，停止循环
        while(y>F):
            #pk 的递推公式
            a=((n-k)/(k+1))*(p/(1-p))*a
            #分布函数的递推公式
            F=F+a
            k+=1
        x.append(k)
    return x
#生成的随机排列的个数
N =100
print("产生的服从二项分布的随机数为")
t=BinominalRandom2(n,p,N)
print(t)
```

4）输出结果

输出结果：

```
产生的服从二项分布的随机数为
[13, 9, 19, 10, 11, 18, 14, 5, 13, 11, 11, 12, 14, 14, 15, 14, 13, 16, 15, 14,
11, 11, 12, 11, 11, 12, 14, 14, 11, 11, 9, 12, 11, 7, 12, 9, 8, 13, 13, 13,
10, 12, 11, 16, 15, 11, 11, 14, 10, 10, 9, 12, 10, 11, 7, 10, 7, 11, 14, 9,
16, 17, 13, 8, 11, 15, 12, 9, 11, 9, 6, 8, 11, 12, 12, 12, 9, 11, 17, 13, 12,
17, 10, 12, 12, 14, 8, 8, 8, 14, 15, 9, 17, 9, 13, 14, 11, 11, 17, 5]
```

3. 由逆变换法生成服从二项分布的随机数 2

1）原理

二项分布的分布律递推公式为 $p_{k+1}=\dfrac{n-k}{k+1}\dfrac{p}{1-p}p_k$，分布函数的递推公式为 $F(k+1)=F(k)+\dfrac{n-k}{k+1}\dfrac{p}{1-p}p_k$，$k=0,1,2,\cdots,n-1$，$F_0=(1-p)^n$。由定理 2.6 可知，$X=k$，当且仅当 $F(k-1)<Y\leqslant F(k)$ 时，$Y\sim U(0,1)$。只要找到满足 $F(k-1)<Y\leqslant F(k)$ 的 Y 即可，此时 X=k。

2）算法

（1）生成服从 $U(0,1)$ 分布的 Y。

（2）令 n=30，p=0.4，即二项分布为 $b(30,0.4)$。建立空列表 x，用来存放产生的服从二项分布的随机数；建立空列表 F，用来存放分布函数值。

（3）X 的取值为 k，初值为 0，$F(0)=(1-p)^n$；a 表示 p_k，初值为 $(1-p)^n$，递推公式为式（2-8）。把所有分布函数计算出来，放到列表 F 中。

（4）从 0 到 n，寻找满足条件的 $F(k-1)<Y\leqslant F(k)$ 的 k 值，将 k 值放到列表 x 中。

（5）要找到 N 个随机数，设置一个 for 循环即可。

3）代码

代码 2.20：

```
import random
n=30
p=0.4
#存入随机数
x=[]
F=[]
def BinominalRandom3(n,p,N):
    for i in range(n):
        y=1.0 * random.random()
        #表示 pk，赋初值
        a=(1-p)**n
        s=0
        for k in range(N):
            #pk 的递推公式
            a=((n-k)/(k+1))*(p/(1-p))*a
            #分布函数的递推公式
            s=s+a
            F.append(s)
        for i in range(n):
            if y<=F[i] and y>F[i-1]:
                x.append(i+1)
    return x
#生成的随机数的个数
N =100
print("产生的服从二项分布的随机数为")
t=BinominalRandom3(n,p,N)
print(t)
```

4）输出结果

输出结果：

```
产生的服从二项分布的随机数为
[11, 13, 10, 12, 13, 12, 12, 11, 9, 16, 10, 14, 10, 10, 11, 11, 13, 8, 10, 9,
13, 7, 11, 10, 9, 14, 8, 12, 15, 14, 9, 15, 12, 9, 11, 13, 8, 13, 12, 7, 14,
11, 9, 13, 8, 10, 13, 13, 12, 14, 10, 20, 12, 11, 10, 9, 10, 12, 13, 14, 11,
11, 14, 21, 12, 10, 9, 12, 7, 10, 16, 17, 15, 13, 13, 12, 10, 12, 10, 16, 12,
13, 8, 7, 11, 6, 14, 14, 14, 16, 9, 13, 11, 9, 15, 14, 15, 10, 13, 9]
```

2.3.4　服从泊松分布的随机数的生成方法

泊松分布是一种非常重要的离散型分布，用来描述单位时间间隔内事件发生的次数，如单位事件间隔内急救中心接到的呼叫次数、公共汽车站的乘客数、母鸡下的鸡蛋的个数、鸡蛋孵化成小鸡的个数等。当二项分布中的参数 n 很大、p 很小时，二项分布可以用泊松分布近似计算。

若随机变量 X 服从参数为 λ 的泊松分布，则分布律为

$$P(X=k)=\frac{\lambda^k e^{-\lambda}}{k!}，\ \lambda>0;\ k=0,1,\cdots$$

1．由逆变换法生成服从泊松分布的随机数 1

1）原理

结论 2.3　如果 $r_1,\cdots,r_n$ 独立同分布于 $U(0,1)$，令 $Y_n=\prod_{i=1}^{n} r_i$，则 Y_n 的密度函数为

$$f(y)=\frac{(-\ln y)^{n-1}}{(n-1)!}，\ 0<y<1 \tag{2-9}$$

证明：① 若 r 服从 $U(0,1)$ 分布，则 $Y=\ln r$ 的密度函数为 $f_Y(y)=e^y$，$y\leqslant 0$，而 $U=-Y$ 的密度函数为 $f_U(u)=e^{-u}$，$u\geqslant 0$，$U=-Y=-\ln r$ 服从参数为 1 的指数分布。

② $Y_n=\prod_{i=1}^{n} r_i$，两边取对数，有 $Z=\ln Y_n=\sum_{i=1}^{n}\ln r_i$。$r_1,\cdots,r_n$ 独立同分布于 $U(0,1)$，独立的同参数的指数分布的和服从伽玛分布，$-Z=-\sum_{i=1}^{n}\ln r_i$ 服从 $\mathrm{Ga}(n,1)$，密度函数为 $f_Z(z)=\frac{1}{\Gamma(n)}z^{n-1}e^{-z}=\frac{z^{n-1}}{(n-1)!}e^{-z}$，$z>0$，$Z=\sum_{i=1}^{n}\ln r_i$ 的密度函数为 $f_Z(z)=\frac{(-z)^{n-1}}{(n-1)!}e^{z}$，$z\leqslant 0$。由 $Z=\ln Y_n$ 可知，Y_n 的密度函数为 $f_Y(y)=\frac{(-\ln y)^{n-1}}{(n-1)!}$，$0<y<1$。

结论 2.4　$P(Y_n<e^{-\lambda})=F(n-1)$（$F$ 为泊松分布的分布函数）。

证明：$P(Y_n<e^{-\lambda})=\int_0^{e^{-\lambda}}\frac{(-\ln y)^{n-1}}{(n-1)!}dy$

$$\begin{aligned}P(Y_n<e^{-\lambda})&=\frac{\lambda^{n-1}}{(n-1)!}e^{-\lambda}+\int_0^{e^{-\lambda}}\frac{(-\ln y)^{n-2}}{(n-2)!}dy\\&=P(X=n-1)+P(Y_{n-1}<e^{-\lambda})=\cdots\\&=P(X=n-1)+\cdots+P(X=1)+P(Y_1<e^{-\lambda})\\&=P(X=n-1)+\cdots+P(X=1)+P(X=0)=F(n-1)\end{aligned}$$

结论 2.5　定义 $X=k\Leftrightarrow Y_{k+1}<e^{-\lambda}\leqslant Y_k$，则 X 服从参数为 λ 的泊松分布。

证明：
$$\begin{aligned}P(X=k)&=P(Y_{k+1}<e^{-\lambda}\leqslant Y_k)\\&=P(Y_k\geqslant e^{-\lambda})-P(Y_{k+1}\geqslant e^{-\lambda})\\&=1-F(k-1)-(1-F(k))\\&=F(k)-F(k-1)\end{aligned}$$

2）算法

（1）产生服从$U(0,1)$分布的$r_1,r_2,\cdots$，令$Y_k=r_1\times r_2\times\cdots\times r_k$，创建空列表 x，用于存放满足条件的 k。

（2）若$r_1\leqslant e^{-\lambda}$，令$X=0$；若$Y_k\geqslant e^{-\lambda}>Y_{k+1}$，令$X=K$，此时$X\sim P(\lambda)$。

若$Y_{k+1}\leqslant e^{-\lambda}$，则$\ln Y_{k+1}\leqslant -\lambda$，$s_k=-\dfrac{\ln Y_{k+1}}{\lambda}\geqslant 1$，据此找到满足条件的 k。

3）代码

代码 2.21：

```
import random
import math
lamb=4
#创建空列表，用于存放满足条件的 k
x = []
def PoissonRandom(λ,n):
    if lamb<=0:
        return False
    if (x == None):
        return False
    for i in range(n):
        s=0
        k=-1
        #找到满足 s≥1 的最小的 k
        while s<1.0:
            y=1.0*random.random()
            #t=- lny /λ
            t=-1.0/lamb*math.log(y)
            #累加得到 s
            s+=t
            k+=1
        x.append(k)
    return x
n = 100
print("产生服从泊松分布的随机数为")
t=PoissonRandom(lamb,n)
print(t)
```

4）输出结果

输出结果：

```
产生服从泊松分布的随机数为
[8, 2, 5, 6, 5, 2, 2, 5, 4, 2, 5, 5, 5, 3, 4, 5, 8, 5, 3, 2, 3, 1, 6, 1, 1, 5,
3, 6, 2, 4, 3, 3, 7, 3, 3, 3, 7, 3, 4, 5, 8, 7, 3, 6, 5, 3, 1, 5, 0, 2, 2, 6,
7, 3, 3, 4, 3, 1, 2, 4, 5, 0, 9, 6, 2, 5, 4, 3, 6, 6, 3, 7, 2, 6, 7, 4, 6, 6,
5, 1, 5, 3, 4, 5, 4, 6, 6, 1, 3, 10, 5, 4, 7, 5, 5, 3, 3, 3, 2, 2]
```

5）Python 的 numpy 库的代码

使用 Python 中的 numpy 库的代码：

```
import numpy as np
print(np.random.poisson(4,100))
```

运行上述代码产生服从泊松分布的随机数：

```
[3 8 4 5 2 2 4 5 4  1 3 2 4 6 2 4 3 5 6 3 4 6 4 5 4 6 4 4 3 4 6 7 9 5 6 1 4 5
7 3 4 7 3 3 5 2  5 5 4 5 6 5 5 4 3 4 4 4 3 2 3 8 3 1 5 5 4 3 5 7 1 7]
```

当参数 λ 很大时，该算法的计算量比较大。

2. 由逆变换法生成服从泊松分布的随机数 2

1）原理

泊松分布的分布律的递推公式为

$$p_{k+1}=\frac{\lambda^{k+1}\mathrm{e}^{-\lambda}}{(k+1)!}=\frac{\lambda^k\lambda}{k!(k+1)}\mathrm{e}^{-\lambda}=\frac{\lambda}{k+1}p_k \tag{2-10}$$

则此分布函数的递推公式为

$$F(k+1)=F(k)+p_{k+1}=F(k)+\frac{\lambda}{k+1}p_k,\quad k=0,1,2,\cdots \tag{2-11}$$

式中，$F(0)=\mathrm{e}^{-\lambda}$。

由定理 2.6 可知，$X=k$，当且仅当$F(k-1)<Y\leqslant F(k)$时，$Y\sim U(0,1)$。只要找到满足$F(k-1)<Y\leqslant F(k)$的 Y 即可，此时 $X=k$。

2）算法

（1）生成服从$U(0,1)$分布的 Y。

（2）令 $\lambda=4$，泊松分布为 $P(4)$。创建空列表 x，用来存放产生的服从泊松分布的随机数，创建空列表 F，用来存放计算得到的分布函数。

（3）X 的取值为 k，初值为 0，$F(0)=\mathrm{e}^{-\lambda}$；$a$ 表示 p_k，初值也是 $\mathrm{e}^{-\lambda}$，递推公式为式（2-11）。把所有分布函数计算出来，放到列表 F 中。

（4）对 k 从 0 开始到 m，寻找满足条件的 $F(k-1)<Y\leqslant F(k)$的 k，将 k 值放到列表 x 中。

（5）要找到 n 个随机数，设置一个 for 循环即可。

3）代码

代码 2.22：

```
import random
import math
#存放随机数
x=[]
lamb=4
def Possion1Random2(lamb,n):
    for i in range(n):
        y=1.0 * random.random()
        #X 的取值
```

```
        k=0
        #表示pk，赋初值
        a=math.exp(-lamb)
        #分布函数的初值也是a
        F=a
        #直到y小于或等于F停止循环
        while(y>F):
            #pk的递推公式
            a=(lamb/(k+1))*a
            #分布函数的递推公式
            F=F+a
            k+=1
        x.append(k)
    return x
n =100
print("产生的服从泊松分布的随机数为")
t=Possion1Random2(lamb,n)
print(t)
```

4）输出结果

输出结果：

```
产生的服从泊松分布的随机数为
[4, 3, 3, 6, 4, 6, 4, 7, 4, 3, 2, 7, 2, 3, 3, 4, 6, 4, 10, 4, 5, 5, 5, 4, 1,
2, 5, 4, 3, 4, 4, 2, 6, 5, 4, 3, 6, 5, 6, 4, 3, 5, 7, 9, 1, 2, 7, 2, 3, 4, 4,
7, 6, 5, 2, 3, 7, 3, 7, 6, 3, 3, 1, 7, 3, 4, 1, 3, 0, 6, 6, 3, 2, 2, 1, 5, 3,
4, 5, 2, 3, 3, 8, 5, 2, 3, 6, 2, 5, 6, 6, 6, 2, 6, 3, 6, 2, 1, 3, 4]
```

习题 2.3

2.3 节代码

1．离散型随机变量 X 的取值为 1,2,3,4,5,6，对应的概率分别为 0.03,0.07,0.02,0.08,0.5,0.3，由该分布生成 100 个随机数。

2．对自然排列 1,2,⋯,10 进行不放回的随机排列，生成 10 个随机数。

3．对自然排列 1,2,⋯,10 进行 6 次有放回的随机排列。

4．生成 100 个服从负二项分布 Nb(12,0.4)的随机数。

2.4 分布间的关系

2.4.1 与正态分布相关的分布

（1）若 $X \sim N(0,1)$，$X_1, X_2, \cdots, X_n$ 是来自总体的样本，则 $\sum_{i=1}^{n} X_i^2 \sim \chi^2(n)$。

（2）若 $X \sim N(0,1)$，$Y \sim \chi^2(n)$，且独立，则 $\dfrac{X}{\sqrt{Y/n}} \sim t(n)$。

（3）若 $X \sim \chi^2(m)$，$Y \sim \chi^2(n)$，且独立，则 $\dfrac{X/m}{Y/n} \sim F(m,n)$。

（4）若 $X \sim N(0,1)$，$Y \sim N(0,1)$，且独立，则 $\dfrac{X}{Y}$ 服从柯西分布。

证明：设 $Z=\dfrac{X}{Y}$，利用公式求 Z 的密度函数。

$f_Z(z)=\int_{-\infty}^{+\infty}\dfrac{1}{\sqrt{2\pi}}\mathrm{e}^{-\frac{(zy)^2}{2}}\dfrac{1}{\sqrt{2\pi}}\mathrm{e}^{-\frac{y^2}{2}}|y|\mathrm{d}y=\int_0^{+\infty}\dfrac{1}{\pi}\mathrm{e}^{-\frac{(z^2+1)}{2}y^2}y\mathrm{d}y=\dfrac{1}{\pi}\dfrac{1}{z^2+1}$，所以 $Z=\dfrac{X}{Y}$ 服从柯西分布。

（5）若 $U \sim U(0,1)$，$V \sim U(0,1)$，且独立，令 $\begin{cases} X=\sqrt{-2\ln U}\cos(2\pi V) \\ Y=\sqrt{-2\ln U}\sin(2\pi V) \end{cases}$，则 $X \sim N(0,1)$，$Y \sim N(0,1)$，且独立。

证明：$\begin{cases} X=\sqrt{-2\ln U}\cos(2\pi V) \\ Y=\sqrt{-2\ln U}\sin(2\pi V) \end{cases}$，化简可以得到 $\begin{cases} X^2+Y^2=-2\ln U \\ \dfrac{Y}{X}=\tan(2\pi V) \end{cases}$，求反函数为 $\begin{cases} U=\mathrm{e}^{-\frac{X^2+Y^2}{2}} \\ V=\dfrac{1}{2\pi}\arctan\left(\dfrac{Y}{X}\right) \end{cases}$，计算 Jacobi 行列式为

$$|\boldsymbol{J}|=\begin{vmatrix} \dfrac{\partial X}{\partial U} & \dfrac{\partial X}{\partial V} \\ \dfrac{\partial Y}{\partial U} & \dfrac{\partial Y}{\partial V} \end{vmatrix}=\begin{vmatrix} \dfrac{-\dfrac{2}{U}}{2\sqrt{-2\ln U}}\cos(2\pi V) & -2\pi\sqrt{-2\ln U}\sin(2\pi V) \\ \dfrac{-\dfrac{2}{U}}{2\sqrt{-2\ln U}}\sin(2\pi V) & 2\pi\sqrt{-2\ln U}\cos(2\pi V) \end{vmatrix}=-\frac{2\pi}{U},\ \left|\frac{1}{J}\right|=\frac{U}{2\pi}$$

(X,Y) 的联合密度函数为 $f_{X,Y}(x,y)=\dfrac{1}{2\pi}\mathrm{e}^{-\frac{x^2+y^2}{2}}=\dfrac{1}{\sqrt{2\pi}}\mathrm{e}^{-\frac{x^2}{2}}\dfrac{1}{\sqrt{2\pi}}\mathrm{e}^{-\frac{y^2}{2}}$，所以 X 与 Y 独立，且都服从标准正态分布。

（6）若 $X \sim N(0,1)$，$Y \sim N(0,1)$，且独立，则 $Z=\sqrt{X^2+Y^2}$ 服从瑞利分布，即密度函数为 $f_Z(z)=z\mathrm{e}^{-\frac{z^2}{2}}$，$z>0$。

证明：$Z=\sqrt{X^2+Y^2}$，$X^2 \sim \chi^2(1)$，$Y^2 \sim \chi^2(1)$，且独立，所以 $T=Z^2=X^2+Y^2 \sim \chi^2(2)$，其密度函数为 $f_T(t)=\dfrac{1}{2}\mathrm{e}^{-t}$，$t>0$。因为 $T>0$，所以 $Z=\sqrt{T}$ 为单调函数，Z 的密度函数为 $f_Z(z)=\dfrac{1}{2}\mathrm{e}^{-\frac{z^2}{2}}2z=z\mathrm{e}^{-\frac{z^2}{2}}$，$z>0$，所以 $Z=\sqrt{X^2+Y^2}$ 服从瑞利分布。

2.4.2　与贝塔分布相关的分布

（1）若 $X \sim F(m,n)$，$Y=\dfrac{mX}{n+mX}$，则 $Y \sim \mathrm{Be}\left(\dfrac{m}{2},\dfrac{n}{2}\right)$。

证明：$X\sim F(m,n)$ 的密度函数为 $f_X(x)=\dfrac{1}{\mathrm{B}\left(\dfrac{m}{2},\dfrac{n}{2}\right)}\left(\dfrac{m}{n}\right)^{\frac{m}{2}}x^{\frac{m}{2}-1}\left(1+\dfrac{m}{n}x\right)^{-\frac{m+n}{2}}$，$Y=\dfrac{mX}{n+mX}$，

$X=\dfrac{n}{m}\dfrac{Y}{1-Y}$，$X'=\dfrac{n}{m}\left(\dfrac{1}{1-Y}\right)^2$，因此 Y 的密度函数为

$$
\begin{aligned}
f_Y(y)&=\frac{1}{\mathrm{B}\left(\frac{m}{2},\frac{n}{2}\right)}\left(\frac{m}{n}\right)^{\frac{m}{2}}\left(\frac{n}{m}\frac{Y}{1-Y}\right)^{\frac{m}{2}-1}\left(1+\frac{m}{n}\frac{n}{m}\frac{Y}{1-Y}\right)^{-\frac{m+n}{2}}\frac{n}{m}\left(\frac{1}{1-Y}\right)^2\\
&=\frac{1}{\mathrm{B}\left(\frac{m}{2},\frac{n}{2}\right)}y^{\frac{m}{2}-1}(1-y)^{\frac{n}{2}-1}
\end{aligned}
$$

从而得 $Y\sim\mathrm{Be}\left(\dfrac{m}{2},\dfrac{n}{2}\right)$。

（2）若 $X\sim t(n)$，$Y=\dfrac{n}{n+X^2}$，则 $Y\sim\mathrm{Be}\left(\dfrac{n}{2},\dfrac{1}{2}\right)$。

证明：$X\sim t(n)$，则 X 的密度函数为 $f_X(x)=\dfrac{1}{\mathrm{B}\left(\dfrac{n}{2},\dfrac{1}{2}\right)\sqrt{n}}x^{\frac{m}{2}-1}\left(1+\dfrac{x^2}{n}\right)^{-\frac{n+1}{2}}$，$Y=\dfrac{n}{n+X^2}$，

$X^2=\dfrac{n}{Y}-n$。

当 $y\leqslant 0$ 时，$F_Y(y)=P(Y\leqslant y)=0$。

当 $y>0$ 时：

$$
\begin{aligned}
F_Y(y)&=P(Y\leqslant y)\\
&=P\left(\frac{n}{n+X^2}\leqslant y\right)\\
&=P\left(X^2\geqslant\frac{n}{y}-n\right)\\
&=P\left(X\geqslant\sqrt{\frac{n}{y}-n}\right)+P\left(X\leqslant-\sqrt{\frac{n}{y}-n}\right)\\
&=\int_{\sqrt{\frac{n}{y}-n}}^{+\infty}\frac{1}{\mathrm{B}\left(\frac{n}{2},\frac{1}{2}\right)\sqrt{n}}x^{\frac{m}{2}-1}\left(1+\frac{x^2}{n}\right)^{-\frac{n+1}{2}}\mathrm{d}x+\int_{-\infty}^{\sqrt{\frac{n}{y}-n}}\frac{1}{\mathrm{B}\left(\frac{n}{2},\frac{1}{2}\right)\sqrt{n}}x^{\frac{m}{2}-1}\left(1+\frac{x^2}{n}\right)^{-\frac{n+1}{2}}\mathrm{d}x
\end{aligned}
$$

Y 的密度函数为 $f_Y(y)=F_Y'(y)=\dfrac{1}{\mathrm{B}\left(\dfrac{n}{2},\dfrac{1}{2}\right)}y^{\frac{n}{2}-1}(1-y)^{-\frac{1}{2}}$，$y>0$，从而得 $Y\sim\mathrm{Be}\left(\dfrac{n}{2},\dfrac{1}{2}\right)$。

（3）若 $X\sim\mathrm{Be}(a,b)$，则 $Y=1-X\sim\mathrm{Be}(b,a)$。

证明：$X\sim\mathrm{Be}(a,b)$，则 $f_X(x)=\dfrac{1}{\mathrm{B}(a,b)}x^{a-1}(1-x)^{b-1}$。$Y=1-X$，则 $X=1-Y$，$X'=-1$，

$Y=1-X$ 的密度函数为 $f_Y(y)=\dfrac{1}{\mathrm{B}(a,b)}(1-y)^{a-1}y^{b-1}$，$Y\sim \mathrm{Be}(b,a)$。

（4）若 X_1，$X_2,\cdots$，X_n独立，都服从$U(0,1)$分布，则$X_{(k)}\sim \mathrm{Be}(k,n-k+1)$。

证明：第 k 个顺序统计量 $X_{(k)}$ 的密度函数为

$$f_k(x)=\frac{n!}{k!(n-k)!}(F(x))^{k-1}(1-F(x))^{n-k}f(x)$$

将均匀分布的密度函数和分布函数代入得

$$f_k(x)=\frac{n!}{k!(n-k)!}x^{k-1}(1-x)^{n-k}\text{，}\quad 0<x<1$$

所以 $X_{(k)}\sim \mathrm{Be}(k,n-k+1)$。

（5）若 $X\sim \mathrm{Ga}(a,1)$，$Y\sim \mathrm{Ga}(b,1)$，则 $Z=\dfrac{X}{X+Y}\sim \mathrm{Be}(a,b)$。

证明：$\mathrm{Ga}(a,\lambda)$ 分布的密度函数为 $f_X(x)=\dfrac{\lambda^{\alpha-1}}{\Gamma(\alpha)}x^{\alpha-1}\mathrm{e}^{-\lambda x}$，$X\sim \mathrm{Ga}(a,1)$ 的密度函数为 $f_X(x)=\dfrac{1}{\Gamma(a)}x^{a-1}\mathrm{e}^{-x}$，$Y\sim \mathrm{Ga}(b,1)$ 的密度函数为 $f_Y(y)=\dfrac{1}{\Gamma(b)}y^{b-1}\mathrm{e}^{-y}$，令 $\begin{cases}Z=\dfrac{X}{X+Y}\\ V=X\end{cases}$，求反函数为 $\begin{cases}X=V\\ Y=\dfrac{V}{Z}-V\end{cases}$，Jacobi 行列式为

$$|\boldsymbol{J}|=\begin{vmatrix}\dfrac{\partial X}{\partial Z} & \dfrac{\partial X}{\partial V}\\ \dfrac{\partial Y}{\partial Z} & \dfrac{\partial Y}{\partial V}\end{vmatrix}=\begin{vmatrix}0 & 1\\ \dfrac{-V}{Z^2} & \dfrac{1}{Z}-1\end{vmatrix}=\frac{V}{Z^2}$$

因此 Z 的密度函数为

$$f_Z(z)=\int_0^{+\infty}\frac{1}{\Gamma(a)}x^{a-1}\mathrm{e}^{-x}\frac{1}{\Gamma(b)}\left(\frac{1}{z}-1\right)^{b-1}x^{b-1}\mathrm{e}^{-\left(\frac{1}{z}-1\right)x}\frac{x}{z^2}\mathrm{d}x$$

$$\overset{t=\frac{x}{z}}{=}\frac{1}{\Gamma(a)\Gamma(b)}(1-z)^{b-1}z^{a-1}\int_0^{+\infty}t^{a+b-1}\mathrm{e}^{-t}\mathrm{d}t=\frac{\Gamma(a+b)}{\Gamma(a)\Gamma(b)}(1-z)^{b-1}z^{a-1}$$

从而得 $Z=\dfrac{X}{X+Y}\sim \mathrm{Be}(a,b)$。

（6）若 $X\sim \chi^2(m)$，$Y\sim \chi^2(n)$，则 $Z=\dfrac{X}{X+Y}\sim \mathrm{Be}\left(\dfrac{m}{2},\dfrac{n}{2}\right)$。

证明：$X\sim \chi^2(m)$，$Y\sim \chi^2(n)$ 的密度函数为 $f_X(x)=\dfrac{1}{2^{\frac{m}{2}}\Gamma\left(\frac{m}{2}\right)}x^{\frac{m}{2}-1}\mathrm{e}^{-\frac{x}{2}}$，$x>0$ 和 $f_Y(y)=\dfrac{1}{2^{\frac{n}{2}}\Gamma\left(\frac{n}{2}\right)}y^{\frac{n}{2}-1}\mathrm{e}^{-\frac{y}{2}}$，$y>0$，令 $\begin{cases}Z=\dfrac{X}{X+Y}\\ V=X\end{cases}$，求反函数 $\begin{cases}X=V\\ Y=\dfrac{V}{Z}-V\end{cases}$，Jacobi 行列式为

$$|\boldsymbol{J}|=\begin{vmatrix}\dfrac{\partial X}{\partial Z} & \dfrac{\partial X}{\partial V}\\ \dfrac{\partial Y}{\partial Z} & \dfrac{\partial Y}{\partial V}\end{vmatrix}=\begin{vmatrix}0 & 1\\ \dfrac{-V}{Z^2} & \dfrac{1}{Z}-1\end{vmatrix}=\frac{V}{Z^2}$$

因此 Z 的密度函数为

$$f_Z(z)=\int_0^{+\infty}\frac{1}{2^{\frac{m}{2}}\Gamma\left(\frac{m}{2}\right)}x^{\frac{m}{2}-1}\mathrm{e}^{-\frac{x}{2}}\frac{1}{2^{\frac{n}{2}}\Gamma\left(\frac{n}{2}\right)}\left(\frac{1}{z}-1\right)^{\frac{n}{2}-1}x^{\frac{n}{2}-1}\mathrm{e}^{-\frac{1}{2}\left(\frac{1}{z}-1\right)x}\frac{x}{z^2}\mathrm{d}x$$

$$=\int_0^{+\infty}\frac{1}{2^{\frac{m+n}{2}}\Gamma\left(\frac{m}{2}\right)\Gamma\left(\frac{n}{2}\right)}x^{\frac{m+n}{2}-1}\mathrm{e}^{-\frac{x}{2z}}(1-z)^{\frac{n}{2}-1}\left(\frac{1}{z}\right)^{\frac{n}{2}+1}\mathrm{d}x$$

$$\overset{t=\frac{x}{2z}}{=}\frac{1}{2^{\frac{m+n}{2}}\Gamma\left(\frac{m}{2}\right)\Gamma\left(\frac{n}{2}\right)}(1-z)^{\frac{n}{2}-1}(z)^{-\frac{n}{2}-1}\int_0^{+\infty}(2zt)^{\frac{m+n}{2}-1}\mathrm{e}^{-t}2z\mathrm{d}t$$

$$=\frac{1}{\Gamma\left(\frac{m}{2}\right)\Gamma\left(\frac{n}{2}\right)}(1-z)^{\frac{n}{2}-1}z^{\frac{m}{2}}\int_0^{+\infty}t^{\frac{m+n}{2}-1}\mathrm{e}^{-t}\mathrm{d}t=\frac{\Gamma\left(\frac{m+n}{2}\right)}{\Gamma\left(\frac{m}{2}\right)\Gamma\left(\frac{n}{2}\right)}(1-z)^{\frac{n}{2}-1}z^{\frac{m}{2}-1}$$

从而得 $Z=\dfrac{X}{X+Y}\sim \mathrm{Be}\left(\dfrac{m}{2},\dfrac{n}{2}\right)$。

2.4.3 其他分布

（1）$X\sim U(0,1)$，则$Y=1-X\sim U(0,1)$。

（2）$X\sim U(0,1)$，则$Y=-\ln X\sim E(1)$，$Z=-\dfrac{1}{\lambda}\ln X\sim E(\lambda)$。

（3）$X_1,X_2,\cdots,X_n$独立，都服从$E(\lambda)$，则$X_1+X_2+\cdots+X_n\sim \mathrm{Ga}(n,\lambda)$

（4）X_1，X_2，…，X_n独立，都服从$\chi^2(m)$，则$X_1+X_2+\cdots+X_n\sim\chi^2(mn)$

（5）$X\sim\chi^2(n)$，则$X\sim \mathrm{Ga}\left(\dfrac{n}{2},\dfrac{1}{2}\right)$。

（6）$X\sim \mathrm{Ga}(a,1)$，则$Y=X/b\sim \mathrm{Ga}(a,b)$。

2.5 服从常见连续型分布的随机数的生成方法

2.5.1 服从均匀分布的随机数的生成方法

若 X 在区间$[a,b]$上服从均匀分布，则 X 的密度函数为 $f(x)=\dfrac{1}{b-a}$，$x\in[a,b]$。

1. 原理

由逆变换法可知，$Y=F(x)=\int_a^x \frac{1}{b-a}\mathrm{d}x=\frac{x-a}{b-a}$，$a\leqslant x\leqslant b$，从而有 $X=(b-a)Y+a$。因此抽样公式可取为

$$X=(b-a)Y+a \tag{2-12}$$

2. 算法

（1）先产生服从 $U(0,1)$ 分布的 Y。

（2）再用抽样公式［见式（2-12）］生成在区间［a,b］上服从均匀分布的随机数 X。

3. 代码

代码 2.23：

```
import random
import numpy as np
def UnionRandom(n,a,b,x):
    for i in range(n):
        u = 1.0 * random.random()
        s=a + (b - a) * u
        x.append(s)
    return x
#随机数的个数
n=10000
x=[]
a=1
b=10
Y=UnionRandom(n,a,b,x)
#逐个打印保留四位小数的随机数
for i in Y:
  print("%5.4f" % (i))
plt.hist(Y,bins=10,cumulative=False,normed=True)
x = np.arange(0.0001,1,0.01)
t=x/(x*(b-a))
plt.plot(x,t,color='r')
```

4. 输出结果

输出结果：

```
5.7432
5.1891
4.1712
9.2322
2.0438
7.6967
```

```
2.2251
3.9411
5.5510
9.8807
```

输出的直方图和密度函数图像如图 2.11 所示。

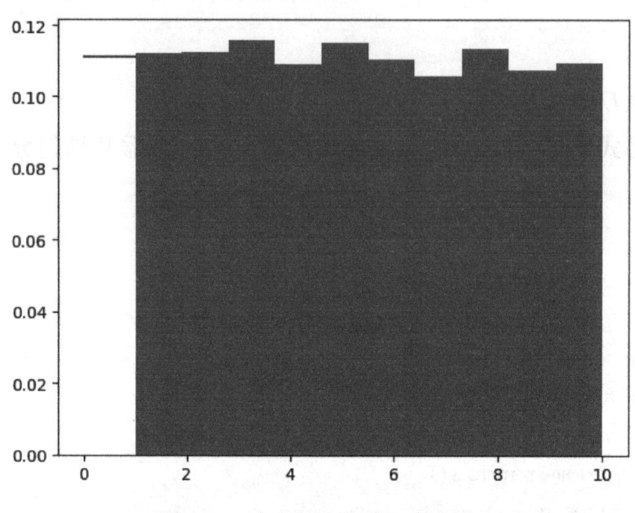

图 2.11　直方图和密度函数图像

5. Python 的 numpy 库代码

使用 Python 的 numpy 库代码：

```
import numpy
print(numpy.random.uniform(1,10,10))
```

运行上述代码的输出结果：

```
[8.30903443 7.28752798 5.12681646 7.89834296 9.926869   2.90060145
 8.77132633 4.83868984 6.04152652 7.03105469]
```

2.5.2 服从指数分布的随机数的生成方法

设随机变量 X 服从参数为 λ 的指数分布，则密度函数为 $f(x)=\lambda \mathrm{e}^{-\lambda x}$，$x\geqslant 0$（$\lambda>0$），分布函数为 $F(x)=1-\mathrm{e}^{-\lambda x}$，$x\geqslant 0$。

1. 原理

由逆变换法可知，$Y=F(x)=\int_0^x \lambda \mathrm{e}^{-\lambda x}\mathrm{d}x=1-\mathrm{e}^{-\lambda x}$，$x\geqslant 0$，从而 $X=-\dfrac{1}{\lambda}\ln(1-Y)$。若 Y 服从 $U(0,1)$分布，则 $1-Y$ 服从 $U(0,1)$分布。因此抽样公式取为

$$X=-\frac{1}{\lambda}\ln Y \tag{2-13}$$

2. 算法

（1）先生成服从 $U(0,1)$ 分布的 Y。

（2）再用抽样公式［见式（2-13）］生成服从指数分布的随机数 X。

3. 代码

代码 2.24：

```
import random
import math
import numpy as np
import matplotlib.pyplot as plt
x = []
#定义产生指数分布的随机数函数
def ExponentRandom(n,lamb):
    #若列表 x 中没有任何元素，则返回 False
    if (x == None):
        return False
    #若 λ≤0，则返回 False
    if(lamb <= 0):
        return False
    #产生 n 个服从指数分布的随机数
    for i in range(n):
        #产生服从 U(0,1)分布的随机数
        y=1.0 * random.random()
        #x=-(lny)/λ
        x.append(-math.log(y) / lamb)
    return x
#产生的随机数的个数
n = 200
#λ的值
lamb = 0.2
print("产生的服从指数分布的随机数为")
Y=ExponentRandom(n,lamb)
print(Y[0:20])
plt.hist(Y,bins=10,cumulative=False,normed=True)
x = np.arange(1,30,0.1)
t=lamb*np.exp(-lamb*x)
plt.plot(x,t,color='r')
print(Y)
```

4. 输出结果

输出结果如下：

```
产生的服从指数分布的随机数为
[3.258120901788184, 0.1148772326214717, 3.1324848588021217, 0.1226766116307855,
2.6267321695595847, 2.5730745705022873, 1.1555386304997628, 3.0559054305601223,
8.2466110033071, 9.298134753010881, 3.340086122989848, 4.224507568077275,
```

```
1.3223580488122324, 4.390438426590648, 0.8981249835871297, 0.3575708237836559,
7.85200374371962, 0.6219534762368744, 0.0845377099673832, 17.379820899390406]
```

输出的直方图和密度函数图像如图 2.12 所示。

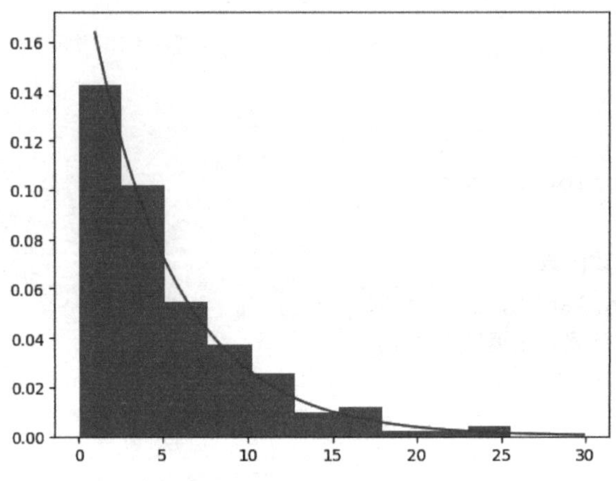

图 2.12 直方图和密度函数图像

5. Python 中的 numpy 库生成的随机数

使用 Python 中的 numpy 库的代码：

```
import numpy as np
print("使用 numpy 库生成的服从指数分布的随机数为")
print(np.random.exponential(0.2,20))
```

输出结果：

```
使用 numpy 库生成的服从指数分布的随机数为
[0.44115593 0.30675584 0.00456478 0.0533112  0.01917134 0.03618644
 0.10899718 0.17785911 0.09172381 0.00854221 0.06626367 0.08520648
 0.18941996 0.01815855 0.30765156 0.08341343 0.51555377 0.25119177
 0.13865525 0.22416156]
```

2.5.3 服从正态分布的随机数的生成方法

1. 原理

设 r_1，r_2 均为服从 $U(0,1)$分布的随机数，且独立，令

$$\begin{cases} X = \sqrt{-2\ln r_1}\cos 2\pi r_2 \\ Y = \sqrt{-2\ln r_1}\sin 2\pi r_2 \end{cases} \tag{2-14}$$

则 $X \sim N(0,1)$，$Y \sim N(0,1)$。

2. 算法

（1）先产生服从 $U(0,1)$ 分布且独立的 r_1 和 r_2。

（2）再用抽样公式［见式（2-14）］产生两个服从标准正态分布的随机数 X 和 Y。

3. 代码

代码 2.25：

```
import random
import math
import matplotlib.pyplot as plt
import numpy as np
x=[]
y=[]
Pi = 3.1415926
def  NormRandom(n):
    for _ in range(n):
       r1 = 1.0 * random.random()
       r2 = 1.0 * random.random()
       x.append(math.sqrt(-2.0 * math.log(r1)) * math.cos(2.0 * Pi * r2))
       y.append(math.sqrt(-2.0 * math.log(r1)) * math.sin(2.0 * Pi * r2))
    return x,y
n =1000
X,Y=NormRandom(n)
plt.hist(X,bins=10,cumulative=False,normed=True)
x = np.arange(-5,5,0.01)
plt.plot(x,(1/np.sqrt(2*Pi))*np.exp(-(x**2)/2),color='r')
```

4. 输出结果

输出的直方图和密度函数图像如图 2.13 所示。

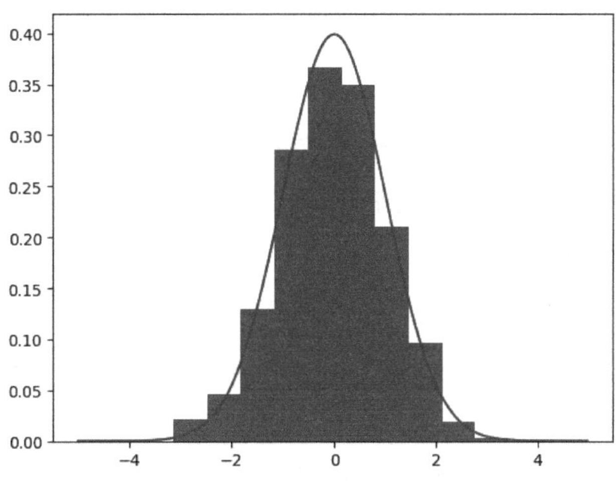

图 2.13　直方图和密度函数图像

5. Python 中的 numpy 库生成服从正态分布的随机数的代码

使用 Python 中的 numpy 库生成服从正态分布的随机数的代码：

```
import numpy as np
print(np.random.standard_normal(1000))
```

2.5.4 服从卡方分布的随机数的生成方法

卡方分布是 n 个独立的标准正态分布的平方之和，是特殊的伽玛分布。在数理统计中，卡方分布有着相当广泛的应用，如正态分布中的参数假设检验中的卡方检验用来检验总体的方差，非参数假设检验中的卡方拟合优度检验、独立性检验等检验统计量均服从卡方分布。卡方分布的期望为自由度 n，方差为 $2n$，具有可加性。

1. 原理

生成服从卡方分布的随机数的方法是先生成 n 个相互独立的服从标准正态分布的随机数 $X_1,\cdots,X_n \sim N(0,1)$；然后令 $X=\sum_{i=1}^{n} X_i^2$，即可得到服从卡方分布的随机数。

下面利用卡方分布和伽玛分布间的关系来生成服从卡方分布的随机数。

结论 2.6 若 $r_1,\cdots,r_n$ 独立同分布于 $U(0,1)$，令 $Y_n=-\ln\left(\prod_{i=1}^{n} r_i\right)=-\sum_{i=1}^{n}\ln r_i$，则 $Y_n \sim \mathrm{Ga}(n,1)$，密度函数为 $f_Y(y)=\dfrac{y^{n-1}}{\Gamma(n)}\mathrm{e}^{-y}$，$y>0$。

证明过程详见结论 2.3 的证明。

结论 2.7 若 X 服从 Ga(n/2,1)分布，则 Y=2X 服从自由度为 n 的卡方分布。

证明：X 服从 Ga(n/2,1)分布，密度函数为 $f_X(x)=\dfrac{x^{n/2-1}}{\Gamma(n/2)}\mathrm{e}^{-x}$，$x>0$。$Y$=2$X$ 的反函数为 X=Y/2；Y=2X 的密度函数为

$$f_Y(y)=\frac{\left(\frac{y}{2}\right)^{n/2-1}}{\Gamma(n/2)}\mathrm{e}^{-\frac{y}{2}}\frac{1}{2}=\frac{y^{n/2-1}}{2^{n/2}\Gamma(n/2)}\mathrm{e}^{-\frac{y}{2}},\ y>0$$

因此 Y 服从自由度为 n 的卡方分布。

当 n 为偶数时，k=n/2 是整数，若 X 服从 Ga(k,1)分布，则 Y=2X 服从自由度为 n=2k 的卡方分布。当 n 为奇数时，$k=\dfrac{n-1}{2}$ 是整数，令 Y=2X，若 X 服从 Ga(k,1)分布，则 Y 服从自由度为 2k 的卡方分布。Z 为标准正态分布的平方，即自由度为 1 的卡方分布，令 W=Y+Z，则 W 服从自由度为 n 的卡方分布。

2. 算法

（1）当 n 为偶数时，k=n/2；当 n 为奇数时，$k=\dfrac{n-1}{2}$。产生 k 个服从 $U(0,1)$ 分布且独立的随机数 $r_1,r_2,\cdots,r_k$。

（2）令 $Y=-\ln(r_1 r_2\cdots r_k)$，则 Y 服从 Ga(n,1)分布。

（3）当 n 为偶数时，k=n/2，抽样公式为 X=2Y；当 n 为奇数时，$k=\dfrac{n-1}{2}$，取 Z 为标准正态分布的平方，则抽样公式为 X=2Y+Z。

3. 代码

代码 2.26:

```
import random
import math
import matplotlib.pyplot as plt
import numpy as np
Pi = 3.1415926
x = []
def KaFangRandom(Freedom,N):
    if Freedom < 1 or N < 1:
        return False
    #自由度的一半
    k = int(Freedom / 2)
    for i in range(N):
        u=1.0
        for j in range(k):
            m=1.0 * random.random()
            # k个服从U[0,1]分布的随机数的乘积
            u *=1.0*m
        #y=-lnu
        y = -1 * math.log(u)
        #若n为偶数，则x=2y
        if Freedom % 2 == 0:
            x.append(2.0 * y)
        #若n为奇数，则x=2y+z
        else:
            r1 = 1.0 * random.random()
            r2 = 1.0 * random.random()
            #u服从N(0,1)分布
            u = math.sqrt(-1 * 2.0 * math.log(r1)) * math.cos(2 * Pi * r2)
            #x=2y+z,z=u2
            x.append(2.0 * y + u * u)
    return x
#随机数的个数
N = 200
#自由度
Freedom = 13
print("产生服从卡方分布的随机数为")
s=KaFangRandom(Freedom,N)
print(s[0:20])
plt.hist(s,bins=10,cumulative=False,normed=True)
x = np.arange(0,40,0.01)
y=x**(Freedom/2-1)*np.exp(-(x/2))/(2**(Freedom/2)*math.gamma(Freedom/2))
plt.plot(x,y,color='r')
```

4. 输出结果

输出结果：

```
产生服从卡方分布的随机数为
[16.387371404348524, 8.000138451826706, 11.005301522197474, 14.399564201255744,
9.806463990073903, 11.538713141672993, 14.274127983485402, 28.70557627153483,
15.333847431514132, 6.653271284332346, 15.741032096685611, 10.403406969361042,
11.35060121204513, 11.149369330045316, 8.527282941200626, 4.256198548245567,
7.22129290762250З, 8.905999744097187, 17.091037828318456, 13.846322136435424]
```

输出的直方图和密度函数图像如图 2.14 所示

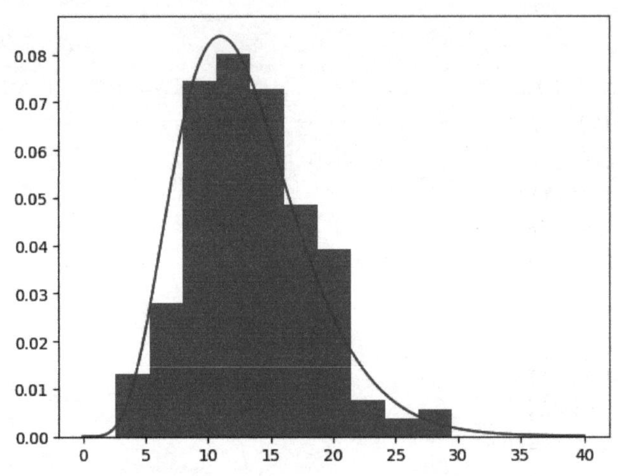

图 2.14　直方图和密度函数图像

5．Python 中的 numpy 库生成服从卡方分布的随机数的代码

使用 Python 中的 numpy 库生成服从卡方分布的随机数的代码：

```
import numpy as np
print(np.random.chisquare(12,50))
```

习题 2.5

编写代码实现下面的习题。

1．生成服从 F 分布的随机数。

设随机变量 X 和 Y 相互独立，$X \sim \chi^2(m)$，$Y \sim \chi^2(n)$，则 $Z = \dfrac{X/m}{Y/n}$ 服从 $F(m,n)$ 分布。可以先生成两个服从卡方分布的随机数 $X \sim \chi^2(m)$，$Y \sim \chi^2(n)$，X 和 Y 相互独立，令 $Z = \dfrac{X/m}{Y/n}$，由此得到服从 F 分布的随机数，试生成服从 F 分布的随机数。

生成服从 F 分布的随机数的 Python 中的 numpy 库代码：

```
numpy.random.f(13,21,10)
```

2．生成服从 t 分布的随机数。

生成服从 t 分布的随机数的 Python 中的 numpy 库代码：

```
numpy.random.standard_t(13,200)
```

3．生成服从对数正态分布的随机数。若 $X \sim N(\mu,\sigma^2)$，则 $Y = \mathrm{e}^X$ 的密度函数为

$$f_Y(y)=\begin{cases}\dfrac{1}{\sqrt{2\pi}y\sigma}\mathrm{e}^{-\frac{(\ln y-\mu)^2}{2\sigma^2}}, & y>0\\ 0, & y\leqslant 0\end{cases}$$

此时 Y 服从对数正态分布，记为 $Y \sim \mathrm{LN}(\mu,\sigma^2)$。

4．生成服从柯西分布的随机数。

随机变量 X 服从柯西分布，密度函数为 $f(x)=\dfrac{1}{\pi(1+x^2)}$，$x\in(-\infty,+\infty)$，其分布函数为 $F(x)=\dfrac{1}{\pi}\arctan x+\dfrac{1}{2}$。用如下两种方法实现服从柯西分布的随机数的生成。

（1）使用逆变换法得到服从柯西分布的随机数。

（2）其他变换。步骤如下：生成 $X_1 \sim N(0,1)$，$X_2 \sim N(0,1)$，且独立；由抽样公式 $X=\dfrac{X_1}{X_2}$ 得到服从柯西分布的随机数。

5．使用逆变换法生成密度函数为 $f(x)=\dfrac{1}{n}x^{\frac{1}{n}-1}$（$0<x<1$）的随机数。

6．使用逆变换法生成密度函数为 $f(x)=2x$（$0\leqslant x\leqslant 1$）的随机数。

7．使用逆变换法生成密度函数为 $f(x)=2(1-x)$（$0\leqslant x\leqslant 1$）的随机数。

8．使用逆变换法生成密度函数为 $f(x)=\dfrac{2}{\pi\sqrt{1-x^2}}$（$0\leqslant x<1$）的随机数。

9．使用逆变换法生成密度函数为 $f(x)=\cos x\left(0\leqslant x\leqslant\dfrac{\pi}{2}\right)$的随机数。

10．使用逆变换法生成密度函数为 $f(x)=\begin{cases}2x/m, & 0<x\leqslant m\\ 2(1-x)/(1-m), & m<x<1\end{cases}$ 的随机数，m=0.6。

11．使用舍选抽样法生成密度函数为 $f(x)=20x(1-x)^3$（$0<x<1$）的随机数。

12．使用舍选抽样法生成密度函数为 $f(x)=\dfrac{1}{\Gamma\left(\dfrac{3}{2}\right)}x^{\frac{1}{2}}\mathrm{e}^{-x}$（$x>0$）的随机数。

13．使用舍选抽样法生成密度函数为 $f(x)=\dfrac{1}{6}x\mathrm{e}^{-x}\mathrm{e}^{5}$（$x>5$）的随机数。

14．已知随机变量 Z 的密度函数为 $p(z)=0.5+z$（$0\leqslant z\leqslant 1$），使用复合抽样法生成服从该密度函数的随机数。

15．已知随机变量 Z 的密度函数为 $p(z)=\dfrac{1}{2}\mathrm{e}^{-|z|}$（$z\in\mathbf{R}$），使用复合抽样法生成服从该密度函数的随机数。

2.5 节代码

16．已知随机变量 Z 服从标准正态分布，使用舍选抽样法生成服从该密度函数的随机数。

扩展阅读：随机数在密码学中的应用

在对称密钥加密算法中，动态随机密钥有着重要应用。通信双方在每次传递信息前先约

定一个密钥，然后用该密钥进行信息加密等。

对于对称密钥加密算法来说，密钥的安全至关重要，一旦加密和解密的密钥被破解，那么整个密码系统就被攻破了，原因是算法是公开的，代码通过网络也可以得到，所以现代加密算法的安全性在于密钥的隐藏。动态随机密钥指的是每次通信时双方使用的密钥都是变化的。对于动态随机密钥，第三方只能破解历史密钥中的一条，无法攻破整个系统，因此动态随机密钥提高了破译的成本，降低了安全风险。同时，动态随机密钥可以有效防止线路重放攻击，因为密钥每次都是变化的，所以同样的密文无法还原相同的明文，反之亦然。

如果密钥具有规律性，那么只要破解一条密钥，就可以经过统计分析或其他方法得到其他密钥，因此必须保证密钥的生成具有随机性，只有这样才能做到真正安全。可以采用带有真随机数发生器的安全芯片来生成随机数，将这些随机数作为密钥，或者将这些随机数作为生成密钥的种子。

第3章 随机模拟

3.1 使用随机模拟法求积分

18世纪法国科学家蒲丰（Buffon）提出了投针实验，并利用投针实验求出了圆周率的近似值，这是随机模拟方法的雏形。美国在第二次世界大战时提出了研制原子弹的“曼哈顿计划”，其成员S. M. 乌拉姆和J. 冯·诺伊曼首先提出类似于蒲丰投针实验的用通过概率实验求得的概率来估计一个常量的方法，该方法被称为蒙特卡罗方法（Monte Carlo Method）。他们采用该方法模拟裂变物质的中子反应，这是随机模拟方法的起源。蒙特卡罗方法是在第二次世界大战期间随着计算机的诞生而兴起和发展起来的。这种方法在应用物理、核能、固体物理、化学、生态学、社会学及经济行为等领域中得到广泛利用；可以用来计算积分、数学期望等。

3.1.1 使用蒲丰投针方法计算圆周率

几何概型中有一个非常著名的例子就是蒲丰投针问题。1777年，法国科学家蒲丰提出了投针问题。投针问题的解决方法是一个颇为奇妙的方法，它通过设计一个随机实验，来使一个事件的概率与某个常数相关，并通过重复实验，来用频率估计概率，即可求得未知常数的近似解。实验的次数越多，求得的近似解就越精确。

下面利用蒲丰投针方法计算圆周率π的值。

在一个平面上，画无数条平行线，两条相邻平行线的距离为d，把一个长为l（$l<d$）的针扔在有平行线的平面上，通过观察与平行线相交的针出现的频率，模拟计算圆周率的数值，具体操作如下。

将针的中点与最近一根平行线的距离记为x，针与平行线的夹角记为ϕ，显然$0\leqslant\phi\leqslant\frac{\pi}{2}$，针与平行线相交的充要条件是$x\leqslant\frac{l}{2}\sin\phi$。因此$x$轴、正弦曲线、$x=\frac{\pi}{2}$围成的图形与矩形面积的比可作为针与平行线相交的概率，经计算得$P=\frac{\int_0^{\frac{\pi}{2}}\frac{l}{2}\sin\phi\mathrm{d}\phi}{\frac{d}{2}\cdot\frac{\pi}{2}}=\frac{2l}{d\pi}$，所以$\pi=\frac{2l}{dP}$。

如果l和d已知，那么代入圆周率值可求得概率P。反之，可求得圆周率π。在实验过程中，若投掷针的次数为N，针与平行线相交n次，则$P=\frac{n}{N}$。根据大数定律可知，当实验次数很大时，平行线与针相交的概率可以近似用与平行线相交的针的频率表示，由此可以得到计算圆周率的近似值的公式为$\hat{\pi}=\frac{2l}{dP}$，且当$N\to\infty$时，$\hat{\pi}$收敛于π。

实验步骤如下。

令针的中点到平行线的距离 x 在区间[0,d/2]服从上均匀分布。若 $x\leqslant\frac{l}{2}\sin\phi$，则说明针与平行线相交。计算与平行线相交的针的个数，从而计算频率，用其近似代替概率。编写代码得到圆周率的值如表 3.1 所示。

表 3.1 圆周率的值

实验次数 n	10000	50000	100000	200000
$P(A)$	0.5279	0.5291	0.5278	0.5278
π 的估计值	3.1571	3.1375	3.1454	3.1454

代码 3.1 请扫描本节后面的二维码查看。

利用蒙特卡罗方法可以容易地解决一些统计学问题。但是在求积分的和、复杂的连续积分，或者问题的维度较高时，得到的是相应的非常复杂的概率分布的样本集。基于此，引入新的模拟统计方法。

3.1.2 随机投点法

1. 使用随机投点法计算圆周率

假设有一个中心在原点，边长为 2 的正方形，画出其内切圆，内切圆的半径为 1，圆心在原点。向正方形中随机地投点，观察点落入圆内的频率，从而计算圆周率。

在使用随机投点法计算圆周率时，统计落在圆内的点和落在正方形内的点的个数，两者的商为点落在圆内的频率。之后利用几何概型计算点落在圆内的概率。将该实验大量重复进行，根据大数定律可知，得到的频率值近似等于概率。根据几何概型有 $P=\frac{S_{圆}}{S_{正方形}}=\frac{\pi}{4}$，所以 $\pi=4P$，从而算出圆周率的近似值。

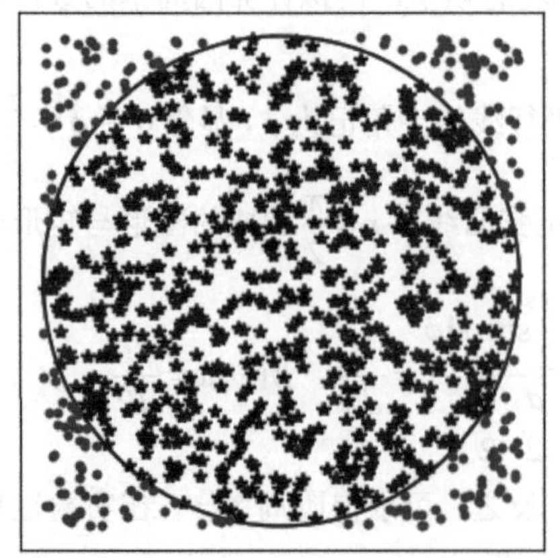

图 3.1 随机投点法计算圆周率代码输出图像

实验步骤如下。

（1）生成两个系列的区间为[-1,1]的随机数。

（2）如果点在圆内，就把点标为蓝色，否则把点标为绿色（本书黑白印刷，无法区分颜色，请读者上机运行代码，观察结果）。

（3）统计蓝色点的个数，计算频率，从而计算圆周率的近似值。

代码 3.2 请扫描本节后面的二维码查看。

输出结果为 3.14，输出图像如图 3.1 所示。

2. 使用随机投点法计算积分

1）先求 $I=\int_0^1 f(x)\mathrm{d}x$

设 $0\leqslant f(x)\leqslant 1$，求 $f(x)$ 在区间[0,1]上的积分。设二维随机变量 (X,Y) 服从正方形 $0\leqslant x\leqslant 1$，$0\leqslant y\leqslant 1$ 上的均匀分布，可得 X 和 Y 在区间[0,1]上服从均匀分布，且 X 和 Y 相互独立，$D=\{0\leqslant X\leqslant 1, Y\leqslant f(X)\}$ 表示的是正方形内的曲边梯形区域，事件 A 表示点落在区域 D 内，则事件 A 的概率为

$$p = p(0 \leqslant X \leqslant 1, Y \leqslant f(X)) = \int_0^1 \int_0^{f(x)} \mathrm{d}y\mathrm{d}x = \int_0^1 f(x)\mathrm{d}x \tag{3-1}$$

可以看出积分的值就是事件 A 发生的概率 p（见图 3.2）。由大数定律可得，$P\left(\left|\frac{n}{N} - p\right| < \varepsilon\right)$（$N \to \infty$），其中 n 表示点落在区域 D 内的次数；N 表示总的投点次数。当总的投点次数足够大时，可以把事件 A 发生的频率作为概率 p 的估计值，这种求积分的方法就是随机投点法。

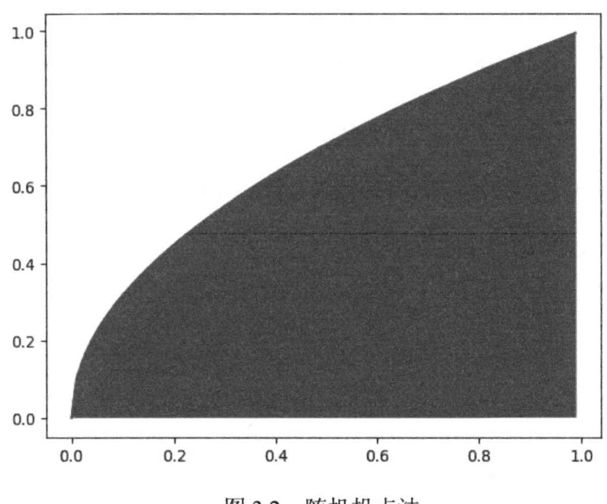

图 3.2　随机投点法

代码 3.3 请扫描本节后面的二维码查看。

算法如下。

（1）取两个服从 $U(0,1)$分布的随机数 X 和 Y，且 X 和 Y 独立。

（2）令计数变量 s=0，若 $Y \leqslant f(X)$，则计数 s 加 1，把所有满足条件的点的个数累加就是落入区域 D 内的点的个数 n。n 除以总的投点个数 N 得到的就是概率近似值 $\hat{p}=n/N$。将 $\hat{p}$ 作为积分的近似值。

若 $f(x)$ 在区间$[0,1]$上有界，设 $c \leqslant f(x) \leqslant d$。此时可取正方形区域为$\{0 \leqslant x \leqslant 1, c \leqslant y \leqslant d\}$，区域 D 为$\{0 \leqslant X \leqslant 1, c \leqslant Y \leqslant f(X)\}$，算法可改为如下形式。

（1）取服从 $U(0,1)$分布的随机数 X 和服从 $U(c,d)$分布的随机数 Y，且 X 和 Y 独立。

（2）令计数变量 s=0，若 $Y \leqslant f(X)$，则计数 s 加 1，把所有满足条件的点的个数累加就是落入区域 D 内的点的个数 n。n 除以总的投点个数 N，得到的就是概率近似值 $\hat{p}$。将 $p(d-c)+c$ 作为积分的近似值。

2）再求 $I = \int_a^b f(x)\mathrm{d}x$

若 $f(x)$ 在区间$[a,b]$上有界，设为 $c \leqslant f(x) \leqslant d$。此时可取正方形区域为$\{a \leqslant x \leqslant b, c \leqslant y \leqslant d\}$，区域 D 为$\{a \leqslant X \leqslant b, c \leqslant Y \leqslant f(X)\}$，算法可改为如下形式。

（1）取服从 $U(a,b)$分布的随机数 X 和服从 $U(c,d)$分布的随机数 Y，且 X 和 Y 独立。

（2）令计数变量 s=0，若 $Y \leqslant f(X)$，则计数 s 加 1，把所有满足条件的点的个数累加就是落入区域 D 内的点的个数 n。n 除以总的投点个数 N，得到的就是概率近似值 $\hat{p}$。用 $\hat{p}(d-c)(b-a)+c(b-a)$ 作为积分的近似值。

设随机变量 X 表示点是否落入区域 D，即 X 服从 0-1 分布，其中 p 为点落入区域 D 内的概率。因此 $E(X)=p, D(X)=p(1-p)$，使用频率——样本均值 $\hat{p}$，作为积分的近似值，而 $E(\hat{p})=p$，$D(\hat{p})=p(1-p)/N$。因为概率 p 为

$$p=\frac{I-(b-a)c}{(b-a)(d-c)}$$

积分的近似值为 $\hat{I}_1=\hat{p}(d-c)(b-a)+c(b-a)$，所以期望和方差为

$$E(\hat{I}_1)=E(\hat{p})(b-a)(d-c)+(b-a)c=(b-a)(d-c)p+(b-a)c=I \tag{3-2}$$

$$D(\hat{I}_1)=D(\hat{p})(b-a)^2(d-c)^2=\frac{(b-a)^2(d-c)^2p(1-p)}{N} \tag{3-3}$$

对于 $I=\int_a^b f(x)\mathrm{d}x$，也可以令 $x=(b-a)y+a$，则有

$$I=\int_a^b f(x)\mathrm{d}x=\int_0^1 f(a+(b-a)y)(b-a)\mathrm{d}y=(b-a)\int_0^1 f(a+(b-a)y)\mathrm{d}y$$

使用区间[0,1]上的随机投点法进行计算即可。

例 3.1　使用随机投点法计算 $I=\int_0^1 x^2\mathrm{d}x$，并求估计的渐近方差。

解：

$$I=\int_0^1 x^2\mathrm{d}x=\frac{1}{3}$$

设 X 在区间[0,1]上服从均匀分布，密度函数为 $f_X(x)=1$，$0\leqslant x\leqslant 1$。$y=f(x)=x^2$ 在区间[0,1]上有界，$0\leqslant f(x)\leqslant 1$，则正方形区域为 $\{0\leqslant x\leqslant 1, 0\leqslant y\leqslant 1\}$，区域 D 为 $\{0\leqslant X\leqslant 1, Y\leqslant f(X)\}$。

算法如下。

（1）取在区间[0,1]上服从均匀分布的随机数 X 和 Y，且独立。

（2）若 $Y\leqslant X^2$，则计数 s 加 1，最后得到频数 n。

（3）将以上两步重复 N 次，把 n/N 作为积分的近似值。

代码 3.4 请扫描本节后面的二维码查看。

代码连续运行三次的输出结果：

```
0.3324, 0.331, 0.33
```

输出图像如图 3.3 所示。

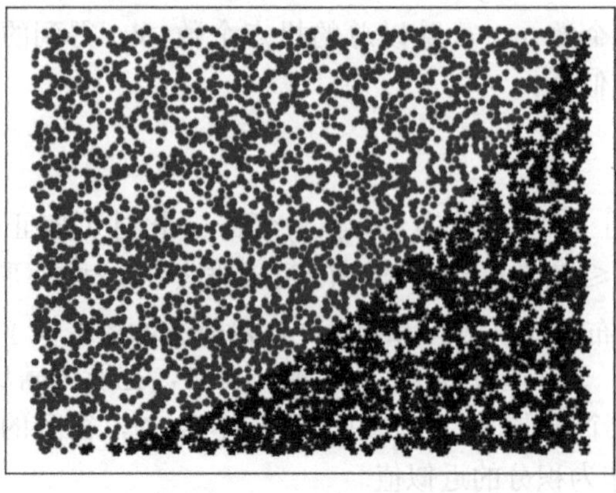

图 3.3　代码 3.4 输出图像

由几何概率可知，$p=\frac{I}{1}=\frac{1}{3}$。积分的近似值为$\hat{I}_1=\hat{p}=\frac{n}{N}$，下面求$\hat{I}_1$的期望和方差：

$$E(\hat{I}_1)=E(\hat{p})=p\text{，}\quad D(\hat{I}_1)=D(\hat{p})=\frac{p(1-p)}{N}=\frac{2}{9N} \tag{3-4}$$

例 3.2　计算$I=\int_0^2 \mathrm{e}^x\mathrm{d}x$，并求渐近方差。

解：

$$I=\int_0^2 \mathrm{e}^x\mathrm{d}x=\mathrm{e}^2-1=6.389$$

设X在区间[0,2]上服从均匀分布，密度函数为$f_X(x)=1/2$，$0\leqslant x\leqslant 2$，$f(x)=\mathrm{e}^x$在区间[0,2]上有界，$1\leqslant \mathrm{e}^x\leqslant \mathrm{e}^2$，则正方形区域为$\{0\leqslant x\leqslant 2,1\leqslant y\leqslant \mathrm{e}^2\}$，区域$D$为$D=\{0\leqslant x\leqslant 2,1\leqslant y\leqslant f(x)\}$。

算法如下。

（1）分别取在区间[0，2]和[1,e^2]上的均匀分布的随机数X，Y，且独立。

（2）若$Y\leqslant e^X$，则计数s加 1，最后得到频数n。

（3）将以上两步重复N次，把n/N作为积分的近似值。

代码 3.5 请扫描本节后面的二维码查看。

输出结果：

```
模拟值= 6.395670596064287 精确值= 6.3890560989306
模拟值= 6.379059050207068 精确值= 6.38905609893065
```

输出图像如图 3.4 所示。

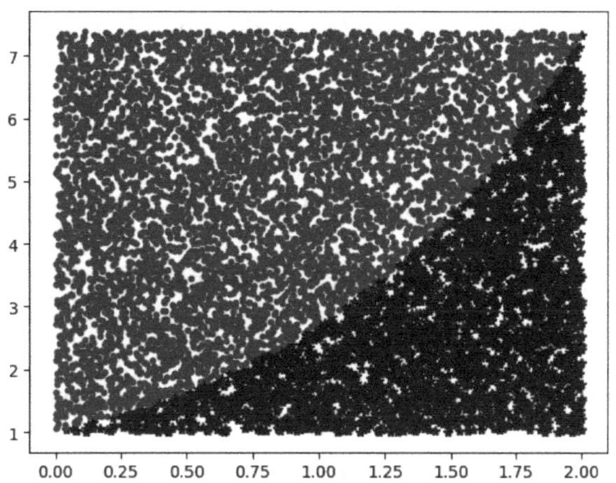

图 3.4　代码 3.5 输出图像

由几何概率知，$p=\frac{I-2}{2(e^2-1)}=\frac{e^2-3}{2(e^2-1)}$。积分的近似值为$\hat{I}_1=2(e^2-1)\hat{p}+2$，下面求$\hat{I}_1$的期望和方差。

$$E(\hat{I}_1)=E(2(e^2-1)\hat{p}+2)=e^2-1=I \tag{3-5}$$

$$D(\hat{I}_1)=D(2(e^2-1)\hat{p}+2)=4(e^2-1)^2\frac{p(1-p)}{N}=\frac{(e^2+1)(e^2-3)}{N} \tag{3-6}$$

3.1.3 使用平均值法求积分

对于 $I=\int_0^1 f(x)\mathrm{d}x$，设 $0\leqslant f(x)\leqslant 1$，求 $f(x)$ 在区间[0,1]上的积分值。取 X 服从 U（0,1）分布，则 $E(f(X))=\int_0^1 f(x)\mathrm{d}x=I$。取服从均匀分布 U（0,1）的 n 个随机数 $x_1,x_2,\cdots,x_n$，由大数定律可知，$\hat{E}\left(f(x)\right)=\frac{1}{n}\sum_{i=1}^{n}f(x_i)$，因此 $\hat{I}_2=\hat{E}\left(f(x)\right)=\frac{1}{n}\sum_{i=1}^{n}f(x_i)$，即在区间[0,1]上取 n 个 x_i，求 $f(x_i)$ 的平均值。

再求积分 I 的近似值 $\hat{I}_2$ 的期望和方差：

$$E(\hat{I}_2)=E\left(\frac{1}{n}\sum_{i=1}^{n}f(x_i)\right)=\frac{1}{n}\sum_{i=1}^{n}Ef(x_i)=I \tag{3-7}$$

$$D(f(x))=\int_0^1 f^2(x)\mathrm{d}x-\left(\int_0^1 f(x)\mathrm{d}x\right)^2=\int_0^1 f^2(x)\mathrm{d}x-I^2 \tag{3-8}$$

$$D(\hat{I}_2)=D\left(\frac{1}{n}\sum_{i=1}^{n}f(x_i)\right)=\frac{1}{n^2}\sum_{i=1}^{n}Df(x_i)=\frac{1}{n}\left(\int_0^1 f^2(x)\mathrm{d}x-I^2\right) \tag{3-9}$$

比较使用随机投点法和使用平均值法估计积分的近似值的方差大小：

$$D(\hat{I}_2)-D(\hat{I}_1)=\frac{1}{n}\left(\int_0^1 f^2(u)\mathrm{d}u-I^2\right)-\frac{I(1-I)}{n}=\frac{1}{n}\left(\int_0^1 f^2(u)\mathrm{d}u-I\right)\leqslant 0 \tag{3-10}$$

因此使用平均值法估计积分的近似值的方差要小于随机投点法，出现此情况的原因是 $0\leqslant f(x)\leqslant 1$。

对于 $I=\int_a^b f(x)\mathrm{d}x$，取 X 服从 $U(a,b)$分布，则 $E(f(x))=\int_a^b f(x)\frac{1}{b-a}\mathrm{d}x=\frac{I}{b-a}$。由大数定律可知，$\hat{E}\left(f(x)\right)=\frac{1}{n}\sum_{i=1}^{n}f(x_i)$，因此有

$$\hat{I}_2=(b-a)E\left(f(x)\right)=\frac{b-a}{n}\sum_{i=1}^{n}f(x_i) \tag{3-11}$$

$$E(\hat{I}_2)=E\left(\frac{b-a}{n}\sum_{i=1}^{n}f(x_i)\right)=\frac{b-a}{n}\sum_{i=1}^{n}Ef(x_i)=I \tag{3-12}$$

$$D(f(x))=\int_a^b f^2(x)\frac{1}{b-a}dx-\left(\int_a^b f(x)\frac{1}{b-a}dx\right)^2=\frac{1}{b-a}\int_a^b f^2(x)dx-\frac{1}{(b-a)^2}I^2 \tag{3-13}$$

$$D(\hat{I}_2)=D\left(\frac{b-a}{n}\sum_{i=1}^{n}f(x_i)\right)=\left(\frac{b-a}{n}\right)^2\sum_{i=1}^{n}Df(x_i)=\frac{(b-a)^2}{n}D(f(x)) \tag{3-14}$$

例 3.3 计算 $I=\int_0^1 x^2\mathrm{d}x$，并求估计的渐近方差。

解：设 X 在区间[0,1]上服从均匀分布，密度函数为 $f_X(x)=1$，$0<x<1$，则此时 $I=\int_0^1 x^2\cdot 1\mathrm{d}x=E(X^2)=\frac{1}{3}$，所以 $\hat{I}_2=\frac{1}{n}\sum_{i=1}^{n}x_i^2$。

算法如下。

（1）使用 random.random()取在区间[0,1]上服从均匀分布的 n 个随机数 $X_1,X_2,\cdots,X_n$。

（2）计算 $Y_i = X_i^2$，求 Y_i 的平均值。

（3）Y_i 的平均值乘以 $(b-a)$ 为积分的值。

代码 3.6 请扫描本节后面的二维码查看。

输出结果：

```
0.3342434021658199
```

积分的近似值为 $\hat{I}_2 = \frac{1}{n}\sum_{i=1}^{n} f(x_i) = \frac{1}{n}\sum_{i=1}^{n} x_i^2$，$E(\hat{I}_2) = E\left(\frac{1}{n}\sum_{i=1}^{n} x_i^2\right) = E(X^2) = I$，$D(\hat{I}_2) = D\left(\frac{1}{n}\sum_{i=1}^{n} x_i^2\right) = \frac{1}{n}D(X^2) = \frac{4}{45n}$。

例 3.4　计算 $\int_2^3 x^2 + 4x\sin x\mathrm{d}x$。

解：计算上式的精确值：

$$\int_2^3 x^2 + 4x\sin x\mathrm{d}x = \left(\frac{1}{3}x^3 - 4x\cos x + 4\sin x\right)\Bigg|_2^3 = 11.811358925098283$$

算法如下。

（1）a=2，b=3，使用 random.uniform()取在区间[2,3]上服从均匀分布的 n 个随机数 $X_1, X_2, \cdots, X_n$。

（2）计算 $Y_i = X_i^2 + 4X_i \sin X_i$，求 Y_i 的平均值。

（3）Y_i 的平均值乘以 $(b-a)$ 为积分的值。

代码 3.7 请扫描本节后面的二维码查看。

代码连续运行三次的结果：

```
模拟值= 11.810031148656805 精确值= 11.811358925098283
模拟值= 11.811385566268884 精确值= 11.811358925098283
模拟值= 11.81918006923779 精确值= 11.811358925098283
```

由输出结果可知，模拟值和精确值近似相等。

若积分区间为无界区间，则应先把其化为有界区间，再求积分。

例 3.5　计算 $\Phi(x) = \int_{-\infty}^{x} \frac{1}{\sqrt{2\pi}} \mathrm{e}^{-\frac{t^2}{2}} \mathrm{d}t$。

解：当 x<0 时，$\Phi(x) = 1 - \Phi(-x)$；因此只需要求 $x \geqslant 0$ 即可。

先把无界区间化为有界区间：

$$\Phi(x) = \int_{-\infty}^{x} \frac{1}{\sqrt{2\pi}} \mathrm{e}^{-\frac{t^2}{2}} \mathrm{d}t = 0.5 + \int_0^x \frac{1}{\sqrt{2\pi}} \mathrm{e}^{-\frac{t^2}{2}} \mathrm{d}t \overset{y=t/x}{=} 0.5 + \int_0^1 \frac{1}{\sqrt{2\pi}} \mathrm{e}^{-\frac{x^2y^2}{2}} x\mathrm{d}y \tag{3-15}$$

算法如下。

（1）取 a=0，b=1 作为积分区间，使用 random. random()取在区间[0,1]上服从均匀分布的 n 个随机数 $X_1, X_2, \cdots, X_n$。

（2）定义函数，计算 $Y = \frac{1}{\sqrt{2\pi}} x\mathrm{e}^{-\frac{x^2y^2}{2}}$ 从 0 到 1 的积分值。可以先计算 Y 的平均值，再用 Y 的平均值乘以积分区间长度。

（3）当 $x \geqslant 0$ 时，计算结果为 $\Phi(x)=0.5+\int_0^1 \frac{1}{\sqrt{2\pi}} \mathrm{e}^{-\frac{x^2y^2}{2}} x\mathrm{d}x$，因此算出的积分值加 0.5 就是 $\Phi(x)$ 的值；当 $x<0$ 时，$\Phi(x)=0.5-\int_0^1 \frac{1}{\sqrt{2\pi}} \mathrm{e}^{-\frac{x^2y^2}{2}} x\mathrm{d}x$。

代码 3.8：

```
import numpy as np
pi=3.1415926
a = 0
b = 1
h=[]
def func(x):
    if x<0:
        t=-x
    else:
        t=x
    #定义函数 f(t,y)
    def f(t,y):
        c=1/(np.sqrt(2*pi))
        s=c*t*np.exp(-(t*y)**2/2)
        return s
    #进行 n 次实验
    for i in range(n):
        #取在区间[a,b]上服从均匀分布的 n 个随机数
        u=np.random.random()
        s=f(t,u)
        h.append(s)
    # 矩形法计算积分：面积=宽度×平均高度，计算近似值
    M= (b-a) * np.sum(h)/ n
    return M
n=10000
x=1
if x<0:
    s=0.5-func(x)
else:
   s=func(x)+0.5
print("模拟值=",s)
```

输出结果：

```
取 x=1，模拟值= 0.8415222374523441
取 x=-1，模拟值= 0.15909895969701981
```

除此之外还有一种方法，具体如下。

直接生成服从标准正态分布的随机数 Y，若 $Y<x$，则计数加 1；计算平均值，得到积分的模拟值。

代码 3.9：

```
import numpy as np
n=50000
x=1.96
h=[]
t=0
for i in range(n):
    y=np.random.normal(0,1)
    if y<=x:
        t=1
        h.append(t)
M= np.sum(h)/ n
print("模拟值=",M)
```

输出结果：

```
模拟值= 0.9757
```

3.1.4　使用重要抽样法求积分

在某些抽样点处，被积函数 $f(x)$ 的值很小，则对积分的贡献很小，这会导致抽样效率降低，为了使抽样效率更高，可以在被积函数 $f(x)$ 的值大的地方多选点，在被积函数 $f(x)$ 值小的地方少选点，基于此选取函数 $g(x)$，使其形状尽可能与被积函数 $f(x)$ 相似。这就是重要抽样方法的思想。

另外在求积分的过程中如果被积函数的原函数不好求，那么求积分问题将是一个非常麻烦的问题，此时可以将求积分问题转化为求随机变量函数的期望问题。若待求积分为 $I=\int_a^b f(x)\mathrm{d}x$，当被积函数的原函数很难求时，可设随机变量 X 的密度函数为 $g(x)$，将积分转化为 $I=\int_a^b f(x)\mathrm{d}x=\int_a^b \frac{f(x)}{g(x)}g(x)\mathrm{d}x=E\left(\frac{f(x)}{g(x)}\right)$，即转化为求 $\frac{f(x)}{g(x)}$ 的期望。令 $h(x)=\frac{f(x)}{g(x)}$，取 n 个服从均匀分布 $U(0,1)$的随机数 $x_1,x_2,\cdots,x_n$，有 $\hat{E}\left(\frac{f(x)}{g(x)}\right)=\frac{1}{n}\sum_{i=1}^{n}\frac{f(x_i)}{g(x_i)}$。用期望的估计值来代替期望，可求得复杂积分在某个区间上的数值，即

$$\hat{I}_3=E\left(\frac{f(x)}{g(x)}\right)=\frac{1}{n}\sum_{i=1}^{n}\frac{f(x_i)}{g(x_i)}=\frac{1}{n}\sum_{i=1}^{n}h(x_i) \tag{3-16}$$

$E\left(\hat{I}_3\right)=E\left(\frac{1}{n}\sum_{i=1}^{n}h(x_i)\right)=\frac{1}{n}\sum_{i=1}^{n}E(h(x_i))=\frac{1}{n}\sum_{i=1}^{n}\int_a^b h(x)g(x)\mathrm{d}x=\frac{1}{n}\sum_{i=1}^{n}\int_a^b f(x)\mathrm{d}x=I$，$\hat{I}_3$ 为 I 的无偏估计。

$$D\left(\hat{I}_3\right)=D\left(\frac{1}{n}\sum_{i=1}^{n}h(x_i)\right)=\frac{1}{n^2}\sum_{i=1}^{n}(E(h^2(x_i)-I^2)=\frac{1}{n}\left(\int_a^b h^2(x)\mathrm{g}(x)\mathrm{d}x-I^2\right) \tag{3-17}$$

若想求随机变量 X 的函数 $h(x)$ 的期望 $E(h(x))$，而 X 的密度函数为 $f(x)$，则 $E(h(x))=$

$\int_a^b h(x)f(x)\mathrm{d}x$，可产生 n 个服从密度函数为 $f(x)$ 的随机数 $x_1,x_2,\cdots,x_n$，使用 $\frac{1}{n}\sum_{i=1}^{n}h(x_i)$ 来估计期望值 $E(h(x))$。若服从密度函数为 $f(x)$ 的随机数 X 不容易求出，则可以选择一个函数 $g(y)$，该函数为某个随机变量 Y 的密度函数，同时要求服从密度函数为 $g(y)$ 的分布的随机数容易求出，而

$$E(h(x))=\int_a^b h(x)f(x)\mathrm{d}x=\int_a^b h(y)\frac{f(y)}{g(y)}g(y)\mathrm{d}y=E\left(h(y)\frac{f(y)}{g(y)}\right)$$

可以使用 $\frac{1}{n}\sum_{i=1}^{n}h(y_i)\frac{f(y_i)}{g(y_i)}$ 作为 $E\big(h(y)\big)$ 的估计值。此时

$$\hat{E}\big(h(x)\big)=\hat{E}\left(h(y)\frac{f(y)}{g(y)}\right)=\frac{1}{n}\sum_{i=1}^{n}h(y_i)\frac{f(y_i)}{g(y_i)}=\frac{1}{n}\sum_{i=1}^{n}h(y_i)w_i$$

式中，$w_i=\frac{f(y_i)}{g(y_i)}$ 称为重要性权重。使用：

$$\hat{I}_3=\frac{1}{n}\sum_{i=1}^{n}h(y_i)\frac{f(y_i)}{g(y_i)}=\frac{1}{n}\sum_{i=1}^{n}h(y_i)w_i \tag{3-18}$$

估计 $E\big(h(y)\big)$。

该方法的目的是使函数在积分区间内的波动起伏变化幅度尽可能小，以有效降低计算误差，提高精度。

若取 $h(x)=I$，则 $f(x)=g(x)I$，此时 $D\big(\hat{I}_3\big)=0$。选取 $g(x)$，使得 $D\big(\hat{I}_3\big)$ 尽可能小，一般取与 $f(x)$ 形状尽可能接近的 $g(x)$，使得 $D\big(\hat{I}_3\big)$ 接近于 0。重要抽样法又称相似密度抽样法，意思是在重要的地方多抽取样本，在不重要的地方少抽取样本。

算法如下。

（1）选取合适的概率密度函数 $g(x)$，并求出 $g(x)$ 的分布函数的反函数。

（2）生成 n 个在区间[0,1]上服从均匀分布的随机数 $U_1,U_2,\cdots,U_n$。

（3）利用逆变换法求出 n 个服从密度函数为 $g(x)$ 的随机数 $x_1,x_2,\cdots,x_n$。

（4）计算 $h(x_i)=\frac{f(x_i)}{g(x_i)}$（$i=1,2,\cdots,n$）的平均值，将该值作为积分的近似值。

例 3.6 求 $\int_0^1\frac{\mathrm{e}^{-x}}{1+x^2}\mathrm{d}x$，并求估计的渐近方差。

解：$f(x)=\frac{\mathrm{e}^{-x}}{1+x^2}$，取 $g(x)=\mathrm{e}^{-x}$，该函数在区间[0,1]上不能作为密度函数。经计算得 $g(x)=\frac{\mathrm{e}^{-x}}{1-\mathrm{e}^{-1}}$。而 $y=F(x)=\int_0^x\frac{\mathrm{e}^{-x}}{1-\mathrm{e}^{-1}}\mathrm{d}x=\frac{1-\mathrm{e}^{-x}}{1-\mathrm{e}^{-1}}$，取 $x=-\ln(1-(1-\mathrm{e}^{-1})y)$ 为抽样公式。此时，$h(x)=\frac{f(x)}{g(x)}=\frac{1-\mathrm{e}^{-1}}{1+x^2}$。

算法如下。

（1）选取密度函数为 $g(x)=\frac{e^{-x}}{1-e^{-1}}$，并求出 $g(x)$ 的分布函数的反函数。

（2）生成 n 个在区间[0,1]上服从均匀分布的随机数 $y_1,y_2,\cdots,y_n$。

（3）利用抽样公式 $x=-\ln(1-(1-\mathrm{e}^{-1})y)$ 求出 n 个密度函数为 $g(x)$ 的随机数 $x_1,x_2,\cdots,x_n$。

（4）计算 $h(x_i)=\dfrac{f(x_i)}{g(x_i)}$（$i=1,2,\cdots,n$）的平均值，将该值作为积分的估计值。

代码 3.10：

```
import numpy as np
N=10000
h=[]
for i in range(N):
    #取在区间[0,1]上服从均匀分布的N个随机数
    u= np.random.random()
    x=-np.log(1-(1-np.exp(-1))*u)
    f=np.exp(-x)/(1+x**2)
    g=np.exp(-x)/(1-np.exp(-1))
    y=f/g
    h.append(y)
M= np.sum(h)/ N
print("模拟值=",M)
s=np.std(h)
print("模拟值的标准差=",s)
```

输出结果：

```
模拟值= 0.5245049286776434
模拟值的标准差= 0.09697630429777167
```

$h(x)=\dfrac{f(x)}{g(x)}=\dfrac{1-\mathrm{e}^{-1}}{1+x^2}$，积分的近似值为 $\hat{I}_3=\dfrac{1}{n}\sum\limits_{i=1}^{n}h(x_i)=\dfrac{1}{n}\sum\limits_{i=1}^{n}\dfrac{1-\mathrm{e}^{-1}}{1+x_i^2}$。

$$\begin{aligned}E(\hat{I}_3)&=E\left(\frac{1}{n}\sum_{i=1}^{n}\frac{1-\mathrm{e}^{-1}}{1+x_i^2}\right)=(1-\mathrm{e}^{-1})E\left(\frac{1}{1+X^2}\right)\\&=(1-\mathrm{e}^{-1})\int_0^1\frac{1}{1+x^2}\frac{\mathrm{e}^{-x}}{1-\mathrm{e}^{-1}}\mathrm{d}x=I\end{aligned} \tag{3-19}$$

$$D(\hat{I}_3)=D\left(\frac{1}{n}\sum_{i=1}^{n}\frac{1-\mathrm{e}^{-1}}{1+x_i^2}\right)=\frac{0.009379}{n} \tag{3-20}$$

另外取 $g_1(x)=\dfrac{1}{1+x^2}$，但是该函数在区间[0,1]上不能作为密度函数。经过计算得 $g_1(x)=\dfrac{4}{\pi}\dfrac{1}{1+x^2}$。而 $y=F(x)=\int_0^x\dfrac{4}{\pi}\dfrac{1}{1+x^2}\mathrm{d}x=\dfrac{4}{\pi}\arctan x$，求反函数得到抽样公式为 $x=\tan\dfrac{\pi}{4}y$，此时 $h(x)=\dfrac{f(x)}{g(x)}=\dfrac{\pi}{4}\mathrm{e}^{-x}$。

算法如下。

（1）选取密度函数为 $g(x)=\dfrac{4}{\pi}\dfrac{1}{1+x^2}$，并求出 $g(x)$ 的分布函数的反函数。

（2）生成 n 个在区间[0,1]上服从均匀分布的随机数 $y_1,y_2,\cdots,y_n$。

（3）利用抽样公式 $x=\tan\dfrac{\pi}{4}y$ 求出 n 个密度函数为 $g(x)$ 的随机数 $x_1,x_2,\cdots,x_n$。

（4）计算 $h(x_i)=\dfrac{f(x_i)}{g_1(x_i)}$（$i=1,2,\cdots,n$）的平均值，将该值作为积分的估计值。

代码 3.11：

```
import numpy as np
n=10000
pi=3.1415926
h=[]
for i in range(n):
    #取 n 个在区间[0,1]上服从均匀分布的随机数
    u= np.random.random()
    x=np.tan(pi*u/4)
    f=np.exp(-x)/(1+x**2)
    g=4/(pi*(1+x**2))
    y=f/g
    h.append(y)
M= np.sum(h)/ n
print("模拟值=",M)
S=np.std(n)
print("模拟值的标准差=",S)
```

输出结果：

```
模拟值= 0.5238671755923365
模拟值的标准差= 0.14177419158062746
```

代码 3.12 请扫描本节后面的二维码查看。

画出 $g_1(x)=\dfrac{4}{\pi}\dfrac{1}{1+x^2}$（中间红色的曲线）和 $g(x)=\dfrac{e^{-x}}{1-e^{-1}}$ 的图像（最上面蓝色的曲线）和 $f(x)=\dfrac{e^{-x}}{1+x^2}$ 的图像（最下面绿色的曲线）做对比（由于本书为黑白印刷，无法区分颜色，请读者自行上机运行程序，并观察结果），如图 3.5 所示。可以看出 $g(x)$ 和 $f(x)$ 比较接近。

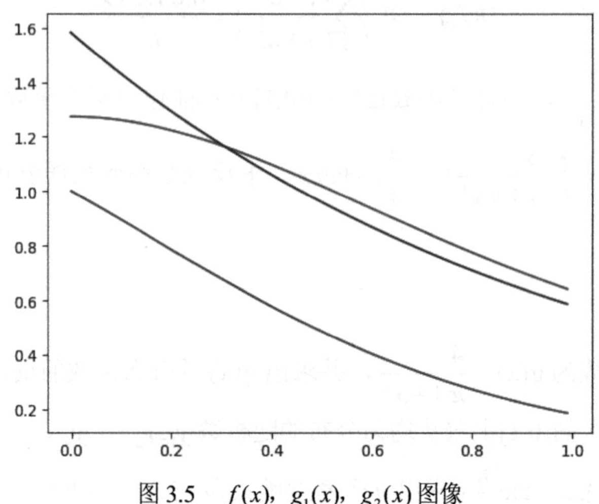

图 3.5 $f(x)$，$g_1(x)$，$g_2(x)$ 图像

例 3.6 用了两种 $g(x)$求积分值，发现不同的 $g(x)$对应的积分值有差距，应选择适当的 $g(x)$。在选取 $g(x)$ 时应注意 $g(x)$的图像应与 $f(x)$的图像形状接近。

3.1.5　使用分层抽样法求积分

重要抽样法是选取与 $f(x)$图像形状接近的 $g(x)$，若在选取 $g(x)$时，不好选取，且使用平均值法 $f(x)$的图像波动幅度很大，则可以采用如下方法：先将积分区间分解，再在子区间上分别计算积分（要求分解后的 $f(x)$在该子区间上的变化不大）。在子区间上计算积分时，可以使用平均值法和重要抽样法。

例 3.7　求 $\int_0^1 \mathrm{e}^x \mathrm{d}x$，并计算估计的渐近方差。

解：画出 e^x 在区间[0,1]上的图像，如图 3.6 所示。

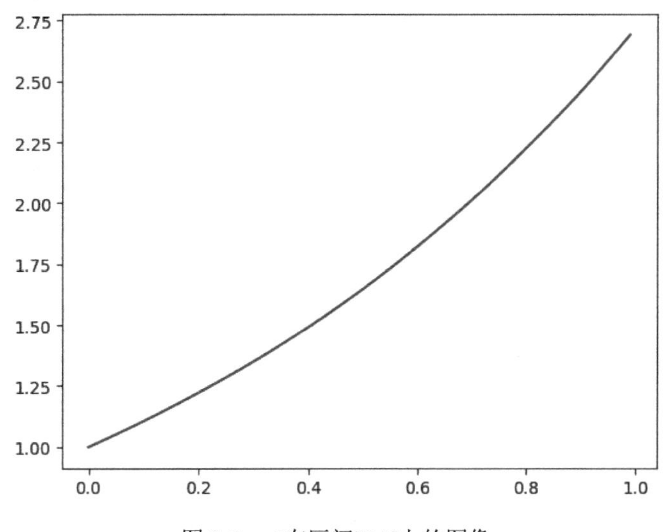

图 3.6　e^x 在区间[0,1]上的图像

e^x 是单调递增的函数，x 越接近于 1，函数的取值越大；x 越接近于 0，函数的取值越小。可以适当地考虑取点个数，少在 0 附近取点，多在 1 附近取点。因此我们可以把区间[0,1]分成四个区间，(0,1/4]，(1/4,1/2]，(1/2,3/4]，(3/4,1]。若一共取 20 个点，则分别在这些区间上取 2，4，6，8 个点，按照这个比例分配权重。在四个区间上分别取 2，4，6，8 个服从各自区间上的均匀分布的随机数 X_1，X_2，X_3，X_4。计算积分和期望如下：

$$I=\int_0^1 \mathrm{e}^x \mathrm{d}x=\int_0^{1/4} \mathrm{e}^x \mathrm{d}x+\int_{1/4}^{1/2} \mathrm{e}^x \mathrm{d}x+\int_{1/2}^{3/4} \mathrm{e}^x \mathrm{d}x+\int_{3/4}^{1} \mathrm{e}^x \mathrm{d}x=I_1+I_2+I_3+I_4 \tag{3-21}$$

$$I_1=\int_0^{1/4} \mathrm{e}^x \mathrm{d}x=\left(\frac{1}{4}-0\right)\frac{1}{n_1}\sum_{i=1}^{n_1}\mathrm{e}^{x_i}=\frac{1}{4}\times\frac{1}{2}\times\sum_{i=1}^{2}\mathrm{e}^{x_i}=\frac{1}{8}\sum_{i=1}^{2}\mathrm{e}^{x_i}$$

$$I_2=\int_{1/4}^{1/2} \mathrm{e}^x \mathrm{d}x=\left(\frac{1}{2}-\frac{1}{4}\right)\frac{1}{n_2}\sum_{i=1}^{n_2}\mathrm{e}^{x_i}=\frac{1}{4}\times\frac{1}{4}\times\sum_{i=1}^{4}\mathrm{e}^{x_i}=\frac{1}{16}\sum_{i=1}^{4}\mathrm{e}^{x_i}$$

$$I_3=\int_{1/2}^{3/4} \mathrm{e}^x \mathrm{d}x=\left(\frac{3}{4}-\frac{1}{2}\right)\frac{1}{n_3}\sum_{i=1}^{n_3}\mathrm{e}^{x_i}=\frac{1}{4}\times\frac{1}{6}\times\sum_{i=1}^{6}\mathrm{e}^{x_i}=\frac{1}{24}\sum_{i=1}^{6}\mathrm{e}^{x_i}$$

$$I_4=\int_{3/4}^{1} \mathrm{e}^x \mathrm{d}x=\left(1-\frac{3}{4}\right)\frac{1}{n_4}\sum_{i=1}^{n_4}\mathrm{e}^{x_i}=\frac{1}{4}\times\frac{1}{8}\times\sum_{i=1}^{8}\mathrm{e}^{x_i}=\frac{1}{32}\sum_{i=1}^{8}\mathrm{e}^{x_i}$$

$$E(I)=E(I_1)+E(I_2)+E(I_3)+E(I_4)=I$$

$$D(\hat{I})=D(\hat{I}_1)+D(\hat{I}_2)+D(\hat{I}_3)+D(\hat{I}_4)$$

$$D(\hat{I}_1)=D\left(\frac{1}{8}\sum_{i=1}^{2}\mathrm{e}^{x_i}\right)=\frac{1}{32}D(\mathrm{e}^{X_1})=\frac{1}{32}\left(\int_0^{1/4}4\mathrm{e}^{2x}\mathrm{d}x-\left(\int_0^{1/4}4\mathrm{e}^{x}\mathrm{d}x\right)^2\right)$$

$$=\frac{1}{32}(2(\mathrm{e}^{1/2}-1)-16(\mathrm{e}^{1/4}-1)^2)=0.0002099$$

$$D(\hat{I}_2)=D\left(\frac{1}{16}\sum_{i=1}^{4}\mathrm{e}^{x_i}\right)=\frac{1}{64}D(\mathrm{e}^{X_2})=\frac{1}{64}\left(\int_{1/4}^{1/2}4\mathrm{e}^{2x}\mathrm{d}x-\left(\int_{1/4}^{1/2}4\mathrm{e}^{x}\mathrm{d}x\right)^2\right)$$

$$=\frac{1}{64}(2(\mathrm{e}-\mathrm{e}^{1/2})-16(\mathrm{e}^{1/2}-\mathrm{e}^{1/4})^2)=0.0001730$$

$$D(\hat{I}_3)=D\left(\frac{1}{24}\sum_{i=1}^{6}\mathrm{e}^{x_i}\right)=\frac{6}{24\times 24}D(\mathrm{e}^{X_3})=\frac{1}{96}\left(\int_{1/2}^{3/4}4\mathrm{e}^{2x}\mathrm{d}x-\left(\int_{1/2}^{3/4}4\mathrm{e}^{x}\mathrm{d}x\right)^2\right)$$

$$=\frac{1}{96}(2(\mathrm{e}^{3/2}-\mathrm{e})-16(\mathrm{e}^{3/4}-\mathrm{e}^{1/2})^2)=0.0001902$$

$$D(\hat{I}_4)=D\left(\frac{1}{32}\sum_{i=1}^{8}\mathrm{e}^{x_i}\right)=\frac{8}{32\times 32}D(\mathrm{e}^{X_4})=\frac{1}{128}\left(\int_{3/4}^{1}4\mathrm{e}^{2x}\mathrm{d}x-\left(\int_{3/4}^{1}4\mathrm{e}^{x}\mathrm{d}x\right)^2\right)$$

$$=\frac{1}{128}(2(\mathrm{e}^2-\mathrm{e}^{3/2})-16(\mathrm{e}-\mathrm{e}^{3/4})^2)=0.0002351$$

$$D(\hat{I})=D(\hat{I}_1)+D(\hat{I}_2)+D(\hat{I}_3)+D(\hat{I}_4)=0.0008082 \tag{3-22}$$

使用平均值法得到的渐近方差为 0.163768590171378，使用重要抽样法得到的渐近方差为 0.02682015112672076３，由此可以看出分层抽样方法优于平均值法和重要抽样法。

算法如下。

一共取 20 个点。

（1）生成服从均匀分布 $U(0,1)$的随机数 U_1 共 2 个，$Y_1=0.25U_1$ 服从均匀分布 $U(0,0.25)$。

（2）生成服从均匀分布 $U(0,1)$的随机数 U_2 共 4 个，$Y_2=0.25+0.25U_2$ 服从均匀分布 $U(0.25,0.5)$。

（3）生成服从均匀分布 $U(0,1)$的随机数 U_3 共 6 个，$Y_3=0.5+0.25U_3$ 服从均匀分布 $U(0.5,0.75)$。

（4）生成服从均匀分布 $U(0,1)$的随机数 U_4 共 8 个，$Y_4=0.75+0.25U_3$ 服从均匀分布 $U(0.75,1)$。

（5）$h(Y_i)=\mathrm{e}^{Y_i}$，$i=1,2,3,4$，利用平均值法求出各个子区间上的积分的平均值，作为积分 I_i 的估计值，将 4 个估计值相加，得到积分的近似值。

代码 3.13：

```
import numpy as np
n=50000
n1=2000
n2=4000
n3=6000
n4=8000
y1=[]
y2=[]
y3=[]
```

```
y4=[]
s1=0
s2=0
s3=0
s4=0
#定义函数 f(x)
def f(x):
    t=np.exp(x)
    return t

for i in range(n1):
    #产生 n1 个服从均匀分布的随机数
    #x1= np.random.uniform(0,0.25)
    u1= np.random.uniform(0,1)
    x1= 0.25*u1
    s1=f(x1)
    y1.append(s1)
M1= 0.25*np.sum(y1)/n1
for i in range(n2):
    #产生 n2 个服从均匀分布的随机数
    #x2= np.random.uniform(0.25,0.5)
    u2= np.random.uniform(0,1)
    x2= 0.25*u2+0.25
    s2=f(x2)
    y2.append(s2)
M2=0.25* np.sum(y2)/ n2
for i in range(n3):
    #产生 n3 个服从均匀分布的随机数
    #x3= np.random.uniform(0.5,0.75)
    u3= np.random.uniform(0,1)
    x3= 0.25*u3+0.5
    s3=f(x3)
    y3.append(s3)
M3= 0.25* np.sum(y3)/ n3
for i in range(n4):
    #产生 n4 个服从均匀分布的随机数
    #x4= np.random.uniform(0.75,1)
    u4= np.random.uniform(0,1)
    x4= 0.25*u4+0.75
    s4=f(x4)
    y4.append(s4)
M4= 0.25*np.sum(y4)/ n4
M=M1+M2+M3+M4
print("模拟值=",M,"精确值=",np.exp(1)-1)
```

输出结果：

```
模拟值= 1.7192027680631758 精确值= 1.718281828459045
```

本例可以使用平均值法完成分层抽样法，也可以使用重要抽样法完成分层抽样法。

习题 3.1

1．计算 $I=\int_0^1 \frac{\sin x}{x}\mathrm{d}x$ 。

2．求 $\int_0^{\pi} x^2+4x\sin x\mathrm{d}x$ 的值。

3．分别使用随机投点法、平均值法和重要抽样法计算 $I=\int_0^1 \mathrm{e}^x\mathrm{d}x$ 的值，并比较渐近方差的大小。

4．使用平均值法求 $\int_0^1 \frac{1}{\sqrt{2\pi}}\mathrm{e}^{-\frac{x^2}{2}}\mathrm{d}x$ 的值。

5．分别使用随机投点法、平均值法和重要抽样法计算 $I=\int_0^1 \mathrm{e}^{-x}\mathrm{d}x$ 的值，并比较渐近方差的大小。

6．已知 $f(x)=\begin{cases}\frac{2}{5}(x+1), & 0<x<0.5\\ 4(1-x), & 0.5<x<1\end{cases}$ ，使用分层抽样法求 $I=\int_0^1 f(x)\mathrm{d}x$ ，假设两个子区间上取的抽样点数相同，且使用平均值法。

3.1 节代码

7．使用投点法求无理数 e 的近似值。

3.2 方差缩减

方差缩减法考虑另外设计一个变量 Y，通过对 X 和 Y 进行线性组合，达到缩减估计的随机误差的方差的目的，效果良好。本节主要介绍两种缩减方差的方法——控制变量法和对偶变量法。

3.2.1 控制变量法

设计一个和 X 有关的随机变量 Y，且 Y 满足 $E(Y)=0$，$\mathrm{Cov}(X,Y)<0$ ，$Z=X+aY$ ，则有

$$E(Z)=E(X+aY)=E(X)，\quad D(Z)=D(X+aY)=D(X)+a^2D(Y)+2a\mathrm{Cov}(X,Y)$$

将 $D(Z)$看作 a 的函数，求其极小值。

$$g(a)=D(X)+a^2D(Y)+2a\mathrm{Cov}(X,Y)，\quad g'(a)=2aD(Y)+2\mathrm{Cov}(X,Y)$$

当 $a=-\frac{\mathrm{Cov}(X,Y)}{D(Y)}$ 时，$D(Z)$取极小值。将 a 的值代入下式：

$$D(Z)=D(X)+a^2D(Y)+2a\mathrm{Cov}(X,Y)=(1-\rho^2)D(X)\leqslant D(X)$$

Y 与 X 的线性关系越强，$D(Z)$越小，估计效果越好，从而达到了缩减方差的目的，估计值为

$$\hat{I}_1 = \frac{1}{n}\sum_{i=1}^{n} Z_i = \frac{1}{n}\sum_{i=1}^{n}(X_i + aY_i) \tag{3-23}$$

若找到的与 X 相关的 Y 的期望不为 0，则可以令 $Y-E(Y)$作为控制变量，前提是 Y 的期望已知。

若 $E(Y)=E(X)$，则可令 $Z = aX+(1-a)Y$，保证 $E(Z)=E(X)$，而：

$$D(Z) = D(aX+(1-a)Y) = a^2D(X) + (1-a)^2D(Y) + 2a(1-a)\mathrm{Cov}(X,Y)$$

当 $a = \dfrac{D(Y)-\mathrm{Cov}(X,Y)}{D(X-Y)}$ 时，$D(Z)$取极小值。

例 3.8　分别使用平均值法和控制变量法计算 $I=\int_0^1 5x^4\mathrm{d}x$ 的值，并比较方差的大小。

解：

$$I = \int_0^1 5x^4 \mathrm{d}x = 1$$

设 U 在区间[0,1]上服从均匀分布，令 $X=5U^4$。使用平均值法，令 $\hat{I}_1 = \frac{1}{n}\sum_{i=1}^{n}5U_i^4$，此时：

$$D(\hat{I}_1) = D\left(\frac{1}{n}\sum_{i=1}^{n}5u_i^4\right) = \frac{25}{n}D(U^4) = \frac{16}{9n} = \frac{1.7778}{n}$$

式中，$D(X) = D(5U^4) = 25\left(\int_0^1 u^8\mathrm{d}u - \left(\int_0^1 u^4\mathrm{d}u\right)^2\right) = 16/9$。

使用控制变量法，令 $Y=U-0.5$，则有 $E(Y)=0$，$D(Y)=1/12$，$\mathrm{Cov}(X,Y)=E(XY)-E(X)E(Y)=E(XY)=\int_0^1 5u^4(u-0.5)\,\mathrm{d}u = 1/3$。当 $a=-\dfrac{\mathrm{Cov}(X,Y)}{D(Y)}=-4$ 时，$Z=X-4Y=5U^4-4(U-0.5)=5U^4-4U+2$，$\rho=\dfrac{\mathrm{Cov}(X,Y)}{\sqrt{D(X)D(Y)}}=\dfrac{3}{2\sqrt{3}}$，$D(Z)=(1-\rho^2)D(X)=\left(1-\dfrac{3}{4}\right)\times\dfrac{16}{9}=\dfrac{4}{9}\leqslant D(X)=\dfrac{16}{9}$。积分的估计值 $\hat{I}_2=\frac{1}{n}\sum_{i=1}^{n}Z_i=\frac{1}{n}\sum_{i=1}^{n}(X_i-4Y_i)$，$D(\hat{I}_2)=D\left(\frac{1}{n}\sum_{i=1}^{n}Z_i\right)=\dfrac{4}{9n}=\dfrac{0.4444}{n}$。

控制变量法的方差小于平均值法的方差。

算法如下。

（1）生成服从 $U(0,1)$分布的随机数 U，令 $X=5U^4$，$Y=U-0.5$，则有

$$Z = X-4Y = 5U^4-4U+2$$

（2）使用平均值法求 Z 的平均值即可求出积分的估计值。

代码 3.14 请扫描本节后面的二维码查看。

输出结果：

```
模拟值= 1.0091521902715923 精确值= 1
使用平均值法的标准差= 1.338188056126188
模拟值= 0.9987233901602399 精确值= 1
使用控制变量法的标准差= 0.6653299263642011
```

由标准差可以看出，使用控制变量法的误差要小于使用平均值法的误差。

3.2.2　对偶变量法

对偶变量法是 1956 年由 Hammersley 和 Morton 提出的。该方法利用 U 与 $1-U$ 是同分布

的特点，设计随机变量 Y 和随机变量 X 同分布，取两个随机变量的平均值。该方法直接给出随机变量 Y，估计积分值的误差的方差和控制变量法相当，且不需要求期望和协方差等。对偶变量法的本质就是利用产生相同概率分布的负相关的随机变量减少方差。

设 U 在区间[0,1]上服从均匀分布，令 $X=f(U)$，$Y=f(1-U)$，因为 X 与 Y 同分布，所以 $E(Y)=E(X)$，$D(Y)=D(X)$。下面证明 $\mathrm{Cov}(X,Y)<0$。

定理 3.1 设密度函数 f 单调，U 在区间[0,1]上服从均匀分布，$X=f(U)$，$Y=f(1-U)$，则 $\mathrm{Cov}(X,Y)\leqslant 0$，令 $Z=(X+Y)/2$，则 $D(Z)\leqslant D(X)/2$。

证明：（1）不失一般性：假设函数 f 单调递增，取 U_1 和 U_2 分别服从区间[0,1]上的均匀分布，且独立。若 $U_1<U_2$，由单调性，有 $f(U_1)\leqslant f(U_2)$，$f(1-U_1)\geqslant f(1-U_2)$。令 $X_1=f(U_1)$，$Y_1=f(1-U_1)$，$X_2=f(U_2)$，$Y_2=f(1-U_2)$，$X_1-X_2=f(U_1)-f(U_2)\leqslant 0$，$Y_1-Y_2=f(1-U_1)-f(1-U_2)\geqslant 0$，因此 $(X_1-X_2)(Y_1-Y_2)\leqslant 0$，$E((X_1-X_2)(Y_1-Y_2))\leqslant 0$。

U 与 1–U 同分布：因为 U_1 和 U_2 独立，所以 X_1与X_2，X_1与Y_2，X_2与Y_1 分别独立。

$$\begin{aligned}\mathrm{Cov}(X_1-X_2,Y_1-Y_2)&=E((X_1-X_2)(Y_1-Y_2))-E(X_1-X_2)E(Y_1-Y_2)\\&=E((X_1-X_2)(Y_1-Y_2))\leqslant 0\end{aligned}$$

从而有

$$\begin{aligned}\mathrm{Cov}(X_1-X_2,Y_1-Y_2)&=\mathrm{Cov}(X_1,Y_1)-\mathrm{Cov}(X_1,Y_2)-\mathrm{Cov}(X_2,Y_1)+\mathrm{Cov}(X_2,Y_2)\\&=\mathrm{Cov}(X_1,Y_1)+\mathrm{Cov}(X_2,Y_2)=2\mathrm{Cov}(X_1,Y_1)\leqslant 0\end{aligned}$$

则有 $\mathrm{Cov}(X,Y)\leqslant 0$。

（2）$Z=(X+Y)/2$，Z 的方差为

$$D(Z)=D\left(\frac{X+Y}{2}\right)=\frac{D(X)+D(Y)+2\mathrm{Cov}(X,Y)}{4}=\frac{D(X)}{2}+\frac{\mathrm{Cov}(X,Y)}{2}\leqslant\frac{D(X)}{2}$$

由定理 3.1 可知，使用对偶变量法可以将随机误差的方差降低一半，且不需要计算 Y 的期望和方差，给出的 Y 满足控制变量法的条件。

用对偶变量法求得的积分的估计值为

$$\hat{I}_2=\frac{1}{n}\sum_{i=1}^{n}\frac{f(U_i)+f(1-U_i)}{2} \tag{3-24}$$

算法如下。

（1）产生 n 个独立的在区间[0,1]上服从均匀分布 $U_1,U_2,\cdots,U_n$。

（2）利用逆变换法求出服从指定分布的 X，并产生对偶随机变量 Y，各生成 n 个随机数。

（3）由式（3-24）求出积分的估计值。

例 3.9 分别使用平均值法和对偶变量法计算 $I=\int_0^1 5x^4\mathrm{d}x$ 的积分，并比较估计值的方差大小。

解：精确解为 $I=\int_0^1 5x^4\mathrm{d}x=1$。设 U 在区间[0,1]上服从均匀分布，令 $X=5U^4$，$Y=5(1-U)^4$，因为 X 与 Y 同分布，则 $E(Y)=E(X)$，$D(Y)=D(X)$。积分的估计值为 $\hat{I}_2=\frac{1}{n}\sum_{i=1}^{n}\frac{5U_i^4+5(1-U_i)^4}{2}=\frac{5}{2n}\sum_{i=1}^{n}(U_i^4+(1-U_i)^4)$。

下面计算方差：

$$D(\hat{I}_2)=\frac{25}{4n}(D(U^4)+D(1-U)^4+2\mathrm{Cov}(U^4,(1-U)^4))$$

$$D(U^4)=\int_0^1 u^8\mathrm{d}u-\left(\int_0^1 u^4\mathrm{d}u\right)^2=\frac{16}{225}$$

$$\mathrm{Cov}(X,Y)=E(XY)-E(X)E(Y)=\int_0^1 5u^4 5(1-u)^4\mathrm{d}u-\left(\int_0^1 5u^4\mathrm{d}u\right)^2=-\frac{605}{630}$$

$$D(\hat{I}_2)=\frac{25}{4n}\left(\frac{16}{225}+\frac{16}{225}-2\times 0.03841\right)=\frac{0.408625}{n}$$

比较估计值的方差发现对偶变量法要优于平均值法，和控制变量法效果差不多，但是对偶变量法不需要找满足条件的 Y，此时 $E(Y)=0$，$\mathrm{Cov}(X,Y)<0$，使用更简单。

算法如下。

（1）生成服从 $U(0,1)$分布的随机数 U，令 $X=5U^4$，$Y=5(1-U)^4$，$Z=(X+Y)/2$。

（2）使用平均值法求 Z 的平均值即可求出积分的估计值。

代码 3.15 请扫描本节后面的二维码查看。

输出结果：

```
模拟值= 0.995950580261801 精确值= 1
使用平均值法的标准差= 1.3328742853338824
模拟值= 1.0019346910202753 精确值= 1
使用对偶变量法的标准差= 0.6400116649528197
```

由输出结果可以看出，使用对偶变量法求得的积分估计值的方差小于使用平均值法求得的积分估计值的方差，和使用控制变量法求得的积分估计值的方差相差无几。

习题 3.2

3.2 节代码

1．分别使用平均值法和控制变量法计算 $I=\int_0^1 \mathrm{e}^x\mathrm{d}x$ 的值，并比较两种方法的随机误差的方差大小。

2．分别使用平均值法和对偶变量法计算 $I=\int_0^1 \mathrm{e}^x\mathrm{d}x$ 的值，并比较两种方法的随机误差的方差大小。

3.3　随机模拟的应用

3.3.1　停车的平均次数

某旅行社开展一日游活动。某天旅游大巴车从起点出发，一共载有 40 位游客，在完成所有游览项目后，送游客回家。导游宣布大巴车一共有 10 个停车点，每位游客可以任意选择在这 10 个停车点中的一个下车。假设每位游客在各个停车点下车是等可能的，且独立，如果到达一个停车点没有人下车，就不停车。这辆大巴车平均停车多少次？

1．分析

求大巴车平均停车次数就是求数学期望。大巴车一共有 10 个停车点，在每个停车点有两种结果——停车和不停车。用随机变量 X_i 表示大巴车在第 i 个停车点是否停车，即是否有人下车。用 X_i=1 表示大巴车在第 i 个停车点停车，即有人下车；用 X_i=0 表示大巴车在第 i 个停车点没有停车，即没有人下车，则有

$$P(X_i=0)=\left(\frac{9}{10}\right)^{40}，P(X_i=1)=1-\left(\frac{9}{10}\right)^{40}，EX_i=1-\left(\frac{9}{10}\right)^{40}$$

在 10 个停车点停车的次数用随机变量 X 表示，则 $X=X_1+X_2+\cdots+X_{10}$，由数学期望的性质可知，$E(X)=E(X_1)+E(X_2)+\cdots+E(X_{10})=\left(1-\left(\frac{9}{10}\right)^{40}\right)\times 10\approx 9.852$，即平均停车次数为 9.852。

2. 实验步骤

（1）把停车点编号为 $0,1,\cdots,n-1$，定义整型数组 $x[n]$ 和 $s[n]$，每个元素初始化为 0。

（2）随机产生 r 个介于 $0\sim n-1$ 的整数，数字为 i 表示第 i 站有乘客下车。此时，令 $x[i]=1$，$s[i]=i$，表示第 i 个停车点。

（3）统计整型数组 $x[n]$ 中值为 1 的元素的个数，所得值就是停车的次数，模拟 N 次，求得的平均值就是模拟值。

3. 代码

代码 3.16：

```
import random
import math
N = 5000
m = 40
n = 10
p=(1-1/n)**m
q=1-p
#期望的真实值
EX=n*q
x=[]
s=[]
count= 0
for k in range(N+1):
    for i in range(n):
        #x 的所有元素均赋值为 0
        x.insert(i,0)
        #s 的第 i 个元素赋值为 i
        s.insert(i,i)
    for j in range(m):
        #从 0 到 n-1 个站点中随机选择一个
        t = random.choice(s)
        #将其赋值为 1，说明停车
        x[t] = 1
    for i in range(n):
```

```
        #若在第 i 个站点停车了，则停车次数加 1
        if (x[i] == 1):
            count+= 1
freq=count*1.0/ N
err = math.fabs(EX-freq)/EX
print('大巴车需停次数:',EX,'模拟值:',freq,'相对误差: ',err)
```

4. 结果

代码连续 3 次运行的输出结果：

```
大巴车需停次数: 9.8522 模拟值:  9.8578 相对误差:   0.0006
大巴车需停次数: 9.8522 模拟值:  9.8532 相对误差:   0.0001
大巴车需停次数: 9.8522 模拟值:  9.8598 相对误差:   0.0008
```

大巴车停车次数的期望值为 9.8522，三次模拟结果都与期望值接近，相对误差均在 0.8%之内。

3.3.2　快递问题

某网店的店主准备了 n 件不同的货物发给地址不同的买家，由于时间匆忙，聘请临时工发货，该临时工随意地将货物放在贴有 n 个地址的快递箱里，假设在每个快递箱中放了一件货物，如果把货物放进它相应地址的快递箱中，就称为完成了一个配对，求①至少有一件快递发对的概率；②平均配对数。

1. 分析

（1）设事件 A_i 表示第 i 件快递发对地址；事件 B 表示至少有一件快递发对地址，则 $P(B)=P(A_1\cup A_2\cup\cdots\cup A_n)=1-\dfrac{1}{2!}+\dfrac{1}{3!}-\cdots+(-1)^n\dfrac{1}{n!}$。因为 $\mathrm{e}^{-x}=1-x+\dfrac{x^2}{2!}-\cdots+(-1)^n\dfrac{x^n}{n!}+\cdots$，因此 $\lim\limits_{n\to\infty}P(B)=1-\dfrac{1}{\mathrm{e}}$。

（2）该问题使用随机变量分解。将配对数 X 分解成若干个简单随机变量的和。一共有 n 件货物，可以设 $X=X_1+X_2+\cdots+X_n$，$X_i=0$ 表示第 i 件货物没有放在第 i 个快递箱中；$X_i=1$ 表示第 i 件货物放在第 i 个快递箱中，形成一个配对。而 $P(X_i=1)=\dfrac{1}{n}$，$P(X_i=0)=1-\dfrac{1}{n}$，$E(X_i)=1\times\dfrac{1}{n}+0\times\left(1-\dfrac{1}{n}\right)=\dfrac{1}{n}$。所以 $E(X)=E(X_1)+E(X_2)+\cdots+E(X_n)=n\times\dfrac{1}{n}=1$，平均配对数为 1。

2. 实验步骤

（1）给出一个列表 x，令 $x[i]=i$，即第 i 个地址对应第 i 个快递。

（2）完成 1～n 这 n 个数的随机排列，具体思路如下。

- 先令 $k=n$，在 1～$n-1$ 中任意选取一个数 j，交换 $x[n]$与 $x[j]$的值，实现一个对换。
- 再令 $k=n-1$，在 1～$n-2$ 中任意选取一个数 j，交换 $x[n-1]$与 $x[j]$的值，实现一个对换。

依次进行下去，直到 $k=1$ 时停止，这就是随机选取法。

（3）计算配对成功数。如果 $x[i]=i$，就表明第 i 个地址对应第 i 个快递，此时完成一个配对，统计一共有多少个配对。

将上面的步骤（1）～（3）进行 N 次实验，计算总的配对和平均配对数。平均配对数就是频率值。数学期望模拟值等于频率值，理论值为 1，两者进行比较即可。

（4）计算至少有一个配对的频率值。

（5）计算 $1/m!$，从而算出至少有一个配对的理论概率值。

（6）计算至少有一个配对的理论概率的极限值 $1-e^{-1}$。

将步骤（4）～（6）三个结果输出比较。

3. 代码

代码 3.17：

```
import random
import math
#总的实验次数
N=50000
#快递的总数
n=10
number=0
x={}
#将第 i 个地址配对第 i 个快递
for i in range(1,n+1):
    x[i]=i
#交换值，利用随机选取法产生随机排列
def exchange(x):
    k=n
    for j in range(1,k+1):
        temp=0
        s=random.randint(1, k)
        temp=x[s]
        x[s]=x[k]
        x[k]=temp
        k-=1
    return x
#计算配对的快递数
def compute(x):
    k=0
    for j in range(1,n+1):
        if x[j]==j:
            k+=1
    return k
#计算 m 阶乘的倒数
def compute1(m):
    k=1
```

```
    #计算阶乘
    for j in range(1,m+1):
        k=k*j
    k=1/k
    return k
#主程序
s=0
for i in range(1,N+1):
    y=exchange(x)
    k=compute(y)
    #统计配对数目
    number+=k
    #统计至少有一个配对的数目
    if k>=1:
        s+=1
#模拟的期望值
EX=number/N
#至少有一个配对的频率
frequency=s/N
#计算至少有一个配对的理论概率值
sum=0
for i in range(1,n+1):
    if(i%2==1):
        sum+=compute1(i)
    else:
        sum-=compute1(i)
probility=sum
print('(1)至少有一个配对的模拟频率值为',frequency, ',至少有一个配对的真实概率值为',
probility,',至少有一个配对的真实的概率的极限值为',1-math.exp(-1),'(2)期望的真实值为',
1,',期望的模拟值为',EX)
```

4. 结果

上述代码两次运行的结果如下。

第一次：

```
(1)至少有一个配对的模拟频率值为 0.63388，至少有一个配对的真实概率值为 0.6321205357142857，至少
有一个配对的真实的概率的极限值为 0.6321205588285577 (2)期望的真实值为 1 ，期望的模拟值为 1.007
```

第二次：

```
(1)至少有一个配对的模拟频率值为 0.63168，至少有一个配对的真实概率值为 0.6321205357142857，
至少有一个配对的真实的概率的极限值为 0.6321205588285577 (2)期望的真实值为 1，期望的模拟值为
0.99824
```

两次模拟结果中的快递与地址配对的模拟值均与期望值十分接近，也就是说至少有一件快递地址对的频率值与概率值十分接近，由此可验证理论计算的正确性。

3.3.3 冰激凌销售问题

某商店引进新品冰激凌，冰激凌销售量服从参数为λ的泊松分布，若卖出一份冰激凌，则可以赚a元；若卖不掉，则赔b元。该商店批发了n份冰激凌，求商店卖新品冰激凌的利润期望，对$a=1.5$，$b=0.6$，$\lambda=120$，批发数量$n=100$进行随机模拟。

1. 分析

设冰激凌销售量为X，当$X<n$时，销售X份冰激凌，当$X\geqslant n$时，则销售n份冰激凌。由于X服从泊松分布，因此有$P(X=k)=\dfrac{\lambda^k}{k!}\mathrm{e}^{-\lambda}$。再设总收入为$Y$，则$Y=\begin{cases}an, & X\geqslant n\\ aX-b(n-X), & X<n\end{cases}$，期望收入为

$$\begin{aligned}E(X)&=\sum_{k=0}^{n-1}\frac{\lambda^k}{k!}\mathrm{e}^{-\lambda}[ka-(n-k)b]+\left(\sum_{k=n}^{\infty}\frac{\lambda^k}{k!}\mathrm{e}^{-\lambda}\right)na\\&=(a+b)\sum_{k=0}^{n-1}k\frac{\lambda^k}{k!}\mathrm{e}^{-\lambda}-n(a+b)\sum_{k=0}^{n-1}\frac{\lambda^k}{k!}\mathrm{e}^{-\lambda}+na\end{aligned}\tag{3-25}$$

把$a=1.5$，$b=0.6$，$\lambda=120$和$n=100$代入式（3-25）得

$$\begin{aligned}E(X)&=na+(a+b)\sum_{k=0}^{n-1}(k-n)\frac{\lambda^k}{k!}\mathrm{e}^{-\lambda}\\&=150+2.1\times\sum_{k=0}^{99}(k-100)\frac{\lambda^k}{k!}\mathrm{e}^{-\lambda}\\&=150+2.1\times\sum_{k=0}^{99}(k-100)\frac{\lambda^k}{k!}\mathrm{e}^{-\lambda}\\&=150+2.1\times\lambda\times\sum_{k=0}^{98}\frac{\lambda^k}{k!}\mathrm{e}^{-\lambda}-100\sum_{k=0}^{99}\frac{\lambda^k}{k!}\mathrm{e}^{-\lambda}=149.74\end{aligned}$$

计算期望的代码如下：

```
import scipy.stats as stats
r=stats.poisson.cdf(98,120)
r1=stats.poisson.pmf(99,120)
print(r,r1,(20*r-100*r1)*2.1+150)
```

2. 实验步骤

（1）生成服从参数为λ的泊松分布的随机数X。

（2）若$X<n$，则$Y=aX-b(n-X)$；若$X\geqslant n$，则$Y=an$。

（3）重复以上两步N次，将求得的Y累加，再除以总的次数N，将得到的平均值作为期望$E(X)$的模拟值。

3. 代码

代码 3.18：

```
import math,random
N = 1000
lamb = 120
```

```
#生成服从泊松分布的随机数
def Poisson(t):
    s = 0
    k = -1
    while s < 1:
        u = random.random()
        while u == 0:
            u = random.random()
        u = 1 * u
        x = -1 / t * math.log(u)
        s += x
        k += 1
    return k
n= 100
a = 1.5
b = 0.6
s1 = 0
for i in range(N):
    x = Poisson(lamb)
    if x < n:
        s1+=a*x-b*(n-x)
    else:
        s1+=a*n
s1/= N
print("%3d 份冰激凌期望所得为 %6.2f 元"%(n,s1))
```

上述连续两次运行的结果如下：

```
100 份冰激凌期望所得为 149.74 元
100 份冰激凌期望所得为 149.67 元
```

两次模拟值都与理论计算值十分接近，由此可以验证模拟结果与实际计算值吻合。

3.3.4 旧笔新笔问题

箱子中有 15 支中性笔，其中 9 支是新笔，6 支是旧笔，第一个人从箱子中取出 3 支笔，用完后放回箱子中。第二个人再从箱子中取出 3 支笔。求：①第二个人取出来的都是新笔的概率；②已知第二个人取出的都是新笔，第一个人取出的笔是新笔的概率。

1. 分析

设 B_i 表示第一个人取出的笔中有 i 支新笔，$i=0,1,2,3$；A 表示第二个人取出的笔都是新笔，则有

$$P(A)=P(B_0)P(A|B_0)+P(B_1)P(A|B_1)+P(B_2)P(A|B_2)+P(B_3)P(A|B_3)$$
$$=\frac{C_6^3}{C_{15}^3}\cdot\frac{C_9^3}{C_{15}^3}+\frac{C_9^1C_6^2}{C_{15}^3}\cdot\frac{C_8^3}{C_{15}^3}+\frac{C_9^2C_6^1}{C_{15}^3}\cdot\frac{C_7^3}{C_{15}^3}+\frac{C_9^3}{C_{15}^3}\cdot\frac{C_6^3}{C_{15}^3}=\frac{528}{5915}\approx 0.089$$

在第二个人取出的 3 支笔都是新笔的条件下，第一个人取出的 3 支笔也都是新笔的概率为

$$P(B_3|A)=\frac{P(B_3)P(A|B_3)}{P(A)}=\frac{\frac{C_6^3}{C_{15}^3}\cdot\frac{C_9^3}{C_{15}^3}}{0.089}=0.09118$$

2. 实验步骤

（1）将 15 支中性笔中的 6 支旧笔均标记为 0，9 支新笔标记为 1。用列表 x 表示，前 6 个元素为 0，后 9 个元素为 1。

（2）用 $s1$ 表示第一次取中性笔时取得的新笔数。

先取第一支笔：从 1 到总的中性笔的个数 total 中取一个随机数 t，表示取的是第 t 支笔，若该笔是新笔，则 $s1+1$；若该笔是旧笔，则 $s1$ 不变。保证取出的笔不再放回的方法是把最后一支笔与该笔调换位置，事实上只需要把最后一支笔放到第 t 支笔的位置即可。

再取第二支笔：从 1 到 total–1 中取一个随机数 t，表示取的是第 t 支笔，若该笔是新笔，则 $s1+1$；若该笔是旧笔，则 $s1$ 不变。保证取出的笔不再放回的方法仍然是把倒数第二支笔（第 total–1 支笔）与该笔调换位置，（事实上只需要把第 total–1 支笔放到第 t 支笔的位置即可）。

最后取第三支笔，取法与上述方法相同。

（3）重新对中性笔标号。将中性笔的 $6+s1$ 支旧笔标记为 0，将剩下的 $9-s1$ 支新笔标记为 1。用列表 x 表示，前 6 个元素为 0，后 $9-s1$ 个元素为 1。

（4）第二次取 3 支笔。方法与第一次取笔的方法相同。

（5）将这样的实验进行 N 次。计算第二次取得笔都是新笔的频率，再计算两次取得的笔都是 3 支新笔的频数/第二次取出的笔是新笔的频数，这就是条件概率。

3. 代码

代码 3.19：

```
import random
N =50000
X=9
D=6
Q=X + D
x = [0 for i in range(Q)]
num1 = 0
num2 = 0
for i in range(N):
    for j in range(Q):
        if j < D:
            x[j] = 0
        else:
            x[j] = 1
    s1 = 0
    for j in range(3):
```

```
        k = random.randint(0,Q-j - 1)
        s1+= x[k]
        x[k]=x[Q-1-j]
    for j in range(Q):
        if j < (D+s1):
            x[j] = 0
        else:
            x[j] = 1
    s2 = 0
    for j in range(3):
        k = random.randint(0,Q - j - 1)
        s2 += x[k]
        x[k] = x[Q-1-j]
    if s2 == 3:
        num2 += 1
    if s1 == 3 and s2 == 3:
        num1 += 1
prob1=num2/N
prob2=num1/num2
print("第二次取出的笔都是新笔的概率的模拟值为 %8.5f，条件概率为 %8.5f"%(prob1,prob2))
```

输出结果：

```
第二次取出的笔都是新笔的概率的模拟值为 0.08918，条件概率为 0.09015
```

3.3.5　进货问题

设消费者对草莓的需求量为 X（单位为盆），且 X 在区间[20,30]上服从均匀分布，某超市草莓进货量为该区间上的整数。该超市每卖出一盆草莓的利润为 5 元；当天卖不出去的草莓，需要在第二天进行降价处理，降价处理的草莓每盒亏损 1 元；若草莓供不应求，则需要从其他超市调货，利润变成 3 元。为了使利润不少于 120 元，求最少进货量。

1．分析

设该超市的进货量为 m；销售量为 X；所得利润为 Y。则 Y 是随机变量，$Y = g(X) = \begin{cases} 3X + 2m, & m < X \leqslant 30 \\ 6X - m, & 20 \leqslant X \leqslant m \end{cases}$，$X$ 的密度函数为 $f(x) = \dfrac{1}{10}$，$20 < x < 30$，$E(Y) = \int_{20}^{m} \dfrac{1}{10}(6x - m)\mathrm{d}x + \int_{m}^{30} (3x + 2m)\dfrac{1}{10}\mathrm{d}x = \dfrac{1}{10}(-1.5m^2 + 80m + 150) \geqslant 120$，解得 $23.33 \leqslant m \leqslant 30$，满足超市利润期望不少于 120 元的最少进货量为 24 盆。

2．实验步骤

（1）定义利润函数为 profit(a,b)，a 表示进货量，b 表示需求量，计算公式为

$$Y = \begin{cases} 5a + 3(b - a), & a < b \leqslant 30 \\ 5b - (a - b), & 10 \leqslant b \leqslant a \end{cases} \tag{3-26}$$

（2）用列表 p 表示利润。先将列表 p 中的所有元素都赋初值为 0。a 为区间[20,30]上的随机数，让 a 分别取区间[20,30]上的每一个整数，将利润函数的运算结果累加后放入列表 p。

（3）将实验重复进行 N 次。将列表 p 中的 20 个数均除以 N，所得数就是平均利润。输出进货量及相应利润，从输出结果中找到取得最大利润对应的进货数。

3．代码

代码 3.20：

```
import random
N = 10000
p=[]
q1=20
q2=30
t=q2-q1
w=120
def profit(a,b):
    if b <= a:
        s = b * 5 + (a-b) * 3
    else:
        s = a * 5 -(b - a) * 1
    return s
for i in range(t+1):
    p.append(0)
for i in range(N):
    x = q1 + random.randint(0,t)
    for j in range(q1,q2):
        p[j-q1] += profit(x,j)
for k in range(t+1):
    p[k] = 1.0 * p[k] / N
h=[]
l=[]
for j in range(t):
    print("进货量 %2d 盆，平均获利 %2d 元"%(j+q1,p[j]))
    s=p[j]
    #求满足利润大于 120 元的进货量和相应的利润
    if s>w:
        h.append(s)
        l.append(j+q1)
#求满足利润大于 120 元的进货量的最小值
m=min(h)
g=h.index(m)
print('取得大于 120 元的利润时的最少进货量为%2d 盆'%l[g],'利润为%2d 元'%m)
#利润的最大值
M=max(p)
```

```
#最大值对应的进货数
i= p.index(M)+q1
print('取得最大利润时的进货量为%2d 盆'%i,'最大利润为%2d 元'%M)
```

4. 输出结果：

```
进货量 20 盆，平均获利 115 元
进货量 21 盆，平均获利 116 元
进货量 22 盆，平均获利 118 元
进货量 23 盆，平均获利 119 元
进货量 24 盆，平均获利 120 元
进货量 25 盆，平均获利 120 元
进货量 26 盆，平均获利 121 元
进货量 27 盆，平均获利 121 元
进货量 28 盆，平均获利 121 元
进货量 29 盆，平均获利 120 元
取得大于 120 元的利润时的最少进货量为 24 盆 利润为 120 元
取得最大利润时的进货量为 27 盆 最大利润为 121 元
```

从模拟结果看，在进货量为 26 盆时利润最大，进货量 24～29 盆都满足获利大于 120 元的要求，当进货量为 24 盆时就是最小的进货量。模拟结果与实际计算值吻合。

3.3.6 迷宫问题

小白在森林里玩迷宫游戏，在他面前有三条路可以选择，若选择第一条路，则只需要走 20 分钟就可以离开迷宫；若选择第二条路，则在走 30 分钟后又回到原路口；若选择第三条路，则在走 50 分钟后回到原路口。设小白对每条道路的选择是等可能的，求他能走出迷宫的平均时间。

1. 分析

设随机变量 X 表示走出迷宫花费的时间，Y 表示第一次选择的道路。若小白选了第一条道路，则花费的时间为 20 分钟，此时 $E(X|Y=1)=20$；若小白选了第二条道路，则花费的时间为 30 分钟，此时 $E(X|Y=2)=30+E(X)$；若小白选了第三条道路，则花费的时间为 50 分钟，此时 $E(X|Y=3)=50+E(X)$。由此可知小白能走出森林迷宫的平均时间为 $E(X)=\frac{1}{3}\times E(X|Y=1)+\frac{1}{3}\times E(X|Y=2)+\frac{1}{3}\times E(X|Y=3)=\frac{1}{3}\times(100+2E(X))$，解得 $E(X)=100$。

2. 实验步骤

（1）设置 flag 变量表示是否走出迷宫，flag=1 表示在迷宫中；flag=0 表示走出迷宫。

（2）三条道路的序号用 street 表示，street=1、street=2、street=3 分别表示三条道路，time 表示花费的时间，初值为 0。

（3）若 street=1，time+20，flag=0，则表示已出迷宫；若 street=2，time+30，则表示回到原路口，继续走迷宫；若 street=3，time+50，则表示回到原路口，继续走迷宫。求最后直至走出迷宫花费的时间之和。

（4）将该游戏重复进行 N 次，求平均值，可得期望的模拟值。

3. 代码

代码 3.21：

```
import random
N = 10000
sum = 0
for index in range(N):
    flag = 1
    time = 0
    while flag == 1:
        street = 1 + random.randint(0,2)
        if street == 1:
            time += 20
        elif street == 2:
            time += 30
        elif street == 3:
            time += 50
        if street == 1:
            flag = 0
    sum += time
aver = sum/ N
print("平均时间为 %5.2f 分钟"%(aver,))
```

运行上述程序两次，输出结果如下：

```
平均时间为 100.86 分钟
平均时间为 99.53 分钟
```

由输出结果可知，两次模拟结果都与理论值 100 分钟很接近。

习题 3.3

1．一颗骰子掷 4 次至少得到一个六点与两颗骰子掷 24 次至少得到一个双六点，哪一个概率更大？

2．某个工厂有 200 台机器，它们相互独立工作互不影响，每台机器的开工功率都是 0.6kW，在运行时耗费的电能为 1kW·h，求工厂想以 0.999 的概率保证正常生产需要多少电能。

3．甲、乙两人约好在某一小时内见面，谁先到就会等对方 20 分钟。假设甲、乙两人在这一小时内任意到达的时刻都是等可能的，求甲、乙两人错过的概率。

4．星巴克的冰粽销售量符合泊松分布，参数 $\lambda = 7$，求每月要销售多少盒冰粽才能有 0.999 的概率达到业绩要求。

5．有 n 件快递需要发往 n 个不同的地址，不看地址随机匹配，试求：①至少有一件快递与地址配对的概率；②与地址配对的快递数的数学期望（为了随机模拟需要，可以假设 n=10）。

3.3 节代码

3.4　积分的计算

3.4.1　使用 Python 计算积分

使用 Python 的 scipy 库中的函数可以进行积分计算。

quad()函数用于计算积分，具体格式如下：

```
quad(func， a,b)
```

函数返回两个值，第一个值是积分的值，第二个值是对积分值的绝对误差估计。

dblquad()函数用于计算二重积分，具体格式如下：

```
dblquad(func, a, b,gfun, hfun, args=(), epsabs=1.49e-08, epsrel=1.49e-08)
```

其中：

func—被积函数，格式为 func(y,x)，先对 y 积分，再对 x 积分。

a 和 b—x 的积分限。

gfun 和 hfun—y 的积分限，其中 gfun 是 y 的下边界曲线，它是一个函数，接受单个浮点数参数，并返回一个浮点数结果或一个浮点数，表示一个常量边界曲线；hfun 是 y 的上边界曲线。对于积分上下限为 x 或 y 的函数，要用 lambda 来表示上下限。

args—传递给 func 的额外参数，若函数 func 中有字母，则可以在调用时传递参数。

epsabs—浮点数，可选，默认值为 1.49e-8。

epsrel—浮点数，可选，默认值为 1.49e-8。

tplquad()函数用于计算三重积分，具体格式如下：

```
tplquad(func,a,b,gfun,hfun,qfun,rfun,args=(), epsabs=1.49e-08, epsrel=1.49e-08)
```

其中：

func—被积函数，格式为 func(z,y,x)，先对 z 积分，再对 y 积分，最后对 x 积分。

a 和 b—x 的积分限。

gfun 和 hfun—y 的积分限。

qfun 和 rfun—z 的积分限。

例 3.10　计算 $I=\int_0^2 e^x dx$ 的积分。

解：

$$I=\int_0^2 e^x dx = e^2-1$$

使用 Python 的 scipy 库中的 quad()函数进行计算。

代码 3.22：

```
from scipy.integrate import quad
import numpy as np
z1=lambda x:np.exp(x)
I1=quad(z1,0,2)
```

```
I=np.exp(2)-1
print(I1,I)
```

输出结果：

```
(6.3890560989306495, 7.093277186654589e-14)  6.38905609893
```

由输出结果可知积分值为 6.3890560989306495，使用积分公式得到的积分的精确值为 6.38905609893，两者非常接近。

例 3.11 计算 $\int_0^1\int_0^1(x^2+y^2)\,\mathrm{d}x\mathrm{d}y$ 的值。

解：

$$\int_0^1\int_0^1(x^2+y^2)\,\mathrm{d}x\mathrm{d}y=\frac{2}{3}$$

使用 Python 中的 scipy 库中的 dblquad()函数进行计算。

代码 3.23：

```
from scipy.integrate import  dblquad
z2=lambda y,x:x**2+y**2
I2=dblquad(z2,0,1,lambda x:0,lambda x:1)
print(I2)
```

输出结果：

```
(0.6666666666666669, 1.4754810833321613e-14)
```

由输出结果可知积分值约为 0.66667。该例题的积分限为常数且积分区域为矩形。

例 3.12 计算 $\int_0^2\mathrm{d}x\int_x^2\mathrm{e}^{-y^2}\,\mathrm{d}y$ 的值。

解：交换积分次序为

$$\int_0^2\mathrm{d}x\int_x^2\mathrm{e}^{-y^2}\,\mathrm{d}y=\int_0^2\mathrm{d}y\int_0^y\mathrm{e}^{-y^2}\,\mathrm{d}x=\frac{1}{2}(1-\mathrm{e}^4)$$

使用 Python 中的 scipy 库中的 dblquad()函数进行计算。

代码 3.24：

```
from scipy.integrate import  dblquad
import numpy as np
#例 3.12 二重积分，先对 y 积分再对 x 积分
z31=lambda y,x:np.exp(-(y**2))
I31=dblquad(z31,0,2,lambda x:x,lambda x:2)
print(I31)
#例 3.12 二重积分，先对 x 积分再对 y 积分
z32=lambda x,y:np.exp(-(y**2))
I32=dblquad(z32,0,2,lambda y:0,lambda y:y)
print(I32,(1-np.exp(-4))/2)
```

输出结果：

```
(0.4908421805556329, 9.744855823283557e-15)
```

```
(0.4908421805556329, 5.44944290310082e-15)
0.4908421805556329
```

该例题的积分限含有 x 或 y 的函数。

例 3.13　计算 $\iiint\limits_{\Omega}(x+y+z)\mathrm{d}v$，其中 Ω 表示 $x+y+z=1$ 与三个坐标平面围成的区域。

解：把积分化为累次积分 $\iiint\limits_{\Omega}(x+y+z)\,\mathrm{d}v=\int_0^1\mathrm{d}x\int_0^{1-x}\mathrm{d}y\int_0^{1-x-y}(x+y+z)\mathrm{d}z=1/8$ 使用 Python 中的 scipy 库中的 tplquad()函数进行计算。

代码 3.25：

```
from scipy.integrate import  tplquad
#三重积分先对 z 积分然后对 y 积分再对 x 积分
z4=lambda z,y,x:x+y+z
I4=tplquad(z4,0,1,lambda x:0,lambda x:1-x,lambda x, y: 0, lambda x, y:1-x-y)
print(I4)
```

输出结果：

```
(0.125, 5.55101065501519e-15)
```

由输出结果可知，积分值为 0.125。

3.4.2　使用随机模拟法求积分

例 3.14　计算 $\iint\limits_{x^2+y^2\leqslant 1}\cos\sqrt{x^2+y^2}\mathrm{d}x\mathrm{d}y$ 的值。

解：将二重积分化为累次积分为

$$\iint\limits_{x^2+y^2\leqslant 1}\cos\sqrt{x^2+y^2}\mathrm{d}x\mathrm{d}y=\int_{-1}^1\mathrm{d}x\int_{-\sqrt{1-x^2}}^{\sqrt{1-x^2}}\cos\sqrt{x^2+y^2}\mathrm{d}y=2\pi(\sin 1+\cos 1-1)$$

因为(x,y,z)满足的范围为 Ω，即$|x|\leqslant 1$，$|y|\leqslant 1$，$0\leqslant z\leqslant 1$围成的区域；G 为$x^2+y^2\leqslant 1$，$0\leqslant z\leqslant\cos\sqrt{x^2+y^2}$ 围成的区域。Ω 的体积为 4；G 的体积为以 $z=\cos\sqrt{x^2+y^2}$ 为顶，$z=0$，$x^2+y^2\leqslant 1$为底的柱体的体积。柱体的体积可以通过计算 $I=\iint\limits_{x^2+y^2\leqslant 1}\cos\sqrt{x^2+y^2}\mathrm{d}x\mathrm{d}y$ 得到。使用几何概型，点落入区域 G 的概率为 $p=\dfrac{I}{4}$。

先使用 Python 中的 scipy 库中的 dblquad()函数计算二重积分的解，再使用随机模拟法求积分的近似值。

算法如下。

（1）使用 Python 中的 scipy 库中的 dblquad()函数计算二重积分的解。

（2）取在区间[−1,1]上服从均匀分布的随机数 x 和 y，再取出在区间[0,1]上服从均匀分布的随机数 z。

（3）取 Ω 为长为 2，宽为 2，高为 1 的长方体；在 Ω 中产生 N 个服从均匀分布的点。

（4）若点满足 $x^2+y^2\leqslant 1$，$0\leqslant z\leqslant\cos\sqrt{x^2+y^2}$，则计数加 1，总的计数为 s。

（5）计算 $p=\frac{I}{4}=\frac{s}{N}$，得到 $\hat{I}=\frac{4s}{N}$。

代码 3.26:

```
from scipy.integrate import  dblquad
import numpy as np
#例 3.14 二重积分，先对 y 积分再对 x 积分
z5=lambda y,x:np.cos(np.sqrt(x**2+y**2))
I5,r5=dblquad(z5,-1,1,lambda x:-np.sqrt(1-x**2),lambda x:np.sqrt(1-x**2))
print(I5)
N=20000
s=0
for i in range(N):
    x=np.random.uniform(-1,1)
    y=np.random.uniform(-1,1)
    z=np.random.uniform(0,1)
    if x**2+y**2<=1 and z<=np.cos(np.sqrt(x**2+y**2)) and z>=0:
        s+=1
I=4*s/N
print(I,2*np.pi*(np.sin(1)+np.cos(1)-1))
```

输出结果：

```
2.398752330649315
2.3974   2.3987523306492724
```

使用 Python 中的 scipy 库中的 dblquad()函数计算二重积分的解为 2.398752330649315，使用随机模拟法得到的解为 2.3974，使用积分公式计算得到的解为 2.3987523306492724。

例 3.15 计算 $\iiint\limits_{\Omega} 2\sqrt{x^2+y^2}\mathrm{d}v$，$\Omega$ 为 $z=\sqrt{1-x^2-y^2}$，$x\geqslant 0$，$y\geqslant 0$，$z\geqslant 0$ 围成的区域。

解：将三重积分化为累次积分为

$$\iiint\limits_{\Omega} z\mathrm{d}v=\int_0^1\mathrm{d}x\int_0^{\sqrt{1-x^2}}\mathrm{d}y\int_0^{\sqrt{1-x^2-y^2}}2\sqrt{x^2+y^2}\mathrm{d}z=\frac{1}{16}\pi^2$$

1．四维超立方体

(x,y,z)满足的范围为四维超立方体 Ω：

$$0\leqslant x\leqslant 1，0\leqslant y\leqslant 1，0\leqslant z\leqslant 1，0\leqslant g=2\sqrt{x^2+y^2}\leqslant 2$$

区域 G 为

$$x^2+y^2\leqslant 1，0\leqslant z\leqslant\sqrt{1-x^2-y^2}，g\leqslant 2\sqrt{x^2+y^2}$$

Ω 的体积为 2；G 的体积为以 $z=\sqrt{1-x^2-y^2}$ 为顶，以 $x^2+y^2\leqslant 1$ 为底的几何体的体积。该几何体的体积可以通过计算 $I=\iiint\limits_{\Omega} z\mathrm{d}v$ 得到。使用几何概型，点落入区域 G 的概率为 $p=\frac{I}{2}$。

先使用 Python 中的 scipy 库中的 tplquad()函数计算三重积分的数值解，再使用随机模拟法求积分的近似值。

算法如下。

（1）使用 Python 中的 scipy 库中的 tplquad 计算三重积分的解。

（2）取在区间[0,1]上服从均匀分布的随机数 x、y、z，再取在区间[0,2]上服从均匀分布的随机数 g。

（3）取 Ω 为 $0\leqslant x\leqslant 1$，$0\leqslant y\leqslant 1$，$0\leqslant z\leqslant 1$，$0\leqslant g=\max(z)\leqslant 2$ 围成的四维超长方体。在 Ω 中产生 N 个服从均匀分布的点。

（4）若点满足 $x^2+y^2\leqslant 1$，$0\leqslant z\leqslant\sqrt{1-x^2-y^2}$，$g\leqslant 2\sqrt{x^2+y^2}$，则计数加 1，总的计数为 s。

（5）计算 $p=\dfrac{I}{2}=\dfrac{s}{N}$，得到 $\hat{I}=\dfrac{2s}{N}$。

代码 3.27：

```
from scipy.integrate import  tplquad
import numpy as np
#例 3.15 三重积分，先对 z 积分；然后对 y 积分再对 x 积分，使用四维长方体
z6=lambda z,y,x:2*np.sqrt(x**2+y**2)
I61,r6=tplquad(z6,0,1,lambda x:0,lambda x:np.sqrt(1-x**2),lambda x,y:0,lambda
x,y:np.sqrt(1-x**2-y**2))
print(I61)

N=100000
s=0
for i in range(N):
    x=np.random.uniform(0,1)
    y=np.random.uniform(0,1)
    z=np.random.uniform(0,1)
    g=np.random.uniform(0,2)
    if x**2+y**2<=1 and 0<=z<=np.sqrt(1-x**2-y**2) and g<=2*np.sqrt(x**2+y**2):
        s+=1
I62=2*s/N
print(I62,np.pi**2/16)
```

输出结果：

```
0.6168502750679757
0.61654 0.6168502750680849
```

使用 Python 中的 scipy 库中的 tplquad()函数计算三重积分的解为 0.6168502750679757，使用随机模拟法得到的解为 0.61654，使用积分公式得到的解为 0.6168502750680849。

2. 四维圆柱体

与四维超立方体相比，把 Ω 取为四维圆柱体。只需将四维超长立方体中的（3）修改为取 Ω 为 $0\leqslant x\leqslant 1$，$0\leqslant y\leqslant 1$，$x^2+y^2\leqslant 1$，$0\leqslant z\leqslant 1$，$0\leqslant g=2\sqrt{x^2+y^2}\leqslant 2$ 围成的四维圆柱体。在 Ω 中产生 N 个服从均匀分布的点，四维圆柱体的体积为 $\pi/2$，$p=\dfrac{I}{\pi/2}=\dfrac{s}{N}$，$\hat{I}=\dfrac{\pi}{2}\dfrac{s}{N}$。

其他步骤保持不变。

代码 3.28：

```
from scipy.integrate import  dblquad,tplquad
import numpy as np
N=20000
s=0
for i in range(N):
    x=np.random.uniform(0,1)
    y=np.random.uniform(0,np.sqrt(1-x**2))
    z=np.random.uniform(0,1)
    g=np.random.uniform(0,2)
    if x**2+y**2<=1 and 0<=z<=np.sqrt(1-x**2-y**2) and g<=2*np.sqrt(x**2+y**2):
        s+=1
I63=(np.pi/2)*s/N
print(I63)
```

输出结果：

```
0.6024946391054505
```

本例题使用四维超长方体的效果比四维圆柱体好一些。

3.4.3 使用其他方法计算积分

1. 梯形法

将积分区间[a,b]分成 n 等份，每个小区间的长度为$\dfrac{b-a}{n}$，记为 h，设$a=x_0$，$b=x_n$，则小区间为$[x_0,x_1),[x_1,x_2),\cdots[x_{n-1},x_n]$。积分的几何意义为曲线$y=f(x)$、$x=a$、$x=b$和$x$轴围成的曲边梯形的面积。将该曲边梯形根据小区间分为 n 个小曲边梯形，则积分的值等于 n 个小曲边梯形面积的和。对于每个小曲边梯形，将其曲边近似为直边，即以直代曲，计算直边梯形的面积。

以区间$[x_0,x_1)$为高的小曲边梯形面积近似为$\dfrac{f(x_0)+f(x_1)}{2}h$，第 i 个小曲边梯形面积近似为$\dfrac{f(x_{i-1})+f(x_i)}{2}h$，从而有

$$
\begin{aligned}
I&=\int_a^b f(x)\mathrm{d}x\\
&\approx\frac{f(x_0)+f(x_1)}{2}h+\frac{f(x_1)+f(x_2)}{2}h+\cdots+\frac{f(x_{i-1})+f(x_i)}{2}h+\cdots+\frac{f(x_{n-1})+f(x_n)}{2}h\\
&=\frac{h}{2}[f(x_0)+2f(x_1)+2f(x_2)+\cdots+2f(x_{n-1})+f(x_n)]\\
&=\frac{h}{2}[f(x_0)+2\sum_{i=1}^{n-1}f(x_i)+f(x_n)]
\end{aligned}
\tag{3-27}
$$

式（3-27）就是计算积分的复合梯形公式。

代数精确度指的是某个求积分公式对 m 次多项式均能准确成立，对 m+1 次多项式不成

立，称该求积分公式具有 m 次精度。

次数不超过 m 的多项式有 $1,x,\cdots,x^m$，它们均有下列式子准确成立。

$$\begin{cases}\sum_{i-1}^{n-1}A_i=b-a\\ \sum_{i=1}^{n-1}A_ix_i=\int_a^b x\mathrm{d}x=\frac{1}{2}(b^2-a^2)\\ \qquad\vdots\\ \sum_{i=1}^{n-1}A_ix_i^m=\int_a^b x^m\mathrm{d}x=\frac{1}{m+1}(b^{m+1}-a^{m+1})\end{cases} \tag{3-28}$$

已知计算积分的公式为 $\int_a^b f(x)\mathrm{d}x\approx A_0f(a)+A_1f(b)$，求系数 A_i 和余项：

$$\begin{cases}A_0+A_1=b-a\\ A_0a+A_1b=\frac{1}{2}(b^2-a^2)\end{cases} \tag{3-29}$$

解式（3-29）可求出 $A_0=A_1=\frac{b-a}{2}$，而 $A_0a^2+A_1b^2=\frac{b-a}{2}(a^2+b^2)$，$\int_a^b x^2\mathrm{d}x=\frac{1}{3}(b^3-a^3)$，两者不相等，因此该积分公式有 1 次精度。余项为 $\int_a^b f(x)\,\mathrm{d}x-\sum_{k=0}^{1}A_kf(x_k)=kf^{(m+1)}(\xi)$，从而有

$$k=\frac{1}{2}\left(\frac{1}{3}(b^3-a^3)-\frac{b-a}{2}(a^2+b^2)\right)=-\frac{1}{12}(b-a)^3$$

复合梯形公式为

$$I=\int_a^b f(x)\mathrm{d}x=\frac{h}{2}\sum_{i=0}^{n-1}[f(x_i)+f(x_{i+1})] \tag{3-30}$$

因此 $k=\sum_{i=0}^{n-1}-\frac{1}{12}\left(\frac{b-a}{n}\right)^3=-\frac{1}{12}\frac{(b-a)^3}{n^2}$，余项为 $-\frac{(b-a)^3}{12n^2}f''(\xi)$，$\xi\in(a,b)$。

例 3.16　使用复合梯形公式计算积分 $\int_0^1\frac{1}{\sqrt{2\pi}}\mathrm{e}^{-\frac{x^2}{2}}\mathrm{d}x$。

解：

$$\int_0^1\frac{1}{\sqrt{2\pi}}\mathrm{e}^{-\frac{x^2}{2}}\mathrm{d}x=\varPhi(1)-\varPhi(0)=0.3413$$

代码 3.29：

```
from scipy.integrate import  quad
import numpy as np
#给出积分区间[a,b],小区间的个数为n
a=0
b=1
n=1000
#对区间[a,b]进行n等分后取小区间的n+1个端点值，小区间的长度为h
X=np.linspace(a,b,n+1)
h=(b-a)/n
#函数f
```

```
f=lambda x:np.exp(-(x**2)/2)/np.sqrt(2*np.pi)
#使用梯形公式计算积分
I7=(2*np.sum(f(X))-f(a)-f(b))*h/2
print(I7)
#计算例 3.16 的积分
I,r=quad(f,0,1)
print(I,'使用梯形法的相对误差为',abs(I7-I)/I)
```

输出结果：

```
0.3413447259043153
0.341344746068543    使用梯形法的相对误差为 5.9072910623996923e-08
```

使用梯形法得到的积分近似值为 0.3413447259043153，使用 quad()函数得到的积分近似值为 0.341344746068543，相对误差为 5.9072910623996923e-08。

2．辛普森（Simpson）公式

将积分区间$[a,b]$ 等分为 $2n$ 份，每个小区间的长度为$\dfrac{b-a}{2n}$，记为 h，设$a=x_0$，$b=x_{2n}$，小区间为$[x_0,x_1),[x_1,x_2),\cdots,[x_{2n-1},x_{2n}]$。辛普森公式使用抛物线近似代替曲线，设$y=f(x)\approx ax^2+bx+c$，将该曲边梯形根据小区间等分为 $2n$ 个小曲边梯形，则积分的值等于 n 个小曲边梯形面积的和。对于每个小曲边梯形，将其曲边近似为抛物线边，计算梯形的面积。

以区间$[x_0,x_2]$为高的小曲边梯形面积可使用牛顿-莱布尼兹公式计算：

$$\begin{aligned}\int_{x_0}^{x_2} f(x)\,\mathrm{d}x &= \int_{x_0}^{x_2}(ax^2+bx+c)\mathrm{d}x = \frac{1}{3}a(x_2^3-x_0^3)+\frac{1}{2}b(x_2^2-x_0^2)+c(x_2-x_0)\\
&=\frac{1}{6}(x_2-x_0)[2a(x_2^2+x_0^2+x_2x_0)+3b(x_2+x_0)+6c]\\
&=\frac{1}{3}h[ax_2^2+bx_2+c+ax_0^2+bx_0+c+2ax_2x_0+ax_2^2+ax_0^2+2bx_2+2bx_0+4c]\\
&=\frac{1}{3}h[f(x_2)+f(x_0)+a(x_2+x_0)^2+2b(x_2+x_0)+4c]\\
&=\frac{1}{3}h[f(x_2)+f(x_0)+4a(\frac{x_2+x_0}{2})^2+4b(\frac{x_2+x_0}{2})+4c]\\
&=\frac{1}{3}h[f(x_2)+f(x_0)+4f(x_1)]\end{aligned}$$

$$\begin{aligned}I &= \int_a^b f(x)\,\mathrm{d}x\\
&\approx \frac{h}{3}[f(x_0)+4f(x_1)+f(x_2)]+\frac{h}{3}[f(x_2)+4f(x_3)+f(x_4)]+\cdots+\\
&\quad \frac{h}{3}[f(x_{2n-2})+4f(x_{2n-1})+f(x_{2n})] \qquad (3\text{-}31)\\
&=\frac{h}{3}[f(x_0)+4f(x_1)+2f(x_2)+\cdots+4f(x_{2n-1})+f(x_{2n})]\\
&=\frac{h}{3}[f(x_0)+4\sum_{i=1}^{n-1}f(x_{2i-1})+2\sum_{i=1}^{n-1}f(x_{2i})+f(x_{2n})]\end{aligned}$$

已知计算积分的公式为$\int_a^b f(x)\,\mathrm{d}x \approx A_0 f(a) + A_1 f\left(\frac{a+b}{2}\right) + A_2 f(b)$，求出系数 A_k 和余项：

$$\begin{cases} A_0 + A_1 A_2 = b - a \\ A_0 a + A_1 \dfrac{a+b}{2} + A_2 b = \dfrac{1}{2}(b^2 - a^2) \\ A_0 a^2 + A_1 \left(\dfrac{a+b}{2}\right)^2 + A_2 b^2 = \dfrac{1}{3}(b^3 - a^3) \end{cases} \tag{3-32}$$

解式（3-32）可求出 $A_0 = A_2 = \frac{b-a}{6}$，$A_1 = \frac{4(b-a)}{6}$，而 $\frac{b-a}{6}\left(a^3 + 4\left(\frac{a+b}{2}\right)^3 + b^3\right) = \frac{1}{4}(b^4 - a^4)$，说明对于 $f(x) = x^3$ 成立。进一步验证可得对于 $f(x) = x^4$ 不成立，因此积分公式 $\int_a^b f(x)\,\mathrm{d}x \approx \frac{b-a}{6}\left(f(a) + 4f\left(\frac{a+b}{2}\right) + f(b)\right)$有 3 次精度。$k = \frac{1}{3!}\left(\frac{1}{4}(b^5 - a^5) - \frac{b-a}{6}\left(a^4 + b^4 + 4\left(\frac{a+b}{2}\right)^4\right)\right) = -\frac{(b-a)^5}{2880}$，余项为$-\frac{(b-a)^5}{2880} f^{(4)}(\xi)$。

复合辛普森公式为

$$I = \int_a^b f(x)\,\mathrm{d}x = \frac{h}{6}\sum_{i=0}^{n-1}[f(x_i) + 4f(x_{i+1/2}) + f(x_{i+1})] \tag{3-33}$$

因此余项为$-\frac{(b-a)^5}{2880n^4} f^{(4)}(\xi)$，$\xi \in (a,b)$。

例 3.17　使用复合辛普森公式计算积分$\int_0^1 \frac{1}{\sqrt{2\pi}} \mathrm{e}^{-\frac{x^2}{2}} \mathrm{d}x$。

解：

$$\int_0^1 \frac{1}{\sqrt{2\pi}} \mathrm{e}^{-\frac{x^2}{2}} \mathrm{d}x = \Phi(1) - \Phi(0) = 0.3413$$

代码 3.30：

```
from scipy.integrate import  quad
import numpy as np
#给出积分区间[a,b]小区间的个数n
a=0
b=1
n=1000
#将区间[a,b]等分为2n份后取小区间的n+1个端点值，小区间的长度为h
X=np.linspace(a,b,n+1)
h=(b-a)/n
#函数f
f=lambda x:np.exp(-(x**2)/2)/np.sqrt(2*np.pi)
#使用复合辛普森公式计算积分
x1=[]
x2=[]
```

```
for i in range(n+1):
    if i%2==1:
        t=f(X[i])
        x1.append(t)
    else:
        t=f(X[i])
        x2.append(t)
I8=(4*np.sum(x1)+2*np.sum(x2)-f(a)-f(b))*h/3
print(I8)
#使用 Python 的 quad()函数计算例 3.17 积分
I,r=quad(f,0,1)
print(I,'使用复合辛普森公式的相对误差为',abs(I8-I)/I)
```

输出结果：

```
0.34134474606854565
0.341344746068543  使用复合辛普森公式的相对误差为 7.805994642628335e-15
```

习题 3.4

使用随机模拟的方法求 1～12 题中的积分。

1．计算 $\int_0^1 \frac{e^{-x}}{1+x^2}dx$。

2．计算 $\int_0^2\int_0^1 xy^2 dxdy$。

3．计算 $\iint\limits_{D:x^2+y^2\leqslant 1} e^{-\frac{x^2}{2}}\sin(x^2+y)dxdy$。

4．计算 $\iint\limits_D x^2 dxdy$，D 为 $x=y^2$ 和 $y=x-2$ 围成的区域。

5．计算 $\iiint\limits_\Omega z\sqrt{x^2+y^2+1}$，$\Omega$ 为 $x^2+y^2=2x$、$z=0$ 和 $z=6$ 围成的区域。

6．计算 $\iiint\limits_\Omega xy^2 dv$，$\Omega$ 为 $x+y-z=0$、$z=0$、$x-y-z=0$ 和 $x=1$ 围成的区域。

7．计算 $\iiint\limits_\Omega y\cos(x+z)dv$，$\Omega$ 为 $y=x$、$z=0$ 和 $x+z=\frac{\pi}{2}$ 围成的区域。

8．计算 $\iiint\limits_\Omega xy^2z^3 dv$，$\Omega$ 为 $z=xy$、$z=0$、$y=x$ 和 $x=1$ 围成的区域。

9．计算 $\iint\limits_{x^2+y^2\leqslant 1}\sqrt{1-x^2}dxdy$。

10．$\iint\limits_D \ln(1+2x+2y)dxdy$。

11．计算 $\iiint\limits_\Omega z dv$，$\Omega$ 为 $x^2+y^2+z^2\leqslant 4$ 和 $x^2+y^2\leqslant 3z$ 围成的区域。

12．计算 $\iiint\limits_\Omega z dv$，$\Omega$ 为 $z=\sqrt{2-x^2-y^2}$ 和 $z=x^2+y^2$ 围成的区域。

（1）使用四维超立方体。

(x,y,z)满足的范围为四维超立方体 Ω：

$$|x|\leqslant 1，|y|\leqslant 1，0\leqslant z\leqslant\sqrt{2}，0\leqslant g=\max(z)\leqslant\sqrt{2}$$

G 为 $x^2+y^2\leqslant 1$、$x^2+y^2\leqslant z\leqslant\sqrt{2-x^2-y^2}$ 和 $z\geqslant g$ 围成的区域。G 为以 $z=\sqrt{2-x^2-y^2}$ 为顶，以 $z=x^2+y^2$ 为底的几何体。

（2）使用四维圆柱体。

与四维超立方体相比，把区域 Ω 取为四维圆柱体。Ω 为 $x^2+y^2\leqslant 1$、$0\leqslant z\leqslant\sqrt{2}$、$0\leqslant g=\max(z)\leqslant\sqrt{2}$ 围成的四维圆柱体。G 为 $x^2+y^2\leqslant 1$、$x^2+y^2\leqslant z\leqslant\sqrt{2-x^2-y^2}$、$z\geqslant g$ 围成的区域。

3.4 节代码

13．使用复合梯形法和复合辛普森法计算 $\int_{-\frac{\pi}{2}}^{-\frac{\pi}{2}}(x^3+\sin^2 x)\cos^2 x\mathrm{d}x$。

扩展阅读：蒙特卡罗方法

蒙特卡罗方法是一类基于“随机数”的计算方法。由于该方法应用域多且应用面广，有数十种不同的名称，如蒙特卡罗计算、统计试验方法、随机模拟方法等；又由于该方法特点显著，能和其他学科与方法广泛深入结合，因此有众多分支，如拟蒙特卡罗方法、多群蒙特卡罗方法、动态蒙特卡罗方法、量子蒙特卡罗方法、变分蒙特卡罗方法、马尔可夫链蒙特卡罗方法和并行蒙特卡罗方法等。

蒙特卡罗方法以概率和统计理论为基础，将所求解的问题与概率模型相联系，用计算机上产生的随机数实现统计模拟或抽样，以获得问题的近似解。该方法由 S. M. 乌拉姆和 J. 冯·诺伊曼在 20 世纪 40 年代为研制核武器而提出。它的基本思想是，为了求解数学、物理、工程技术及管理等方面的问题，先建立一个概率模型或随机过程，使它们的参数，如概率分布或数学期望等，成为问题的解；然后通过对模型或过程的观察或抽样试验来计算所求参数的统计特征，并用算术平均值作为所求参数的近似值。

蒙特卡罗方法有很强的适应性，问题的几何形状的复杂性对它的影响不大。该方法的收敛性是指概率意义下的收敛，因此问题维数的增加不会影响它的收敛速度，而且可节省存储空间。这些是用蒙特卡罗方法处理大型复杂问题时的优势。随着电子计算机的发展和科学技术问题的日趋复杂，蒙特卡罗方法的应用越来越广泛。它不仅较好地解决了多重积分计算、微分方程求解、积分方程求解、特征值计算和非线性方程组求解等高难度和复杂的数学计算问题，而且在统计物理、核物理、真空技术、系统科学、信息科学、公用事业、地质、医学、可靠性及计算机科学等领域都得到成功应用。

第 4 章　马尔可夫链蒙特卡罗方法

传统的蒙特卡罗方法得到发展后，著名的物理统计学专家 Metropolis 等人于 1953 年对其进行改进，提出了动态的蒙特卡罗方法，即马尔可夫链蒙特卡罗方法。马尔可夫链蒙特卡罗方法最先在物理领域应用。随着计算机技术的发展，更多的学者将马尔可夫链蒙特卡罗方法运用到计算机领域，用于解决众多实际问题。1984 年，Geman. D 和 Geman. S 在搜寻众数的后验分布中提出了 Gibbs 算法，随着不断的改进和实验，最终将该算法广泛地运用到贝叶斯统计中。本章介绍经典的马尔可夫链蒙特卡罗方法和 Metropolis-Hasting 采样算法、Gibbs 算法等。

4.1　马尔可夫链

4.1.1　马尔可夫链与一步状态转移概率矩阵

有句俗语："人生就像一个马尔可夫链，你的未来取决于你当下正在做的事情，无关于你过去做完的事情。"这句话中的"马尔可夫链"是一种随机过程，具有无后效性。概率分布中的几何分布和指数分布也具有无后效性。无后效性是指系统将来所处的状态只与现在的状态有关，与过去的状态无关。具体地说就是 $t+1$ 时刻的状态只与 t 时刻的状态有关，与以前时刻的状态无关，这就是马尔可夫链的无后效性。

马尔可夫链是俄国数学家安德雷·马尔可夫提出的。为了证明独立性不是大数定律和中心极限定理成立的必要条件，安德雷·马尔可夫构造了一个按条件概率相互依赖的随机过程，并证明该随机过程在一定条件下收敛于一组向量，这个随机过程就是马尔可夫链。

在介绍马尔可夫链的定义前，先介绍随机过程。

依赖于参数 t 的一簇随机变量 $\{X_t, t \in T\}$ 被称为随机过程，其中，t 为参数；T 为参数集，可以是时间集，也可以是长度、质量等，本书中为时间集；X_t 为随机过程在 t 时刻的状态，所有状态形成的集合称为状态空间，用 S 表示。随机过程的研究对象是随时间变化而变化的随机现象。常见的随机过程有随机游走、布朗运动和排队模型。

某十字路口在时间 $[0,t]$ 内违章的车辆数是一个与时间 t 有关的随机变量，对于固定的时间 t，车辆数 X_t 是一个只取非负值的随机变量，当 t 变化时，车辆数 X_t 就是一个随机过程。

随机过程是时间 t 的函数，在任意时刻进行观察时，它是一个随机变量。

可以根据 T 及 S 的不同对随机过程进行分类：第一类为参数离散、状态离散；第二类为参数离散、状态连续；第三类为参数连续、状态离散；第四类为参数连续、状态连续。

抛一枚质地均匀的硬币，硬币正面向上事件出现的次数服从伯努利分布，当抛多次硬币时，硬币正面向上事件出现的次数服从二项分布。使用随机变量 X_i 表示抛硬币 i 次时硬币正面向上事件出现的次数。可以将 X_i 理解为时间 t 的函数，因为时间是离散的，所以称之为链。

若随机变量 $X_1, X_2, \cdots, X_n$ 独立同分布，则称 X 为伯努利过程，即伯努利过程为一系列取值为 0 或 1 的随机变量的集合。伯努利过程不仅可以描述抛硬币的随机过程，还可以描述独立同分布的随机变量组成的集合。例如，在掷骰子实验中，如果只考虑掷出的是奇数点还是偶数点，或者掷出的是不是 5 点，那么也可以认为其是伯努利过程。只要随机变量的样本空间中有两个取值，那么每次实验就只有两种结果，将该实验独立重复进行多次，就是伯努利过程，状态空间为{0,1}。伯努利过程属于参数离散、状态离散的随机过程。

通过某股票的日 K 线图可以看出每日开盘价和收盘价是一个随机过程，如果只看几日的股价，那么随机过程属于参数离散、状态离散类。若看某股票一年的 K 线图，则可以认为该随机过程为参数离散、状态连续。

由股价的日分时图可以看出股价是连续的，对应的时间是连续的，属于参数连续、状态连续的随机过程。

某急救中心在一昼夜接到的急救电话次数服从泊松分布，时间 t 是连续的，而次数 X_i 是离散的，属于参数连续、状态离散的随机过程。

马尔可夫过程是具有无后效性的随机过程。若某马尔可夫过程的参数集为离散的，状态空间只取有限个或无限可列个状态，也为离散的，则称之为马尔可夫链。

在股市中，当天的开盘价只与昨天的收盘价有关，与以前的收盘价是无关的，具有无后效性。对比收盘价和开盘价，假设昨天的股价有三种情况：开盘价高于收盘价，股价跌；开盘价低于收盘价，股价涨；开盘价和收盘价相等，股价持平。类似地，今天的股价也有三种情况：涨、跌、持平。假设在昨天股价涨的条件下，今天股价涨的概率为 0.2，今天股价跌的概率为 0.4，今天股价持平的概率为 0.4；在昨天股价跌的条件下，今天股价涨的概率为 0.3，今天股价跌的概率为 0.4，今天股价持平的概率为 0.3；在昨天股价持平的条件下，今天股价涨的概率为 0.5，今天股价跌的概率为 0.3，今天股价持平的概率为 0.2。把这些概率写成矩阵，称该矩阵为一步状态转移概率矩阵。

$$\boldsymbol{P}=\begin{bmatrix}0.2 & 0.4 & 0.4\\ 0.3 & 0.4 & 0.3\\ 0.5 & 0.3 & 0.2\end{bmatrix}$$

状态转移概率矩阵，又称跃迁矩阵，是俄国数学家马尔可夫于 20 世纪初提出的。他发现一个系统的某些因素在转移时，第 i 次的结果只受第 $i-1$ 次结果的影响，与之前的结果无关，即

$$p_{i,j}=P\{X_{t+1}=j \mid X_1=i_1, X_2=i_2, \cdots, X_{t-1}=i_{t-1}, X_t=i\}=P\{X_{t+1}=j \mid X_t=i\} \tag{4-1}$$

状态转移概率矩阵的特点如下。

（1）非负性：状态转移概率矩阵中的每个元素都是概率，是非负的。

（2）状态转移概率矩阵中的每行元素的和为 1。

在天气预报中，今天和明天的天气变化：今天是晴天，明天是雨天的概率为 1/6；今天是雨天，明天是晴天的概率为 1/3，对应的状态转移概率矩阵如表 4.1 所示。

表 4.1 状态转移概率矩阵

今天	明天	
	晴天	雨天
晴天	5/6	1/6
雨天	1/3	2/3

对于状态空间的任意状态(i,j)，称 $p_{i,j}(t,t+1)=P\{X_{t+1}=j|X_t=i\}$ 为时刻 t 的一步状态转移概率。若 $p_{i,j}(t,t+1)=p_{i,j}(1)$，即 $p_{i,j}(t,t+1)$ 与起始时刻 t 无关，则称该马尔可夫链为齐次（时齐的）马尔可夫链。齐次指的是系统由一个状态转移到另一个状态的状态转移概率只依赖于其时间间隔的长短，与起始时间无关。状态转移概率矩阵也可能与时间 t 有关，随着时间的变化而变化，即非齐次，本章不考虑这种情况。

例 4.1 从 $1,2,\cdots,n$ 中任取一个数，记为 X_1；再从 $1,2,\cdots,X_1$ 中任取一个数，记为 X_2；依次类推，即从 $1,2,\cdots,X_{n-1}$ 中任取一个数，记为 X_n，写出一步状态转移概率矩阵。

解：状态空间为 $S=\{1,2,\cdots,n\}$，$p_{i,j}=P\{X_{t+1}=j|X_t=i\}=1/i$，$1\leqslant j<i\leqslant n$，一步状态转移概率矩阵为

$$\boldsymbol{P}=\begin{bmatrix} 1 & & 0 \\ \vdots & \ddots & \\ \dfrac{1}{n} & \cdots & \dfrac{1}{n} \end{bmatrix}$$

4.1.2 多步状态转移概率矩阵

假设有一个地区的城市人口为 300 万人，农村人口为 200 万人。当前的城市人口明年有 5%移居农村，而当前的农村人口明年有 10%移居城市，假设总人口不变，且人口迁移的规律也不变，那么两年后城市人口有多少，农村人口有多少？

其一步状态转移概率矩阵为 $\boldsymbol{P}=\begin{bmatrix} 0.95 & 0.05 \\ 0.1 & 0.9 \end{bmatrix}$，那么现在居住在城市的人明年仍然居住在城市的概率为 0.95，移居农村的概率为 0.05；现在居住在农村的人明年仍然居住在农村的概率为 0.9，移居城市的概率为 0.1。现在住在城市的人两年后移居农村的概率为 0.95×0.05+0.05×0.9=0.0925，同理可以求出现在住在城市的人两年后仍然居住在城市的概率为 0.95×0.95+0.05×0.1=0.9075，这实际上是矩阵的乘法，计算的是一步状态转移概率矩阵 $\boldsymbol{P}$ 的平方：

$$\boldsymbol{P}^2=\begin{bmatrix} 0.95 & 0.05 \\ 0.1 & 0.9 \end{bmatrix}\begin{bmatrix} 0.95 & 0.05 \\ 0.1 & 0.9 \end{bmatrix}=\begin{bmatrix} 0.9075 & 0.0925 \\ 0.185 & 0.815 \end{bmatrix}$$

$$\begin{bmatrix} \dfrac{300}{500} & \dfrac{200}{500} \end{bmatrix}\boldsymbol{P}^2=\begin{bmatrix} 0.6 & 0.4 \end{bmatrix}\begin{bmatrix} 0.9075 & 0.0925 \\ 0.185 & 0.815 \end{bmatrix}=\begin{bmatrix} 0.6185 & 0.3815 \end{bmatrix}$$

因此两年后有 500×0.6185=309.25 人在城市，有 500×0.3815=190.75 人在农村。

在人口迁移例子中，状态空间为 S={城市,农村}，当前状态仅与上一个状态有关，总共的状态数是有限的。如果状态数是无限多个，那么就是马尔可夫过程。其时间是离散的，以年为单位。若时间是连续的，则为参数连续、状态离散随机过程。因此人口迁移也是马尔可夫链，两年的状态转移概率矩阵可以写成一步状态转移概率矩阵 $\boldsymbol{P}$ 的平方。

例 4.2　一步状态转移概率矩阵为 $\boldsymbol{P}=\begin{bmatrix}\frac{1}{4} & \frac{3}{4}\\ \frac{1}{3} & \frac{2}{3}\end{bmatrix}$，求 $P\{X_2=1|X_0=1\}$。

解：由乘法公式和马尔可夫链的无后效性，有

$$\begin{aligned}P\{X_2=1|X_0=1\}&=P\{X_2=1,X_1=1|X_0=1\}+P\{X_2=1,X_1=0|X_0=1\}\\&=P\{X_1=1|X_0=1\}P\{X_2=1|X_1=1,X_0=1\}+\\&\quad P\{X_1=0|X_0=1\}P\{X_2=1|X_1=0,X_0=1\}\\&=P\{X_1=1|X_0=1\}P\{X_2=1|X_1=1\}+P\{X_1=0|X_0=1\}P\{X_2=1|X_1=0\}\\&=p_{11}p_{11}+p_{10}p_{01}\\&=\frac{2}{3}\times\frac{2}{3}+\frac{1}{3}\times\frac{3}{4}=\frac{25}{36}\end{aligned}$$

由 $\boldsymbol{P}^2=\begin{bmatrix}\frac{5}{16} & \frac{11}{16}\\ \frac{11}{36} & \frac{25}{36}\end{bmatrix}$ 可知，概率 $P\{X_2=1|X_0=1\}=\frac{25}{36}$。

在例 4.2 中有两个状态，1 和 2。若初始状态 x_0 为 1，初始向量为 $\boldsymbol{X}_0$=(1,0)表示状态 1，则下一步状态 x_1 为 1 的概率为 0.25，下一步状态 x_2 为 2 的概率为 0.75。可取 r 为(0,1)上的随机数，若 r≤0.25，则状态 x_1 为 1；若 0.25<r≤1，则状态 x_1 为 2。状态 x_1 对应的向量为 $\boldsymbol{X}_1=\boldsymbol{X}_0\boldsymbol{P}$，同理状态 x_2 对应的向量为 $\boldsymbol{X}_2=\boldsymbol{X}_1\boldsymbol{P}$，依次类推，$\boldsymbol{X}_k=\boldsymbol{X}_{k-1}\boldsymbol{P}=\boldsymbol{X}_{k-2}\boldsymbol{P}^2=\boldsymbol{X}_0\boldsymbol{P}^k$，而 $\boldsymbol{X}_k=\boldsymbol{X}_0\boldsymbol{P}_k$，$\boldsymbol{P}_k$ 为 k 步状态转移概率矩阵。从而有 k 步状态转移概率矩阵为一步状态转移概率矩阵 $\boldsymbol{P}$ 的 k 次幂，即 $\boldsymbol{P}_k=\boldsymbol{P}^k$。

若 $\{X_t,t=0,1,2,\cdots\}$ 为马尔可夫链，则称条件概率 $p_{i,j}(t,t+n)=P\{X_{t+n}=j|X_t=i\}$ 为马尔可夫链在时刻 t 处于状态 i 的条件下，经过 n 步转移，也就是在时刻 $t+n$，状态为 j 的概率。对于齐次马尔可夫链（只与时间间隔有关，与初始时间无关），可将条件概率 $p_{i,j}(t,t+n)$ 记为 $p_{i,j}(n)$。

4.1.3　不可约性和遍历性

不可约性指的是从任意一个状态出发都有一定的概率转移到其他状态，所有状态是互相连通的，在经过一定次数的迭代后每个状态都有可能被转移到。若从状态 i 出发，总能再返回到该状态 i，则称状态 i 是常返的。若从状态 i 出发首次返回到状态 i 花费的时间的期望是有限的，则称状态 i 是正常返的。

遍历性要求从任意一个状态出发都存在路径通往其他所有的状态（包括该状态本身）。

例 4.3　状态转移概率矩阵为 $\boldsymbol{P}=\begin{bmatrix}\frac{1}{2} & \frac{1}{2} & 0\\ \frac{1}{2} & \frac{1}{2} & 0\\ 0 & 0 & 1\end{bmatrix}$，若初始状态为 1，研究它对应的马尔可夫链的不可约性。

解：初始状态为 1，则状态对应的向量 $\boldsymbol{X}_0$ 为(1,0,0)，

$$X_1 = X_0 P = \begin{bmatrix}1 & 0 & 0\end{bmatrix}\begin{bmatrix}\frac{1}{2} & \frac{1}{2} & 0 \\ \frac{1}{2} & \frac{1}{2} & 0 \\ 0 & 0 & 1\end{bmatrix} = \begin{bmatrix}\frac{1}{2} & \frac{1}{2} & 0\end{bmatrix}$$

$$X_2 = X_1 P = \begin{bmatrix}\frac{1}{2} & \frac{1}{2} & 0\end{bmatrix}\begin{bmatrix}\frac{1}{2} & \frac{1}{2} & 0 \\ \frac{1}{2} & \frac{1}{2} & 0 \\ 0 & 0 & 1\end{bmatrix} = \begin{bmatrix}\frac{1}{2} & \frac{1}{2} & 0\end{bmatrix}$$

由此可以看出若初始状态为 1，则以后的状态只可能为 1 或 2，不会转移到状态 3，因此该马尔可夫链不具有遍历性，是可约的。

练习：编写代码完成例 4.3 的马尔可夫链的可约性的验证。

代码 4.1 请扫描本节后面的二维码查看。

代码连续运行十次，输出结果皆如下：

```
[[0.5 0.5 0.0]]
```

由此可以看出，当初始状态为 1 时，以后的状态为 1 或 2，不可能是 3。若初始状态为 3，则输出结果永远为状态 3。

例 4.4 一步状态转移概率矩阵 $P = \begin{bmatrix}\frac{1}{4} & \frac{3}{4} \\ \frac{1}{3} & \frac{2}{3}\end{bmatrix}$ 的分布函数矩阵为 $F = \begin{bmatrix}\frac{1}{4} & 1 \\ \frac{1}{3} & 1\end{bmatrix}$，初始状态为 1，状态对应的向量 X_0 为(1,0)，求其后的 3 个状态对应的向量。

解：

$$X_1 = X_0 P = \begin{bmatrix}1 & 0\end{bmatrix}\begin{bmatrix}\frac{1}{4} & \frac{3}{4} \\ \frac{1}{3} & \frac{2}{3}\end{bmatrix} = \begin{bmatrix}\frac{1}{4} & \frac{3}{4}\end{bmatrix}$$

$$X_2 = X_1 P = \begin{bmatrix}\frac{1}{4} & \frac{3}{4}\end{bmatrix}\begin{bmatrix}\frac{1}{4} & \frac{3}{4} \\ \frac{1}{3} & \frac{2}{3}\end{bmatrix} = \begin{bmatrix}\frac{5}{16} & \frac{11}{16}\end{bmatrix}$$

$$X_3 = X_2 P = \begin{bmatrix}\frac{5}{16} & \frac{11}{16}\end{bmatrix}\begin{bmatrix}\frac{1}{4} & \frac{3}{4} \\ \frac{1}{3} & \frac{2}{3}\end{bmatrix} = \begin{bmatrix}\frac{59}{192} & \frac{133}{192}\end{bmatrix}$$

练习：编写代码计算例 4.4 的 10 个状态。

（1）使用状态转移概率矩阵。

（2）使用分布函数矩阵。

代码 4.2 和代码 4.3 请扫描本节后面的二维码查看。

（1）使用状态转移概率矩阵。

输出结果：

```
第 1 次的结果为 [[0.25 0.75]]
第 2 次的结果为 [[0.3125 0.6875]]
第 3 次的结果为 [[0.30729167 0.69270833]]
第 4 次的结果为 [[0.30772569 0.69227431]]
第 5 次的结果为 [[0.30768953 0.69231047]]
第 6 次的结果为 [[0.30769254 0.69230746]]
第 7 次的结果为 [[0.30769229 0.69230771]]
第 8 次的结果为 [[0.30769231 0.69230769]]
第 9 次的结果为 [[0.30769231 0.69230769]]
第 10 次的结果为 [[0.30769231 0.69230769]
```

由输出结果可以看出，若初始状态为 1，则从第 7 次迭代开始，以后的状态为 1 的概率均为 0.30769231，状态为 2 的概率均为 0.69230769。

（2）使用分布函数矩阵计算。

代码连续运行四次的输出结果如下：

```
0.30854 0.69146
```

```
0.30861 0.69139
```

```
0.30831 0.69169
```

```
0.30863 0.69137
```

由输出结果可以看出，若初始状态为 2，则下一步状态为 1 的概率约为 0.308，状态为 2 的概率约为 0.691。

若改变初始状态，如将初始状态改为 1，输出结果如下：

```
0.308105 0.691895
```

```
0.30762 0.69238
```

```
0.30768 0.69232
```

```
0.307725 0.692275
```

由输出结果可以看出，若初始状态为 1，则下一步状态为 1 的概率约为 0.308，状态为 2 的概率约为 0.692，即无论从哪个初始状态出发，代码运行结果都是同一个分布，将这个平稳分布作为极限分布，与初始状态无关。基于状态转移概率可根据平稳分布预测以后的状态。其原因是经过一段时间迭代后，结果会呈现出一种稳定性，这说明极限分布是稳定的。

设齐次马尔可夫链的状态空间为 S，若对于 S 中的所有(i,j)都有 $\lim\limits_{n\to\infty} P_{i,j}(n)=\pi_j$，即 n 步转移概率的极限 π_j 存在，且与 i 无关，则称该马尔可夫链具有遍历性，若 $\sum\pi_j=1$，则称行向量 $\boldsymbol{\pi}=\left[\pi_1,\pi_2,\cdots\right]$ 为该马尔可夫链的极限分布。

若极限分布满足 $\pi_j=\sum\pi_i p_{i,j}$，$j=1,2,\cdots$，则称它为平稳分布。

具有遍历性的有限状态的马尔可夫链状态转移概率的极限分布是平稳分布，具有遍历性的无限多个状态的马尔可夫链，若状态转移概率的极限是一个概率分布，则它是平稳分布。

不可约马尔可夫链的所有状态都是互相连通的，即总能经过一定次数的迭代后互相转移，那么马尔可夫链具有遍历性的充分条件是什么呢？

定理 4.1 齐次马尔可夫链的状态空间 $S=\{a_1,a_2,\cdots,a_n\}$，若存在正整数 m 使得任意 a_i（$a_j\in S$）都有 m 步状态转移概率 $P_{i,j}(m)>0$，$\boldsymbol{P}$ 为状态转移概率矩阵，则此马尔可夫链具有遍历性，且有极限分布 $\boldsymbol{\pi}=[\pi_1,\pi_2,\cdots,\pi_n]$，是方程组满足条件 $\pi_j>0$，$\sum\pi_j=1$ 的唯一解。

在定理 4.1 的条件下，极限分布存在的齐次马尔可夫链具有遍历性，极限分布就是平稳分布。

4.1.4 非周期性

周期性指的是由初始状态出发，经过一段时间的迭代后回到初始状态，进而循环。这种马尔可夫链的极限分布是不存在的。我们要尽量避免周期性。

例 4.5 一步状态转移概率矩阵为 $\boldsymbol{P}=\begin{bmatrix}\frac{1}{3}&\frac{1}{3}&\frac{1}{3}\\\frac{1}{3}&\frac{1}{3}&\frac{1}{3}\\\frac{1}{3}&\frac{1}{3}&\frac{1}{3}\end{bmatrix}$，试验证对应的马尔可夫链具有周期性。

解：

$$\boldsymbol{P}^2=\begin{bmatrix}\frac{1}{3}&\frac{1}{3}&\frac{1}{3}\\\frac{1}{3}&\frac{1}{3}&\frac{1}{3}\\\frac{1}{3}&\frac{1}{3}&\frac{1}{3}\end{bmatrix}\begin{bmatrix}\frac{1}{3}&\frac{1}{3}&\frac{1}{3}\\\frac{1}{3}&\frac{1}{3}&\frac{1}{3}\\\frac{1}{3}&\frac{1}{3}&\frac{1}{3}\end{bmatrix}=\boldsymbol{P}$$

从初始状态 $\boldsymbol{X}_0=\begin{bmatrix}1&0&0\end{bmatrix}$ 出发有

$$\boldsymbol{X}_1=\boldsymbol{X}_0\boldsymbol{P}=\begin{bmatrix}1&0&0\end{bmatrix}\begin{bmatrix}\frac{1}{3}&\frac{1}{3}&\frac{1}{3}\\\frac{1}{3}&\frac{1}{3}&\frac{1}{3}\\\frac{1}{3}&\frac{1}{3}&\frac{1}{3}\end{bmatrix}=\begin{bmatrix}\frac{1}{3}&\frac{1}{3}&\frac{1}{3}\end{bmatrix}$$

$$\boldsymbol{X}_2=\boldsymbol{X}_1\boldsymbol{P}=\boldsymbol{X}_0\boldsymbol{P}^2=\begin{bmatrix}\frac{1}{3}&\frac{1}{3}&\frac{1}{3}\end{bmatrix}$$

$$\cdots\cdots$$

从其他两个状态出发，得到的结果也是一样的，即以后的每个状态都和状态 $\boldsymbol{X}_1$ 相同，因此该马尔可夫链具有周期性。

状态转移概率矩阵不能是周期性的，否则会存在一个大于 1 的正整数 d（满足所有条件的最小的正整数）使得 $\boldsymbol{P}^d = \boldsymbol{P}$，从而导致状态向量具有震荡性，不收敛。遍历性能保证在一定的迭代次数后每个状态都有可能被转移到，而周期性不能保证这一点，因此要求状态转移概率矩阵具有非周期性，如何保证非周期性呢？

对于马尔可夫链的某个状态 i，若存在 k 使得 $P_{i,i}(k) > 0$，$P_{i,i}(k+1) > 0$，则称 i 是非周期的。

例 4.6　一只股票模型有三种状态：涨、跌、持平。明天的状态只取决于今天的状态，具有无后效性。股票模型概率表如表 4.2 所示。

表 4.2　股票模型概率表

明日	今日		
	涨	持平	跌
涨	0.3	0.4	0.3
持平	0.2	0.3	0.5
跌	0.4	0.5	0.1

将表 4.2 写成状态转移概率矩阵为

$$\boldsymbol{P} = \begin{bmatrix} 0.3 & 0.4 & 0.3 \\ 0.2 & 0.3 & 0.5 \\ 0.4 & 0.5 & 0.1 \end{bmatrix}$$

假设该股票今天的状态是涨，即 $\boldsymbol{X}_0 = [1,0,0]$，可得该股票明天的状态为 $\boldsymbol{X}_1 = \boldsymbol{X}_0\boldsymbol{P} = [0.3,0.4,0.3]$，后天的状态为 $\boldsymbol{X}_2 = \boldsymbol{X}_1\boldsymbol{P} = [0.29,0.39,0.32]$，以此类推。预测该股票 15 日后的状态。

练习：编写代码计算例 4.6 中的股票 15 日之后的状态。

代码 4.4 请扫描本节后面的二维码查看。

输出结果：

```
0       [0.3 0.4 0.3]
1       [0.29 0.39 0.32]
2       [0.293 0.393 0.314]
3       [0.2921 0.3921 0.3158]
4       [0.29237 0.39237 0.31526]
5       [0.292289 0.392289 0.315422]
6       [0.2923133 0.3923133 0.3153734]
7       [0.29230601 0.39230601 0.31538798]
8       [0.2923082  0.3923082  0.31538361]
9       [0.29230754 0.39230754 0.31538492]
10      [0.29230774 0.39230774 0.31538452]
11      [0.29230768 0.39230768 0.31538464]
12      [0.2923077  0.3923077  0.31538461]
13      [0.29230769 0.39230769 0.31538462]
14      [0.29230769 0.39230769 0.31538461]
```

观察输出结果可以看出，15 日之后股票的状态为持平的概率较大，并且随着迭代次数的增加，概率趋于稳定。这就是马尔可夫链的平稳分布。

给定一个马尔可夫链，若该马尔可夫链满足如下条件：

$$\pi_i P_{i,j} = \pi_j P_{j,i} \tag{4-2}$$

则此马尔可夫链为平稳分布，称该条件为细致平衡条件。满足细致平衡条件的马尔可夫链是平稳分布，但是平稳的马尔可夫链不一定满足细致平衡条件，也就是说满足细致平衡条件是平稳的马尔可夫链的充分条件，而不是必要条件。

习题 4.1

1．直线上带吸收壁的随机游走（有 2 个吸收壁）。

有一个质点在线段[1,5]上随机游走，每秒发生一次随机游走，游走的规则：①若移动前在 2，3，4 处，则以概率 0.5 向左或向右移动一个单位；②若移动前在 1，5 处，则以概率 1 停留在原处。求一步状态转移概率矩阵。

2．带反射壁的随机游走。

状态空间 $S=\{0,1,2,3,4,\cdots,m\}$，游走的规则：①若移动前在 0 处，则以概率 0.3 向右移动一个单位，以概率 0.7 停留在原处；②若移动前在 m 处，则以概率 0.7 向左移动一个单位，以概率 0.3 停留在原处；③若移动前在其他点处，则均以概率 0.3 向右移动一个单位，以概率 0.7 向左移动一个单位。用 $X(n)$表示质点在时刻 n 所处的位置，求一步状态转移概率矩阵。共有两个反射壁：0，m。

3．一个圆上共有 n 个格（按顺时针方向排列），一个质点在圆上做随机游走，游走的规则：质点以概率 0.4 沿顺时针方向游走一格，以概率 0.6 沿逆时针方向游走一格，求状态转移概率矩阵。

4．一个质点在一条长度为 m 的直线的整数点上随机游走，移动的规则：以概率 0.2 从 i 到 $i-1$，以概率 0.6 从 i 到 $i+1$，以概率 0.2 停留在 i 处，求状态转移概率矩阵。

5．掷一颗骰子，前 n 次掷出的点数的最大值为 j，记为 $X_n=j$，求一步状态转移概率矩阵。

6．袋子中有 a 个球，球为黑色或白色，两种颜色的球的具体个数未知，从袋子中随机取一个球，并放回一个不同颜色的球。若袋子中的白球个数为 k，则称系统处于状态 k，用马尔可夫链描述这个模型，并求状态转移概率矩阵。

7．甲、乙两人使用一枚硬币做游戏，让第三方丙抛硬币，若正面向上，则甲赢，否则乙赢。每次输赢为 1 元，甲有 3 元，乙有 2 元，用 X_t 表示甲在 t 次抛硬币后拥有的钱，求甲赢（乙剩余 0 元）的概率。

8．X_n 为正整数，为马尔可夫链，状态空间 $S=\{a,b,c\}$，一步状态转移概率矩阵为 $\boldsymbol{P}=\begin{bmatrix}1/2 & 1/4 & 1/4\\ 2/3 & 0 & 1/3\\ 3/5 & 2/5 & 0\end{bmatrix}$，求 $P\{X_1=a,X_2=b,X_3=c|X_0=c\}$，$P\{X_{i+2}=c|X_i=c\}$。

9．一步状态转移概率矩阵为 $\boldsymbol{P}=\begin{bmatrix}0 & 1 & 0\\ \dfrac{1}{2} & 0 & \dfrac{1}{2}\\ 0 & 0 & 1\end{bmatrix}$，若初始状态为 1，试验证对应的马尔可夫链具有不可约性。

10．一步状态转移概率矩阵为 $\boldsymbol{P}=\begin{bmatrix}\frac{1}{2} & \frac{1}{2} & 0\\ \frac{1}{2} & \frac{1}{2} & 0\\ 0 & 0 & 1\end{bmatrix}$，试验证对应的马尔可夫链具有周期性。

11．齐次马尔可夫链的一步状态转移概率矩阵为

$$\boldsymbol{P}=\begin{bmatrix}1/3 & 1/3 & 0 & 1/3\\ 1/4 & 0 & 3/4 & 0\\ 1/2 & 0 & 0 & 1/2\\ 0 & 0 & 1/5 & 1/5\end{bmatrix}$$

它拥有 4 个状态，分别是 1，2，3，4。分布函数矩阵为

$$\boldsymbol{F}=\begin{bmatrix}1/3 & 2/3 & 2/3 & 1\\ 1/4 & 1/4 & 1 & 1\\ 1/2 & 1/2 & 1/2 & 0\\ 0 & 0 & 1/5 & 1\end{bmatrix}$$

4.1 节代码

假设初始状态为 1，先生成一个服从 $U(0,1)$分布的随机数 r，有 3 个区间 $(0,1/3],(1/3,2/3],(2/3,1]$，若 r 落入区间(0,1/3]，则下一步状态为 1；若 r 落入区间(1/3,2/3]，则下一步状态为 2；若 r 落入区间(2/3,1]，则下一步状态为 4。试编写代码验证齐次马尔可夫链的遍历性。

4.2　Metropolis-Hasting 采样

4.2.1　Metropolis-Hasting 算法

Metropolis 算法是 1953 年由 Metropolis 等提出的，是第一个基于马尔可夫链的蒙特卡罗方法，被评选为 20 世纪重要的算法之一。该算法基于舍选抽样法，在舍选抽样法中，有建议概率密度函数 g、目标概率密度函数 f 和概率函数（接受函数）h。Metropolis 算法假设在样本空间上存在目标（采样的分布）概率密度函数 f，需要在 Ω 上产生样本的马尔可夫链 $\{X_1,X_2,\cdots,X_n\}$，使得它的平稳分布恰好是该采样分布。

在生产制造、工程设计等领域常使用最优化方法，该方法也是管理科学和经济学的重要方法。在实际应用中它有两个难题：一是组合优化问题，如著名的旅行商问题（Traveling Salesman Problem，TSP）；二是在寻找全局最优解且目标函数非线性时，因有许多极大值点或极小值点，而陷入局部最优解的陷阱。蒙特卡罗方法对于解决这些问题非常有优势。比较常用的蒙特卡罗优化方法主要有两种：模拟退火算法（Simulated Annealing，SA）和遗传算法（Genetic Algorithm，GA）。

模拟退火算法源于统计力学。它包含两部分：退火部分和 Hasting 算法，分别对应外循环和内循环。内循环指的是在每个温度下迭代数次，寻找该温度下的能量最小值，即使内部能量最小。外循环指的是先使固体达到一个较高的温度（初始温度），然后使温度按一定比例下降，直到温度变为终止温度时停止。退火过程可以使用蒙特卡罗方法进行模拟——以某一高温为起点 X_0（初始温度），根据 X_0 使用某种算法求出候选解 X^*，利用预先设计的算法得到一

个新状态。将新状态的能量和旧状态的能量对比，如果新状态的能量小于旧状态的能量（能量减少），就接受新状态，这就是下一步的状态，如果新状态的能量大于或等于旧状态的能量（能量变大，偏离全局最优位置，与目标不符），就进行概率判断，即生成一个在区间[0,1]上服从均匀分布的随机数 u，如果 u 小于接受概率 α，就接受新状态，将其作为本步的状态，否则拒绝状态转移，仍使用旧状态。当状态稳定后，就达到了目前状态的最优解，即平稳分布。可定义系统的状态转移的接受概率为

$$\alpha=\begin{cases}1, & E(n+1)<E(n)\\ \mathrm{e}^{-\frac{E(n+1)-E(n)}{T}}, & E(n+1)\geqslant E(n)\end{cases} \tag{4-3}$$

现在考虑 Metropolis 算法。采样分布为 $\pi(x)$，利用一个已知的分布（称为建议分布）$P(X_t|X_{t-1})$ 生成一个新的候选状态 X^*，根据接受概率：

$$\alpha=\min\left\{1,\frac{\pi(X^*)}{\pi(X_{t-1})}\right\} \tag{4-4}$$

选择接受还是拒绝 X^*。若 $\pi(X^*)>\pi(X_{t-1})$，密度函数值变大，则接受概率 $\alpha=1$，接受 X^*，$X_t=X^*$。若 $\pi(X^*)\leqslant\pi(X_{t-1})$，则接受概率 $\alpha=\dfrac{\pi(X^*)}{\pi(X_{t-1})}$。生成一个在区间[0,1]上服从均匀分布的随机数 u，若 $u<\alpha$，则接受 X^*，$X_t=X^*$；否则，$X_t=X_{t-1}$，使用旧状态。这样的过程一直持续到收敛，得到的样本就是采样分布的样本。

为什么接受概率为 $\alpha=\min\left\{1,\dfrac{\pi(X^*)}{\pi(X_{t-1})}\right\}$ 呢？在一般情况下，建议分布 $P(X_t|X_{t-1})$ 为一个条件概率，把它作为转移概率与采样分布的乘积不满足细致平稳条件，即 $\pi(X_i)P(X_j|X_i)\neq\pi(X_j)P(X_i|X_j)$。处理方法是不等号左边部分乘以不等号右边部分，不等号右边部分乘以不等号左边部分，从而保证等号成立，即

$$\pi(X_i)P(X_j|X_i)\pi(X_j)P(X_i|X_j)=\pi(X_j)P(X_i|X_j)\pi(X_i)P(X_j|X_i)$$

记 $\alpha(X_j|X_i)=\pi(X_j)P(X_i|X_j)$，称之为接受概率，则有

$$\pi(X_i)P(X_j|X_i)\alpha(X_j|X_i)=\pi(X_j)P(X_i|X_j)\alpha(X_i|X_j)$$

式中，$P(X_j|X_i)\alpha(X_j|X_i)$ 被称为转移概率，从而构造出满足细致平稳条件的马尔可夫链的转移概率。建议分布在具有对称性时，即在 $P(X_j|X_i)=P(X_i|X_j)$ 时，有 $\pi(X_i)\alpha(X_j|X_i)=\pi(X_j)\alpha(X_i|X_j)$。

比较接受概率 $P(X_j|X_i)\alpha(X_j|X_i)$ 和 $P(X_i|X_j)\alpha(X_i|X_j)$ 的大小。若建议分布对称，则有 $\dfrac{\alpha(X_i|X_j)}{\alpha(X_j|X_i)}=\dfrac{\pi(X_i)P(X_j|X_i)}{\pi(X_j)P(X_i|X_j)}=\dfrac{\pi(X_i)}{\pi(X_j)}$，只需要比较 $\pi(X_i)$ 和 $\pi(X_j)$ 的大小。因此取接受概率为 $\alpha=\min\left\{1,\dfrac{\pi(X^*)}{\pi(X_{t-1})}\right\}$，此时为 Metropolis 算法。

如果建议分布不具有对称性，那么可以要求 $P(X_j|X_i)>0\Leftrightarrow P(X_i|X_j)>0$，即状态之间的转换是可逆的，则 $\dfrac{\alpha(X_i|X_j)}{\alpha(X_j|X_i)}=\dfrac{\pi(X_i)P(X_j|X_i)}{\pi(X_j)P(X_i|X_j)}$，接受概率为

$$\alpha = \min\left\{1, \frac{\pi(X^*)P(X_{t-1}|X^*)}{\pi(X_{t-1})P(X^*|X_{t-1})}\right\} \tag{4-5}$$

此时为 Metropolis-Hasting 算法。

对称分布指的是分布的密度函数具有对称性。正态分布、柯西分布、t 分布、均匀分布等分布均可以作为建议分布。

例 4.7　从密度函数 $f(x)=2x$，$0<x<1$ 的分布中采样，建议分布采用 $U(0,1)$，即 $\pi(x)=2x$，$0<x<1$，$P(y|x)\sim U(0,1)$，使用 Metropolis 算法进行采样。

第一步：设初值 $X_0=0.5$，先随机选取服从 $U(0,1)$分布的随机数 X^* 为 0.3，$\frac{\pi(X^*)}{\pi(X_0)}=0.6$，此时接受概率 $\alpha=\min\left\{1,\frac{\pi(X^*)}{\pi(X_0)}\right\}$=0.6；再随机选取服从 $U(0,1)$分布的随机数 u，为 0.8，因为 $u>\alpha$，所以 $X_1=X_0=0.5$。

第二步：先随机选取服从 $U(0,1)$分布的随机数 X^* 为 0.7，$\frac{\pi(X^*)}{\pi(X_1)}=1.4>1$，此时接受概率 $\alpha=\min\left\{1,\frac{\pi(X^*)}{\pi(X_1)}\right\}=1$；再随机选取服从 $U(0,1)$分布的随机数 u，为 0.8，因为 $u<\alpha$，所以 $X_2=X^*=0.7$。

第三步：先随机选取服从 $U(0,1)$分布的随机数 X^*，为 0.4，$\frac{\pi(X^*)}{\pi(X_2)}=\frac{4}{7}<1$，此时接受概率 $\alpha=\min\left\{1,\frac{\pi(X^*)}{\pi(X_2)}\right\}=\frac{4}{7}$；再随机选取服从 $U(0,1)$分布的随机数 u，为 0.3，因为 $u<\alpha$，所以 $X_3=X^*=0.4$。

依次类推，抽取 N 个服从密度函数为 $f(x)=2x$，$0<x<1$ 的样本。

代码 4.5：

```
import random
from scipy.stats import uniform
import matplotlib.pyplot as plt
N= 5000
x = [0 for i in range(N)]
x[0]=0.5
t=0
#统计拒绝候选点的个数 k
k=0
y=[]
#执行遍历过程
while t < N-1:
    t = t + 1
    #建议分布为 U(0,1)分布
    x_star = uniform.rvs(loc=0, scale=1, size=1, random_state=None)
    q=x_star/x[t-1]
```

```
    #计算接受概率
    alpha = min(1, q)
    #从U(0,1)分布中随机抽取一个数u
    u = random.uniform(0, 1)
    if u < alpha:
        #接受候选点
        x[t]=x_star
    else:
        #拒绝候选点
        x[t]=x[t-1]
        k+=1
#计算y=2x
for i in range(N):
    k=2*x[i]
    y.append(k)
#绘制采样分布的密度函数
plt.scatter(x, y,color='red')
num_bins = 10
#绘制采样得到的样本值的直方图
plt.hist(x, num_bins,density=True,color='blue', alpha=0.7)
plt.show()
print('拒绝的候选点的个数为',k,', 拒绝的比例为',k/N)
```

输出结果：

```
拒绝的候选点的个数为 1.13680721，拒绝的比例为 0.00022736
```

输出图像如图 4.1 所示。

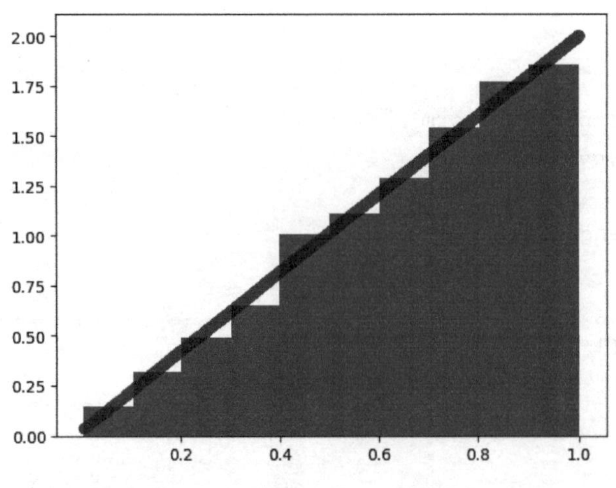

图 4.1 直方图和密度函数图像

拒绝率非常低，说明算法效率很高。

例 4.8 目标平稳分布（采样分布）是一个期望为 5，标准差为 3 的正态分布，建议分布也是正态分布，标准差为 3，期望等于上一个状态的分布的期望，即 $\pi(x) \sim N(5,3)$，

$P(y|x) \sim N(x,3)$。使用 Metropolis 算法进行采样，生成样本。

解：目标平稳分布的密度函数为 $f(x)=\frac{1}{3\sqrt{2\pi}}\mathrm{e}^{-\frac{(x-5)^2}{18}}$，先从建议分布 $N(x,3)$中生成候选值 X^*，计算接受概率 $\alpha=\min\left\{1,\frac{\pi(X^*)}{\pi(X_{t-1})}\right\}$；再随机选取服从 $U(0,1)$分布的随机数；最后判断是否接受该候选状态。

代码 4.6：

```
import random
from scipy.stats import norm
import matplotlib.pyplot as plt
#定义目标平稳分布的密度函数
def norm_p(x):
    y = norm.pdf(x, loc=5, scale=3)
    return y
#采样次数
N = 5000
x = [0 for i in range(N)]
sigma = 3
#设置初值
t = 0
#统计拒绝候选点的个数 k
k=0
#执行遍历过程
while t < N-1:
    t = t + 1
    #状态转移，进行随机抽样，建议分布为正态分布
    x_star = norm.rvs(loc=x[t - 1], scale=sigma, size=1, random_state=None)
    #计算接受概率
    alpha = min(1, (norm_p(x_star[0]) / norm_p(x[t - 1])))
    #随机选取服从 U(0,1)分布的随机数 u
    u = random.uniform(0, 1)
    if u < alpha:
        x[t] = x_star[0]
    else:
        x[t] = x[t - 1]
        k+=1
plt.scatter(x, norm.pdf(x, loc=5, scale=3),color='red')
num_bins = 100
plt.hist(x, num_bins, density=True, color='blue', alpha=0.7)
plt.show()
print('拒绝的候选点的个数为',k,'，拒绝的比例为',k/N)
```

输出结果：

```
拒绝的候选点的个数为 1430，拒绝的比例为 0.286
```

输出图像如图 4.2 所示。

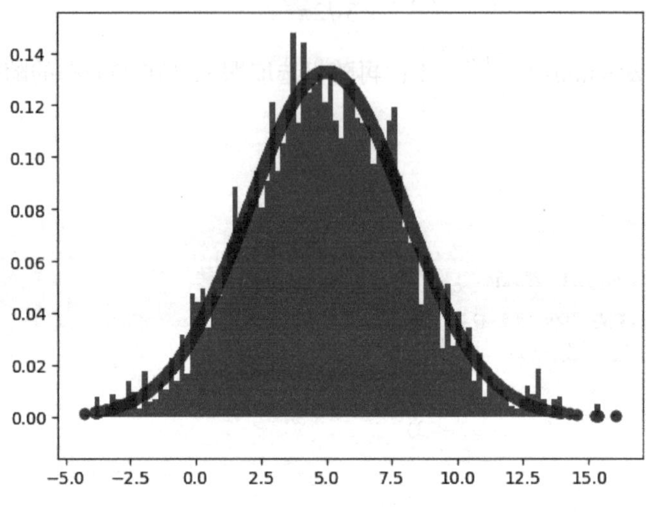

图 4.2 直方图和密度函数图像

分析如下。

调整建议分布的标准差，可以使用蒙特卡罗方法采样的数据的分布和真实的目标平稳分布相差无几。一共进行了 5000 次采样，拒绝的候选点个数为 1430 个，效率较高。

例 4.9 目标平稳分布（采样分布）是瑞利分布，密度函数为 $f(x)=\dfrac{x}{\sigma^2}\mathrm{e}^{-\frac{x^2}{2\sigma^2}}$，$x>0$，$\sigma$ 为 4。建议分布采用自由度为 x_t 的卡方分布，因为卡方分布不具有对称性，故使用 Metropolis-Hasting 算法进行采样，生成样本。

解：先从建议分布 $\chi^2(X_{t-1})$ 中生成候选值 X^*，计算接受概率 $\alpha=\min\left\{1,\dfrac{\pi(X^*)P(X_{t-1}\mid X^*)}{\pi(X_{t-1})P(X^*\mid X_{t-1})}\right\}$；再随机选取服从 $U(0,1)$分布的随机数；最后判断是否接受该候选状态。

若 X 的密度函数为 $f(x)=\dfrac{x}{\sigma^2}\mathrm{e}^{-\frac{x^2}{2\sigma^2}}$，$x>0$，令 $Y=\dfrac{X-\text{loc}}{\text{scale}}$，则 Y 的密度函数为 $f(y)=y\mathrm{e}^{-\frac{y^2}{2}}$，$y>0$。Rayleigh.pdf(x,loc=0,scale=sigma)对应的密度函数为 $f(x)=\dfrac{x}{\sigma^2}\mathrm{e}^{-\frac{x^2}{2\sigma^2}}$，$x>0$；Rayleigh.pdf(y)对应的密度函数为 $f(y)=y\mathrm{e}^{-\frac{y^2}{2}}$，$y>0$。

代码 4.7：

```
import numpy as np
from scipy.stats import chi2
from scipy.stats import rayleigh
import random
import matplotlib.pyplot as plt
N =5000
sigma=4
```

```
x = [0 for i in range(N)]
x[0]=1
t=0
#定义目标平稳分布为 loc=0 的瑞利分布
def Rayleigh_p(x,sigma):
    y =(x/(sigma**2))*np.exp(-x**2/(2*(sigma**2)))
    return y
k=0
#执行遍历过程
while t <N-1:
    t = t + 1
    #状态转移，进行随机抽样，建议分布为卡方分布
    x_star = chi2.rvs(df=x[t-1], size=1)
    alpha = min(1, Rayleigh_p(x_star,sigma)*chi2.pdf(x[t-1],df=x_star)/
(Rayleigh_p(x[t-1],sigma)*chi2.pdf(x_star,df=x[t-1])))#计算接受概率
    u=random.uniform(0,1)
    if u < alpha:
        x[t]=x_star
    else:
        x[t]=x[t-1]
        k+=1
plt.scatter(x, rayleigh.pdf(x, loc=0, scale=sigma),color='red')
num_bins = 50
plt.hist(x, num_bins, density=True, alpha=0.7)
plt.show()
print('拒绝的候选点的个数为',k,'，拒绝的比例为',k/N)
```

输出的结果为：

```
拒绝的候选点的个数为 2054，拒绝的比例为 0.4108
```

输出图像如图 4.3 所示。

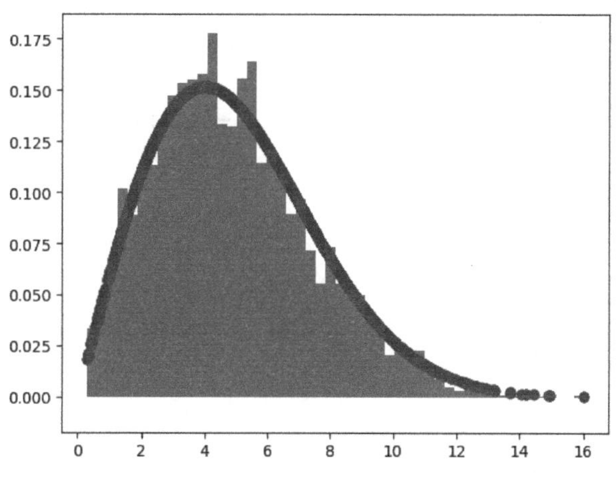

图 4.3　直方图和密度函数图像

由图 4.3 可以看出，瑞利分布的密度函数曲线和采样点的直方图比较吻合。另外，一共进行了 5000 次采样，拒绝的候选点的个数为 2054，采样效率较低。

例 4.10 目标平稳分布（采样分布）是 t 分布，密度函数为 $f(x)=\dfrac{\Gamma\left(\dfrac{n+1}{2}\right)}{\Gamma\left(\dfrac{n}{2}\right)\sqrt{n\pi}}\left(1+\dfrac{x^2}{n}\right)^{-\frac{n+1}{2}}$，$-\infty < x < +\infty$，自由度为 n。建议分布采用正态分布，因为正态分布具有对称性，故使用 Metropolis 算法进行采样，生成样本。

解：先从建议分布 $N(X_{t-1},\sigma^2)$ 中生成候选值 X^*，计算接受概率 $\alpha=\min\left\{1,\dfrac{\pi(X^*)}{\pi(X_{t-1})}\right\}$；再随机选取服从 $U(0,1)$分布的随机数；最后判断是否接受该候选状态。

代码 4.8：

```
import random
from scipy.stats import norm
from scipy.stats import t
import matplotlib.pyplot as plt
#定义目标平稳分布 t 分布
def t_p(x):
    y = t.pdf(x, n)
    return y
N =2000
x = [0 for i in range(N)]
n= 4
sigma=0.01
s = 0
k=0
#执行遍历过程
while s < N-1:
    s= s + 1
    #状态转移，进行随机抽样，建议分布为正态分布
    x_star = norm.rvs(loc=x[s - 1], scale=sigma, size=1, random_state=None)
    #计算接受概率
    alpha = min(1, (t_p(x_star[0]) / t_p(x[s - 1])))
    #随机选取服从 U(0,1)分布的随机数 u
    u = random.uniform(0, 1)
    if u < alpha:
        x[s] = x_star[0]
    else:
        x[s] = x[s - 1]
        k+=1
#采样分布的密度函数
plt.scatter(x,t.pdf(x,n),color='red')
#绘制采样分布的密度函数曲线
```

```
plt.scatter(x, t.pdf(x,n),color='red')
num_bins = 10
#绘制采样数据的直方图
plt.hist(x, num_bins, density=True, color='blue', alpha=0.7)
plt.show()
print('拒绝的候选点的个数为',k,', 拒绝的比例为',k/N)
```

结果分析如下。

（1）标准差为 0.01 时的输出：

```
拒绝的候选点的个数为 3，拒绝的比例为 0.0015
```

输出的数据图像、数据的直方图和 t 分布的密度函数图像（一）如图 4.4 所示。

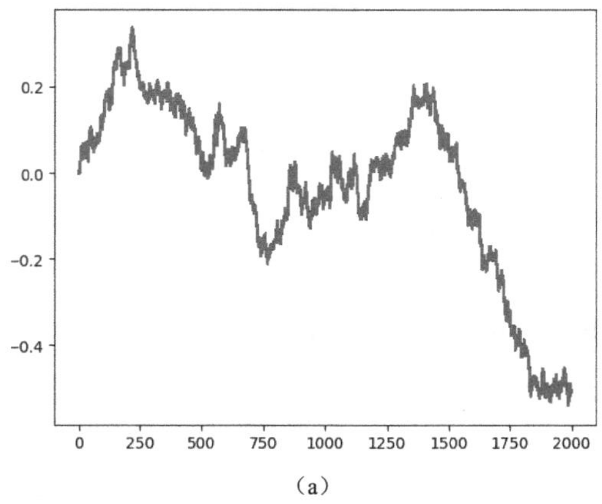

（a）

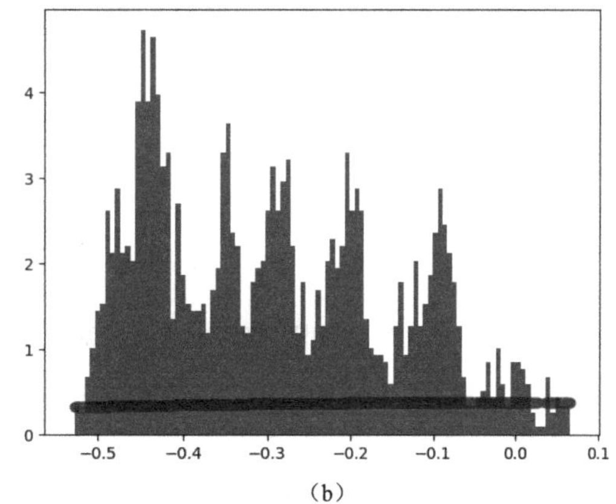

（b）

图 4.4　输出的数据图像、数据的直方图和 t 分布的密度函数图像（一）

由图 4.4 可知，在迭代 2000 次时数据还未收敛，收敛速度很慢；拒绝率非常低；得到的数据几乎不服从 t 分布。

（2）标准差为 0.5 时的输出：

```
拒绝的候选点的个数为 295，拒绝的比例为 0.1475
```

输出的数据图像、数据的直方图和 t 分布的密度函数图像（二）如图 4.5 所示。

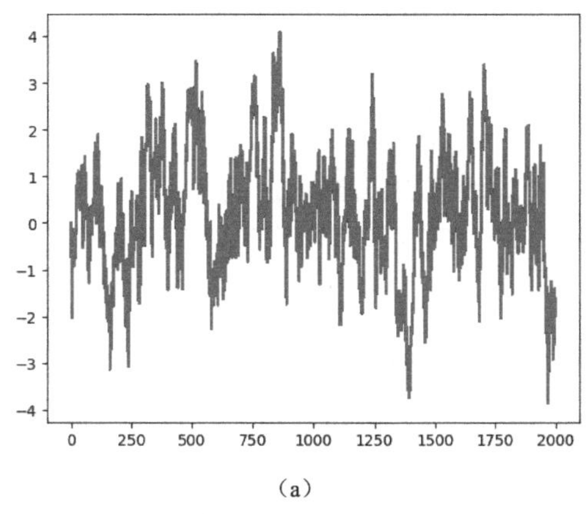

（a）

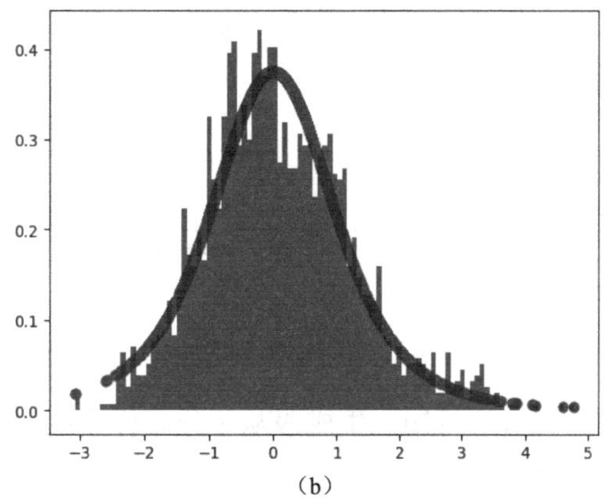

（b）

图 4.5　输出的数据图像、数据的直方图和 t 分布的密度函数图像（二）

由图 4.5 可知，生成服从 t 分布样本的过程是收敛的；拒绝率比较低，只有 14.75%的候选点被拒绝。

（3）标准差为 2 时的输出：

```
拒绝的候选点的个数为 1145，拒绝的比例为 0.5725
```

输出的数据图像、数据的直方图和 t 分布的密度函数图像（三）如图 4.6 所示。

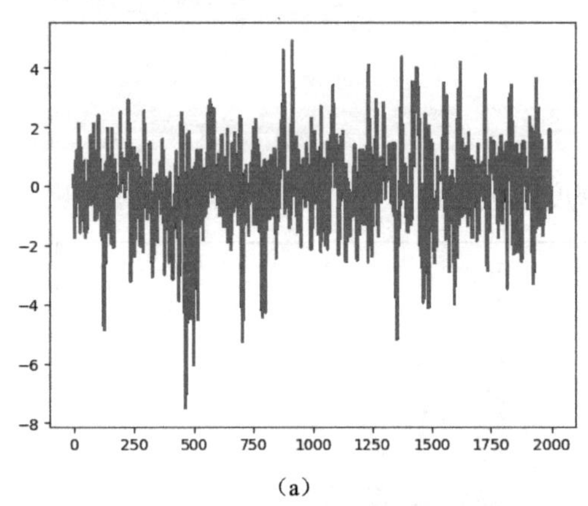

（a）

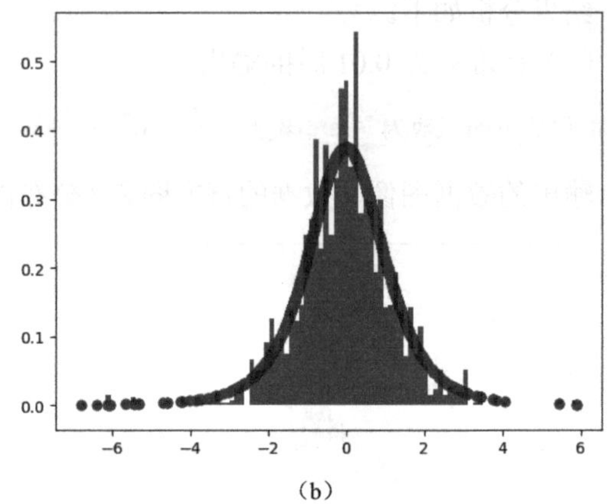

（b）

图 4.6 输出的数据图像、数据的直方图和 t 分布的密度函数图像（三）

由图 4.6 可知，生成服从 t 分布样本的过程是收敛的，拒绝率比较高，有 57.25%的候选点被拒绝了。

（4）标准差为 10 时的输出：

```
拒绝的候选点的个数为 1691，拒绝的比例为 0.8455
```

输出的数据图像、数据的直方图和 t 分布的密度函数图像（四）如图 4.7 所示。

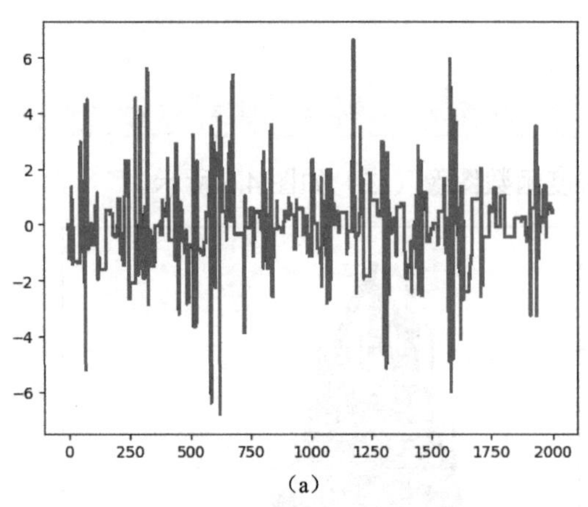

（a）

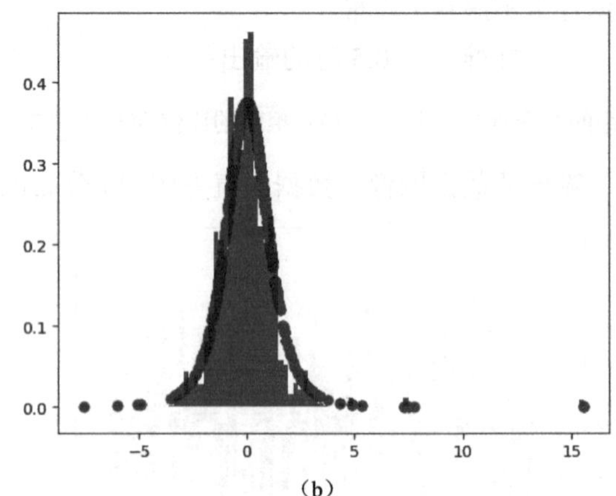

（b）

图 4.7 输出的数据图像、数据的直方图和 t 分布的密度函数图像（四）

由图 4.7 可知，生成服从 t 分布样本的过程是收敛的，但是拒绝率很高，有 84.55%的候选点被拒绝了。

随机游走也称随机漫步、随机行走等，是指基于过去的表现，无法预测将来的发展步骤和方向。由上面四种不同标准差可以看出，标准差越大，收敛效果越好，但是随之而来的是候选点的拒绝率的提高，算法的效率很低。候选点的接受率高，说明生成了一系列类似于随机游走的随机数据。

例 4.11　（**独立样本生成器**）从密度函数为 $f(x)=p\varphi_1(x)+(1-p)\varphi_2(x)$ 的混合正态分布中抽取容量为 30 的样本，使用样本数据估计比例 p。根据同等无知原则，尤其是 p 的范围为 [0,1]，可以使用贝塔分布作为先验分布，这里使用 $U(0,1)$分布。使用 p 的先验分布 $U(0,1)$作为建议分布，后验分布作为采样分布。

分析：因为样本之间是独立的，先从建议分布 $U(0,1)$中生成候选值 X^*，计算接受概率 $\alpha=\min\left\{1,\dfrac{\pi(X^*)}{\pi(X_{t-1})}\right\}$；再随机选取服从 $U(0,1)$分布的随机数；最后判断是否接受该候选状态。

下面推导参数 p 的后验分布。

先验分布为 $U(0,1)$，$\pi(p)=1$，$0<p<1$。

先写出 X 和 p 的联合分布律：

$$h(x,p)=\prod_{i=1}^{n}(p\varphi_1(x_i)+(1-p)\varphi_2(x_i))\text{，}\quad 0<p<1$$

然后求 X 的边缘分布律：

$$m(x)=\int_0^1 h(x,p)\,\mathrm{d}p=\int_0^1\prod_{i=1}^{n}(p\varphi_1(x_i)+(1-p)\varphi_2(x_i))\mathrm{d}p$$

最后求出 p 的后验分布：

$$\pi(p\mid x)=\frac{h(x,p)}{m(x)}=\frac{\prod_{i=1}^{n}(p\varphi_1(x_i)+(1-p)\varphi_2(x_i))}{\int_0^1\prod_{i=1}^{n}(p\varphi_1(x_i)+(1-p)\varphi_2(x_i))\mathrm{d}p}=\frac{\prod_{i=1}^{n}(p\varphi_1(x_i)+(1-p)\varphi_2(x_i))}{c}$$

使用 p 的先验分布 $U(0,1)$作为建议分布，因此 $P(x)=1$，$0<x<1$，而：

$$\frac{\pi(X^*)}{\pi(X_{t-1})}=\frac{\prod_{i=1}^{n}(x^*\varphi_1(z_i)+(1-x^*)\varphi_2(z_i))}{\prod_{i=1}^{n}(x_{t-1}\varphi_1(z_i)+(1-x_{t-1})\varphi_2(z_i))}$$

式中，$z_1,z_2,\cdots,z_n$ 为样本观测值。

接受概率为

$$\alpha=\min\left\{1,\frac{\prod_{i=1}^{n}(X^*\varphi_1(z_i)+(1-X^*)\varphi_2(z_i))}{\prod_{i=1}^{n}(X_{t-1}\varphi_1(z_i)+(1-X_{t-1})\varphi_2(z_i))}\right\}$$

代码中使用的命令：

```
numpy.random.multinomial(n, pvals, size=None)
```

运行上述命令，可从多项分布中提取样本，其中，pvals 选项为概率，为 p 个不同结果的概率；size 选项用于指定输出数据的形状。若给定形状为(m,n,k)，则绘制 $m\times n\times k$ 样本，默认值为 None，在这种情况下返回单个值。

命令：

```
np.random.multinomial(20,[1/6]*6,2)
```

表示掷 20 次骰子实验，一共掷 2 次。输出结果：

```
[[5 6 2 1 2 4]
 [2 2 3 5 7 1]]
```

表示第一次掷骰子结果为 5 次 1 点，6 次 2 点，2 次 3 点，1 次 4 点，2 次 5 点，4 次 6 点；第二次掷骰子结果为 2 次 1 点，2 次 2 点，3 次 3 点，5 次 4 点，7 次 5 点，1 次 6 点。

np.argmax()函数是 numpy 库中获取 array 数据的某一个维度中数值最大元素的索引。np.argmax(np.random.multinomial(1,r))表示随机取 0 和 1，0 表示 0.2；1 表示 0.8。

给出的数据是否服从混合正态分布，可以通过画直方图的方式验证。

下面的代码输出的是服从混合正态分布的随机数：

```
import matplotlib.pyplot as plt
import numpy as np
m=3000
r=[0.2,0.8]
c=[]
for i in range(m):
    #先从 0.2、0、8 中取一个数，返回的是该数的索引；然后取最大值
    k=np.random.multinomial(1,r)
    z_i = np.argmax(k)
    #生成的期望和方差均为指定数据的正态分布的随机数
    c_i = np.random.normal(mu[z_i], sigma[z_i])
    c.append(c_i)
ig, ax = plt.subplots(figsize=(8, 4))
#绘制直方图
ax.hist(c, bins=100, density=True)
```

上述程序输出的直方图如图 4.8 所示。

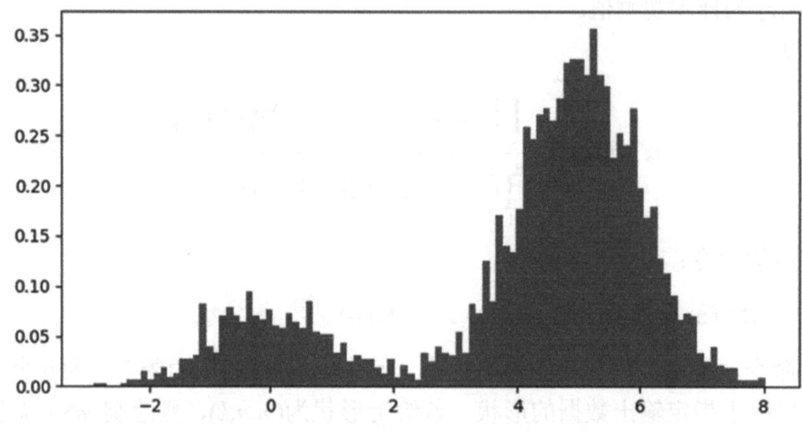

图 4.8　服从混合正态分布的数据的直方图

若只绘制混合正态分布的密度函数图像，则对应**代码 4.9** 如下：

```
import numpy as np
import matplotlib.pyplot as plt
#期望
mu = [0, 5]
#方差
sigma = [1, 1]
#比例
r = [0.2, 0.8]
#正态分布的密度函数
def mix_normal(x, mean, variance):
    return ((1. / np.sqrt(2 * np.pi * variance)) * np.exp(-(x - mean)**2 / (2 * variance)))
a = np.arange(-5, 18, 0.01)
#混合分布的密度函数
y =r[0] *mix_normal(a, mean=mu[0], variance=sigma[0]**2) + r[1] * mix_normal
(a, mean=mu[1], variance=sigma[1]**2)
ig, ax = plt.subplots(figsize=(8, 4))
ax.plot(a, y)
```

运行上述程序输出的图像如图 4.9 所示。

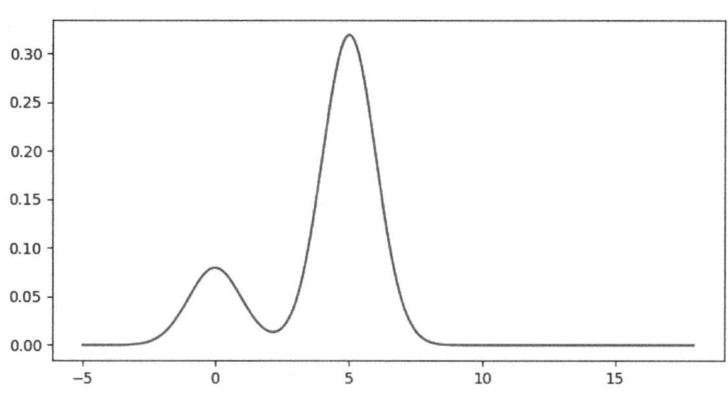

图 4.9　混合正态分布的密度函数图像

对比例 p 进行估计，**代码 4.10**：

```
import random
from scipy.stats import norm
from scipy.stats import beta
import numpy as np
import matplotlib.pyplot as plt
N =5000
x = [0 for i in range(N)]
mu=[0,5]
sigma=[1,1]
a=1
```

```
b=1
t = 0
k=0
z=[]
#比例
r = [0.2, 0.8]
m =300
#存放 m 个混合正态分布的随机数
c= []
x[0]=0.1
for i in range(m):
    #先从 0.2、0、8 中取一个数，返回的是它的索引；然后取最大值
    z_i = np.argmax(np.random.multinomial(1,r))
    #生成期望和方差均为指定数据的正态分布的随机数
    c_i = np.random.normal(mu[z_i], sigma[z_i])
    c.append(c_i)
#执行遍历过程
while t < N-1:
    t= t + 1
    #状态转移，进行随机抽样，建议分布为贝塔分布，即先验分布
    x_star = beta.rvs(a,b,size=1)
    y1 = x_star*norm.pdf(c, mu[0],sigma[0])+(1-x_star)*norm.pdf(c, mu[1],sigma[1])
    y2 = x[t-1]*norm.pdf(c, mu[0],sigma[0])+(1-x[t-1])*norm.pdf(c, mu[1],sigma[1])
    y3=(x[t-1]**(a-1))*((1-x[t-1])**(b-1))
    y4=(x_star**(a-1))*((1-x_star)**(b-1))
    #后验分布
    q=np.prod(y1/y2)*(y3/y4)
    #计算接受概率
    alpha = min(1, q)
    #随机选取服从 U(0,1)分布的随机数 u
    u = random.uniform(0, 1)
    #舍选抽样法
    if u < alpha:
        x[t] = x_star[0]
    else:
        x[t] = x[t-1]
        k+=1
#for j in range(0,N):
  #plt.plot(x)
num_bins =10
#采样数据的直方图
plt.hist(x, num_bins, density=True, color='blue', alpha=0.7)
plt.show()
print('拒绝的候选点的个数为',k,'，拒绝的比例为',k/N)
```

```
l=np.mean(x)
print('p 的估计值为',l)
```

输出结果：

```
拒绝的候选点的个数为 4627，拒绝的比例为 0.9254
p 的估计值为 0.19821454111333214
```

输出的数据图像、数据的直方图（一）如图 4.10 所示。

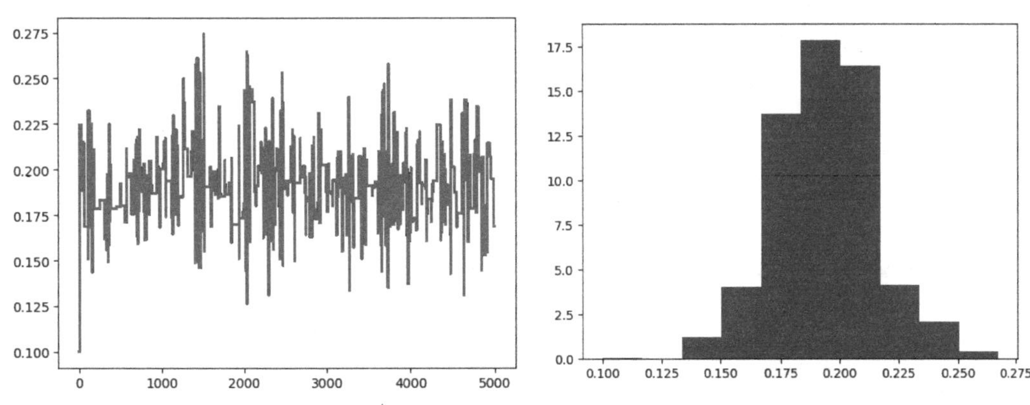

图 4.10　输出的数据图像、数据的直方图（一）

已知采样分布为混合正态分布，建议分布为正态分布，因为正态分布具有对称性，所以使用 Metropolis 算法进行采样，生成样本。

先从建议分布 $N(3,10)$中生成候选值 X^*，计算接受概率 $\alpha = \min\left\{1, \dfrac{\pi(X^*)}{\pi(X_{t-1})}\right\}$；再随机选取服从 $U(0,1)$分布的随机数；最后判断是否接受该候选状态。

代码 4.11：

```
import random
from scipy.stats import norm
import matplotlib.pyplot as plt
N =5000
x = [0 for i in range(N)]
mu=[0,5,3]
sigma=[1,1,10]
#比例
p=0.2
#设置初值
t = 0
k=0
x[0]=0
def mix_norm(x):
    y=p *norm.pdf(x, loc=mu[0], scale=sigma[0]) + (1-p)*norm.pdf(x, loc=mu[1], 
scale=sigma[1])#混合正态分布的密度函数
```

```
    return y
#执行遍历过程
while t < N-1:
    t= t + 1
    #状态转移，进行随机抽样，建议分布为正态分布
    x_star = norm.rvs(loc=mu[2], scale=sigma[2], size=1, random_state=None)
    #计算接受概率
    alpha = min(1, (mix_norm(x_star[0]) / mix_norm(x[t - 1])))
    #随机选取服从 U(0,1)分布的随机数 u
    u = random.uniform(0, 1)
    #舍选抽样法
    if u < alpha:
        x[t] = x_star[0]
    else:
        x[t] = x[t- 1]
        k+=1
#for j in range(0,N):
    #plt.plot(x)
num_bins =10
plt.hist(x, num_bins, density=True, alpha=0.7)
plt.show()
print('拒绝的候选点的个数为',k,', 拒绝的比例为',k/N)
```

输出结果：

```
拒绝的候选点的个数为 3999，拒绝的比例为 0.7998
```

输出的数据图像、数据的直方图（二）如图 4.11 所示。

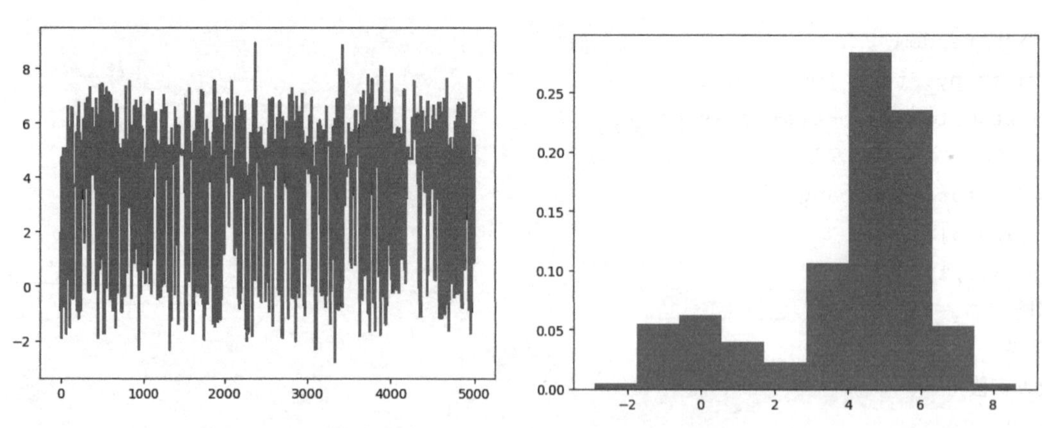

图 4.11　输出的数据图像、数据的直方图（二）

4.2.2　模拟退火算法

模拟退火算法的思想最早是由 Metropolis 等基于物理中固体物质的**退火过程**与一般的组合优化问题之间的相似性提出的。物理退火过程由以下三部分组成。

（1）加温过程。其目的是增强粒子的热运动，使其偏离平衡位置。当温度足够高时，固体溶化为液体，系统原来可能存在的非均匀状态被消除，随后进行的冷却过程以某一平衡态为起点。溶解过程与系统的熵增过程相联系，系统能量随温度的升高而增大。

（2）等温过程。对于与周围环境交换热量而温度不变的封闭系统，系统状态的自发变化总是朝着自由能减少的方向进行。当自由能达到最小值时，系统达到平衡状态。

（3）冷却过程。使粒子热运动减弱并渐趋有序，系统能量下降，得到低能的晶体结构。

物理退火中的加温过程对应模拟退火算法中的设定初温，物理退火中的等温过程对应模拟退火算法中的 Metropolis 采样过程，物理退火中的冷却过程对应模拟退火算法中的控制参数下降。这里能量的变化就是目标函数，要得到的最优解就是能量最低态。Metropolis 准则是模拟退火算法收敛于全局最优解的关键所在，Metropolis 准则以一定的概率接受恶化解，以使算法跳离局部最优陷阱。

一般在模拟退火算法中采用的 Metropolis 准则如下：

$$p=\begin{cases}1, & E(n+1)<E(n)\\ \mathrm{e}^{-\frac{E(n+1)-E(n)}{T}}, & E(n+1)\geqslant E(n)\end{cases}$$

当 T 趋向于 0 时，由概率分布可知温度的最低点。

模拟退火算法最主要的部分是要缓慢降低算法的虚拟温度。基于此引入一个方案——冷却进度表。它是模拟退火算法能否得到全局最优解的关键方法。冷却进度表是指从某一高温状态 T 向低温状态冷却时的降温函数。可选择的降温函数有两种：一种是几何冷却方式的降温函数 $T_{k+1}=\alpha T_k$，$k=1,2,\cdots$，$0<\alpha<1$，式中，α 用来控制降温的速率，为温度衰减系数，α 越大，温度衰减速率越小。α 是接近于 1 的常数，一般为 0.5～0.99。该降温函数对控制参数的衰减量是随算法进程递减的。另一种是逆对数冷却方式。假设初始温度为 T_0，当前温度为 $T(t)$，那么 $T(t)=\dfrac{T_0}{\ln(1+t)}$。

设计冷却进度表要遵循如下四个原则。

（1）有足够大的初始温度 T_0。初始温度过小可能会陷入局部最优陷阱，从而无法达到全局最优解。同时初始温度不能过大，否则计算量就会变得很大，影响速度。

（2）选择合适的降温函数。

（3）选择合适的马尔可夫链长度 k。马尔可夫链长度的选取原则是应使温度 t_i 上产生的序列达到准平衡态。

（4）停止温度应该足够小。

例 4.12　求一元函数 $y=x+10\sin 5x+7\cos 4x$ 在区间[0,1]上的最小值和最大值。

分析：直接求这个函数的最大值和最小值不太容易，可以画图观察。

代码如下：

```
import numpy as np
import math
import matplotlib.pyplot as plt
def Function(x):
    y = x+10*math.sin(5*x)+7*math.cos(4*x)
    return y
```

```
N=10
x=[]
y=[]
for i in range(N+1):
    k=i/10
    s=Function(k)
    x.append(k)
    y.append(s)
plt.plot(x, y)
plt.show()
```

通过图 4.12 可以大体看出，在 $x = 0.8991$ 时函数取得最小值，在 x=0.21 时函数取得最大值。

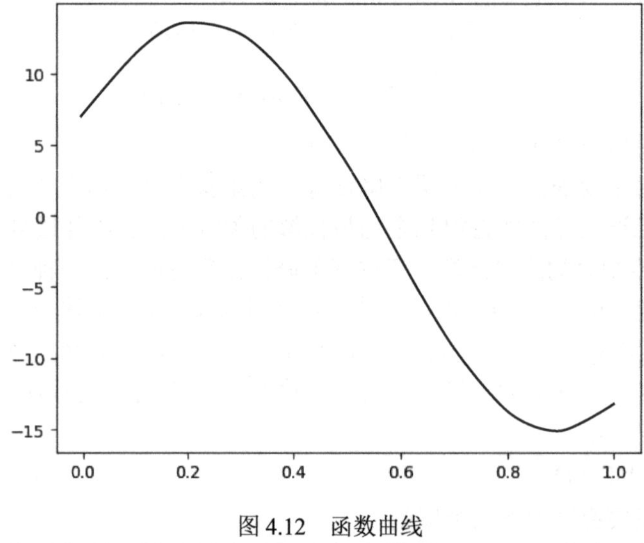

图 4.12 函数曲线

接下来使用模拟退火算法进行计算。

（1）设置初始温度 t_0=1000，温度的最小值 t_{min} 为 0.000001，温度达到最小值后就不需要再下降了。

（2）用 x 表示自变量，在 0～1 间，low=0，high=1，y 表示函数值。

（3）当温度 t_0 大于 t_{min} 时，每个温度迭代 $k = 50$ 次，执行如下步骤。

① 计算函数值 y。

② 定义 x 的扰动函数，任取一个在区间[0,1]上的随机数 u，若该随机数大于 0.5，则 $x_{new}=x+(\text{high}-x)\times u$，否则 $x_{new}=x-(x-\text{low})\times u$。若 x_{new} 介于 low～high，则计算函数值 y_{new}；否则，舍去。

③ 若 $y_{new}<y$，则 $x=x_{new}$；否则，根据 Metropolis 准则：

$$p=\begin{cases}1, & E(n+1)<E(n)\\ \mathrm{e}^{-\frac{E(n+1)-E(n)}{T}}, & E(n+1)\geqslant E(n)\end{cases}$$

判断是否接受 x_{new}。

④ 对每个温度，判断条件 $y_{new}>y_{max}$ 是否成立，若成立，则 $y_{max}=y_{new}$，$x_{bestM}=x_{new}$。求出

最大值 y_{max} 及对应的 x。判断条件 $y_{new}<y_{min}$ 是否成立，若成立，则 $y_{min}=y_{new}$，$x_{bestm}=x_{new}$。求出最小值 y_{min} 及对应的 x。

⑤ 选择降温函数 $t_i=\alpha t_{i-1}$，式中，α 为温度衰减系数。

代码 4.12：

```
import numpy as np
import math
import matplotlib.pyplot as plt
def Function(x):
    y = x+10*math.sin(5*x)+7*math.cos(4*x)
    return y
#定义自变量 x 的扰动
def Disturb(low,high,x):
    if np.random.random()>0.5:
        xnew = x + (high - x) * np.random.random()
    else:
        xnew = x - (x - low) *np.random.random()
    return xnew
#设置初始温度
t0 = 1000
#设置温度的最小值
tmin = 0.000001
#设置初值，求最值区间
low=0
high=1
x = np.random.uniform(low, high)
alpha=0.98
#设置迭代次数
k = 50
y = 0
t = 0
#设置最大值和最小值的初值
ymax=0
ymin=0
#模拟退火算法
while t0>= tmin:
    #每一个温度循环 k 轮
    for i in range(k):
        y = Function(x)
        #利用变换函数生成一个 xnew
        xnew = Disturb(low,high,x)
        if (low <= xnew and xnew <= high):
            ynew = Function(xnew)
            if ynew <y:
```

```
            x = xnew
        else:
            # Metropolis-Hasting 算法
            p = np.exp(-(ynew - y) / t0)
            r = np.random.uniform(low=0, high=1)
            if r < p:
                x = xnew
    #此处 ynew>ymax 求最大值，ynew<ymax 求最小值
    if ynew>ymax:
        ymax=ynew
        xbestM=xnew

    if ynew<ymin:
        ymin=ynew
        xbestm=xnew
    t += 1
    #降温函数
    t0=alpha*t0
print('自变量 x=',xbestM,'函数值 y=',ymax,'迭代次数为',t)
print('自变量 x=',xbestm,'函数值 y=',ymin,'迭代次数为',t)
```

输出结果：

```
自变量 x= 0.22573930378085352 函数值 y= 13.599327598073529 迭代次数为 228
自变量 x= 0.895162543645095 函数值 y= -15.162367482544628
```

若在[0,2]范围内求最小值和最大值，则把 N 和 **high** 分别改为 20 和 2 即可（N 在绘制函数曲线图的代码中，**high** 在模拟退火算法中），输出结果：

```
自变量 x= 1.5734304429268087 函数值 y= 18.572174578287733 迭代次数为 1026
自变量 x= 0.8936258923609317 函数值 y= -15.16377975376529 迭代次数为 1026
```

[0,2]范围内的函数图像如图 4.13 所示。

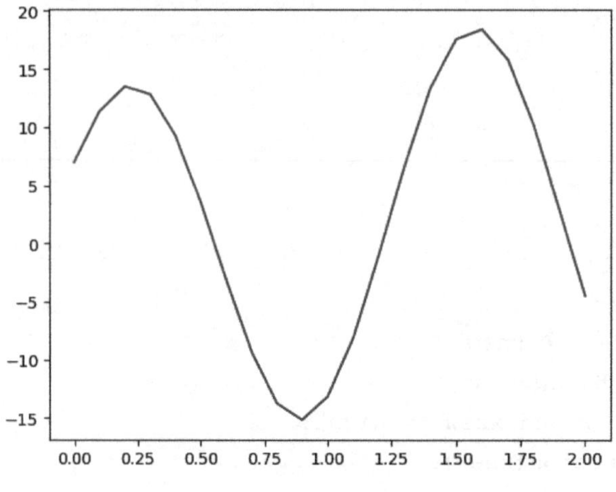

图 4.13 [0,2]范围内的函数图像

若在[0,6]范围内求最小值和最大值，则把 *N* 和 high 分别改为 60 和 6 即可（*N* 在绘制函数曲线图的代码中，high 在模拟退火算法中），输出结果：

```
自变量 x= 1.5818059209912794 函数值 y= 18.5598716228765 迭代次数为 1026
自变量 x= 0.8909247594200597 函数值 y= -15.164292269952858 迭代次数为 1026
```

[0,6]范围内的函数图像如图 4.14 所示。

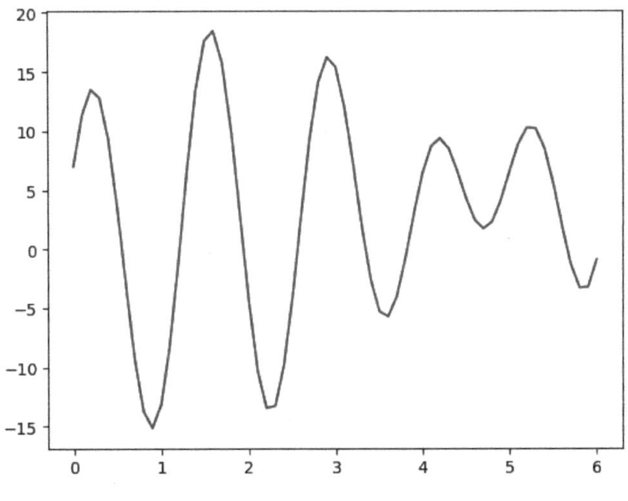

图 4.14　[0,6]范围内的函数图像

若在[0,10]范围内求最小值和最大值，则把 *N* 和 high 分别改为 100 和 10 即可（*N* 在绘制函数曲线图的代码中，high 在模拟退火算法中），输出结果：

```
自变量 x= 7.860334416239651 函数值 y= 24.853030192497513 迭代次数为 1026
自变量 x= 0.8937808206744454 函数值 y= -15.16367421791128 迭代次数为 1026
```

[0,10]范围内的函数图像如图 4.15 所示。

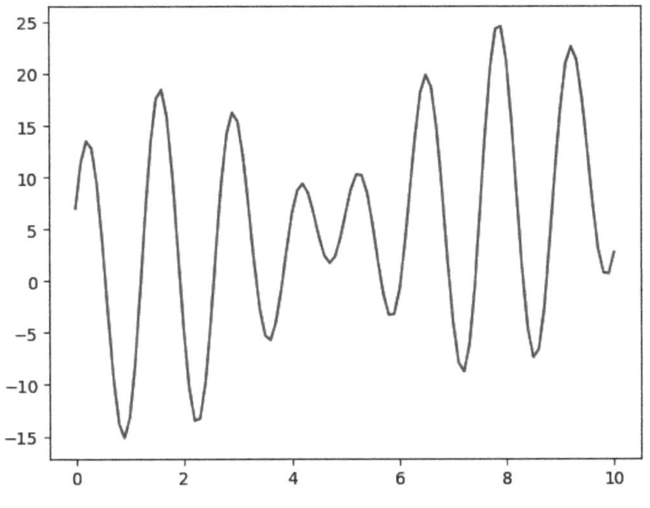

图 4.15　[0,10]范围内的函数图像

4.2.3 使用 Python 中的包计算函数的最值

例 4.13 使用 Python 中的包计算一元函数 $y = x + 10\sin 5x + 7\cos 4x$ 在区间[0,1]上的最小值和最大值。

使用 Python 的 optimize 包中的 fminbound()函数求最小值时使用函数 fminbound(f,a,b)，求最大值时使用函数 fminbound(-f,a,b)。

代码 4.13：

```
from matplotlib import pyplot as plt
from scipy.optimize import fminbound
f=lambda x: x+10*np.sin(5*x)+7*np.cos(4*x)
x0=np.linspace(0,10,num=500)
plt.plot(x0,f(x0))
#使用 fminbound 函数求最小值和最大值
#求最小值
xmin=fminbound(lambda x:x+10*np.sin(5*x)+7*np.cos(4*x),0,10)
ymin=f(xmin)
#求最大值
xmax=fminbound(lambda x:-(x+10*np.sin(5*x)+7*np.cos(4*x)),0,10)
ymax=f(xmax)
print('使用 fminbound 函数求最小值和最大值',xmin,ymin,xmax,ymax)
#求最小值和最大值
x=np.linspace(0,10,num=500)
y=f(x)
yM=y.max()
ym=y.min()
#方法 1
xm1=x[y==ym]
xm2=x[y==yM]
print('使用方法 1 求最小值和最大值',xm1,ym,xm2,yM)
#方法 2
for i in range(500):
    if y[i]==ym:
        xmin1=x[i]
    if y[i]==yM:
        xmax1=x[i]
print('使用方法 2 求最小值和最大值',xmin1,ym,xmax1,yM)
```

输出图像如图 4.16 所示。

输出结果：

```
使用 fminbound 函数求最小值和最大值 2.244061023672883
-13.812067191990195 7.856744318587948 24.855362868952255
使用方法 1 求最小值和最大值 [0.88176353] -15.147361629527438 [7.85571142] 24.85516984315916
使用方法 2 求最小值和最大值 0.8817635270541082 -15.147361629527438 7.855711422845691
24.85516984315916
```

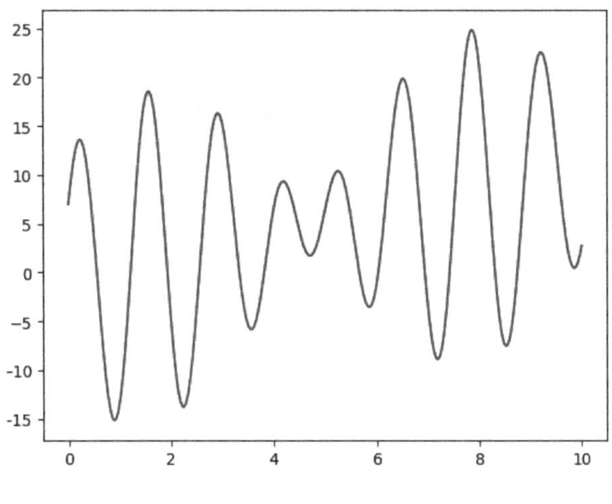

图 4.16　函数图像

使用 fminbound()函数求最小值和最大值很容易陷入局部极小值和局部极大值陷阱，方法 1 和方法 2 均可以计算最小值和最大值。

习题 4.2

1. 采样分布为伽玛分布 Ga(3,1)，建议分布为具有相同标准差的正态分布，使用 Metropolis 算法进行采样。

2. 采样分布的密度函数为 $f(x)=3x^2$，$0<x<1$，建议分布为 $U(0,1)$，使用 Metropolis 算法进行采样。

3. 采样分布为柯西分布，密度函数为 $f(x)=\dfrac{1}{\pi(1+x^2)}$，建议分布为标准差为 1 的正态分布，使用 Metropolis 算法进行采样。

4. 采样分布为标准正态分布，建议分布为 $U(-a,a)$，使用 Metropolis 算法进行采样。

5. 有两个采样分布 X 和 Y，X 服从标准正态分布，Y 的密度函数正比于 $\dfrac{1}{(1+|x|)^3}$，建议分布为标准正态分布，初值为 1，分别对这两个采样分布使用 Metropolis 算法进行采样。

6. 目标平稳分布（采样分布）是 $\mathrm{Ga}(\alpha,\lambda)$ 分布，建议分布采用 $\mathrm{Ga}\left([\alpha],\dfrac{[\alpha]}{\alpha}\right)$，因为伽玛分布不具有对称性，故使用 Metropolis-Hasting 算法进行采样，生成样本（令 $\alpha=1.5$，$\lambda=1$，$x_0=2$）。

7. 已知函数 $f(x)=x^3-80x^2-6x+10$，求该函数在[0,100]范围内的最小值。

8. 已知函数 $f(x)=\sin x+\cos x$，求该函数在[0,6]范围内的最大值。

9. 已知函数 $f(x)=(1-x^3)\sin 3x$，$-2\pi<x<2\pi$，使用模拟退火算法求该函数的最大值和最小值。

10. 已知函数 $f(x)=(1-x^3)\sin 3x$，$-2\pi<x<2\pi$，使用 fminbound()函数求该函数的最大值和最小值，如果不准确，使用例 4.13 中的方法求出函数的最大值和最小值。

4.2 节代码

4.3 Gibbs 抽样

Gibbs（吉布斯）抽样是一种应用广泛的多维分布抽样方法。Gibbs 抽样的核心是通过后验分布获得各个参数的满条件分布，并从中得到 Gibbs 样本。

考虑平面上的三个点 A、B、C，坐标分别为 $A(x_1,y_1)$、$B(x_1,y_2)$、$C(x_2,y_1)$。下面考虑第一种情况，由点 A 转移到点 B，定义转移概率为 $Q(A\to B)=P(y_2|x_1)$；由点 B 转移到点 A，定义转移概率为 $Q(B\to A)=P(y_1|x_1)$。

计算：

$$P(A)Q(A\to B)=P(x_1,y_1)P(y_2|x_1)=P(x_1)P(y_1|x_1)P(y_2|x_1)$$
$$P(B)Q(B\to A)=P(x_1,y_2)P(y_1|x_1)=P(x_1)P(y_2|x_1)P(y_1|x_1)$$

可以看出，两式相等，得到 $P(A)Q(A\to B)=P(B)Q(B\to A)$，点 A 和点 B 之间的转移是沿着 y 轴方向进行的，满足细致平衡条件。

考虑第二种情况，由点 A 转移到点 C，转移概率为 $Q(A\to C)=P(x_2|y_1)$，由点 C 转移到点 A，转移概率为 $Q(C\to A)=P(x_1|y_1)$，计算：

$$P(A)Q(A\to C)=P(x_1,y_1)P(x_2|y_1)=P(y_1)P(x_1|y_1)P(x_2|y_1)$$
$$P(C)Q(C\to A)=P(x_2,y_1)P(x_1|y_1)=P(y_1)P(x_2|y_1)P(x_1|y_1)$$

可以看出，两式相等，得到 $P(A)Q(A\to C)=P(C)Q(C\to A)$，点 A 和点 C 间的转移是沿着 x 轴方向进行的，满足细致平衡条件。

如果既不沿着 x 轴转移，又不沿着 y 轴转移，如 D 点 (x_3,y_3)，则不一定满足细致平衡条件，定义转移概率为 0。

由此可定义转移概率：

$$Q(A\to B)=\begin{cases}P(y_B|x_1), & A\text{、}B\text{两点的横坐标相同，均为}x_1\\ P(x_B|y_1), & A\text{、}B\text{两点的纵坐标相同，均为}y_1\\ 0, & A\text{、}B\text{两点的横坐标和纵坐标都不相同}\end{cases} \tag{4-6}$$

此时为 Metropolis-Hasting 算法，而且接受率为 1。

二维 Gibbs 抽样算法如下。

（1）给定初值 $(X_0,Y_0)=(x_0,y_0)$。

（2）从 $X_t\sim P(X|Y_{t-1})$ 分布中抽取随机数；从 $Y_t\sim P(Y|X_t)$ 分布中抽取随机数，$t=1,2,\cdots$。

Gibbs 抽样算法中使用的分布要求条件分布比边缘分布容易得到，且为满条件分布，即 $P(X_i|X_1X_2\cdots X_{i-1}X_{i+1}\cdots X_p)$ 均可以容易地求出。

将二维 Gibbs 抽样算法推广到 p 维，即 p 维 Gibbs 抽样算法如下。

（1）给定第 t 轮的初值 $X^{(t-1)}=(X_1^{(t-1)},X_2^{(t-1)},\cdots,X_p^{(t-1)})$。

（2）从 $X_1^{(t)}\sim P(X_1|X_2^{(t-1)},X_3^{(t-1)},\cdots,X_p^{(t-1)})$ 分布中抽取随机数。

从 $X_2^{(t)}\sim P(X_2|X_1^{(t)},X_3^{(t-1)},\cdots,X_p^{(t-1)})$ 分布中抽取随机数。

从 $X_3^{(t)} \sim P(X_3 | X_1^{(t)}, X_2^{(t)}, X_4^{(t-1)}, \cdots, X_p^{(t-1)})$ 分布中抽取随机数。

……

从 $X_i^{(t)} \sim P(X_i | X_1^{(t)}, X_2^{(t)}, \cdots, X_{i-1}^{(t)}, X_{i+1}^{(t-1)}, \cdots, X_p^{(t-1)})$ 分布中抽取随机数。

……

从 $X_p^{(t)} \sim P(X_p | X_1^{(t)}, X_2^{(t)}, \cdots, X_{p-1}^{(t)})$ 分布中抽取随机数。

下面研究该算法是否满足细致平衡条件。有两个点 A 和 B，验证 $P(A)Q(A \to B) = P(B)Q(B \to A)$ 是否成立。对第 i 个分量有

$$\begin{aligned}\frac{P(A)Q(A \to B)}{P(B)Q(B \to A)} &= \frac{P(X)Q(X \to X^*)}{P(X^*)Q(X^* \to X)} \\ &= \frac{P(X_i | X_{-i})P(X_{-i})P(X^* | X)}{P(X_i^* | X_{-i}^*)P(X_{-i}^*)P(X | X^*)} \\ &= \frac{P(X_i | X_{-i})P(X_{-i})P(X_i^* | X_{-i})}{P(X_i^* | X_{-i}^*)P(X_{-i}^*)P(X_i | X_{-i}^*)}\end{aligned}$$

式中，X_{-i} 指的是 $X_1^{(t)}, X_2^{(t)}, \cdots, X_{i-1}^{(t)}, X_{i+1}^{(t-1)}, \cdots, X_p^{(t-1)}$，因为第 i 维的条件分布均为 $X_i^{(t)} \sim P(X_i | X_1^{(t)}, X_2^{(t)}, \cdots, X_{i-1}^{(t)}, X_{i+1}^{(t-1)}, \cdots, X_p^{(t-1)})$，因此 $P(X_{-i}) = P(X_{-i}^*)$，且 $P(X_i^* | X_{-i}) = P(X_i^* | X_{-i}^*)$，$P(X_i | X_{-i}^*) = P(X_i | X_{-i})$，有 $P(A)Q(A \to B) = P(B)Q(B \to A)$，满足细致平衡条件，且接受率为 1。

例 4.14　使用 Gibbs 抽样算法生成二维正态分布 $N(\mu_1, \mu_2, \sigma_1^2, \sigma_2^2, \rho)$，其中期望分别为 0、2；标准差分别为 1、0.5；相关系数为 0.75。

解：联合分布 $(X, Y) \sim N(\mu_1, \mu_2, \sigma_1^2, \sigma_2^2, \rho)$ 的密度函数为

$$f(x, y) = \frac{1}{2\pi\sigma_1\sigma_2\sqrt{1-\rho^2}} \mathrm{e}^{-\frac{1}{2(1-\rho^2)}\left(\left(\frac{x-\mu_1}{\sigma_1}\right)^2 + \left(\frac{y-\mu_2}{\sigma_2}\right)^2 - 2\rho\left(\frac{x-\mu_1}{\sigma_1}\right)\left(\frac{y-\mu_2}{\sigma_2}\right)\right)}$$

边缘分布 $X \sim N(\mu_1, \sigma_1^2)$ 和 $Y \sim N(\mu_2, \sigma_2^2)$ 的密度函数分别为 $f(x) = \frac{1}{\sqrt{2\pi}\sigma_1}\mathrm{e}^{-\frac{(x-\mu_1)^2}{2\sigma_1^2}}$，$f(y) = \frac{1}{\sqrt{2\pi}\sigma_2}\mathrm{e}^{-\frac{(y-\mu_2)^2}{2\sigma_2^2}}$；条件分布分别为 $Y | X \sim N\left(\mu_2 + \rho\frac{\sigma_2}{\sigma_1}(x-\mu_1), \sigma_2^2(1-\rho^2)\right)$，$X | Y \sim N\left(\mu_1 + \rho\frac{\sigma_1}{\sigma_2}(y-\mu_2), \sigma_1^2(1-\rho^2)\right)$。

算法如下。

（1）创建列表 x 和列表 y，均取初值为 0。

（2）每次生成条件分布时循环 30 次。一次循环为先取服从条件分布 $X | Y \sim N\left(\mu_1 + \rho\frac{\sigma_1}{\sigma_2}(y-\mu_2),\ \sigma_1^2(1-\rho^2)\right)$ 的随机数，再取服从条件分布 $Y | X \sim N\left(\mu_2 + \rho\frac{\sigma_2}{\sigma_1}(x-\mu_1), \sigma_2^2(1-\rho^2)\right)$ 的随机数，如此循环 30 次得到 X 和 Y。

（3）画出 X 的直方图和 $N(0,1)$ 分布的密度函数曲线，进行比较；画出 Y 的直方图和 $N(2,0.25)$

分布的密度函数曲线，进行比较。

（4）计算 X 和 Y 的相关系数矩阵。

代码 4.14：

```
from scipy.stats import norm
import numpy as np
import matplotlib.pyplot as plt
N =1000
x=[0 for i in range(N)]
y=[0 for i in range(N)]
k=30
t=0
mu1=0
mu2=2
sigma1=1
sigma2=0.5
rho=0.75
s1=np.sqrt(1-rho**2)*sigma1
s2=np.sqrt(1-rho**2)*sigma2

x[0]=1
while t <N-1:
    t = t + 1
    a=x[t]
b=y[t]

    for j in range(k):
        a=np.random.normal(mu1+(b-mu2)*rho*sigma1/sigma2,s1)
        b=np.random.normal(mu2+(a-mu1)*rho*sigma2/sigma1,s2)
    x[t]=a
    y[t]=b
num_bins=100
plt.scatter(x, norm.pdf(x,loc=0,scale=1),color='red')
plt.hist(x, num_bins, density=True, alpha=0.7)
#plt.scatter(y, norm.pdf(y,loc=2,scale=0.5),color='red')
#plt.hist(y, num_bins, density=True, alpha=0.7)
plt.show()
r=np.corrcoef(x,y)
print(r)
```

输出的 X 的直方图及 $N(0,1)$分布的密度函数曲线如图 4.17 所示。

输出的 Y 的直方图及 $N(2,0.25)$分布的密度函数曲线如图 4.18 所示。

(X,Y)的图像如图 4.19 所示。

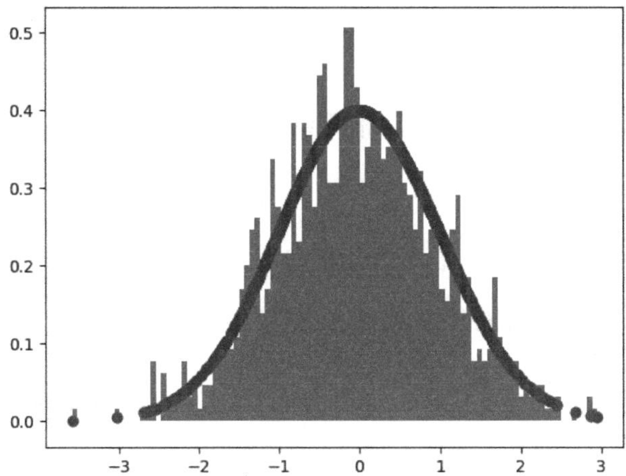

图 4.17　输出的 X 的直方图和 $N(0,1)$分布的密度函数曲线

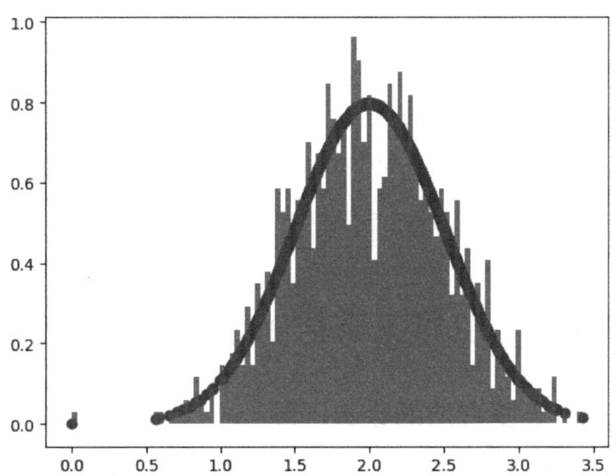

图 4.18　输出的 Y 的直方图和 $N(2,0.25)$分布的密度函数曲线

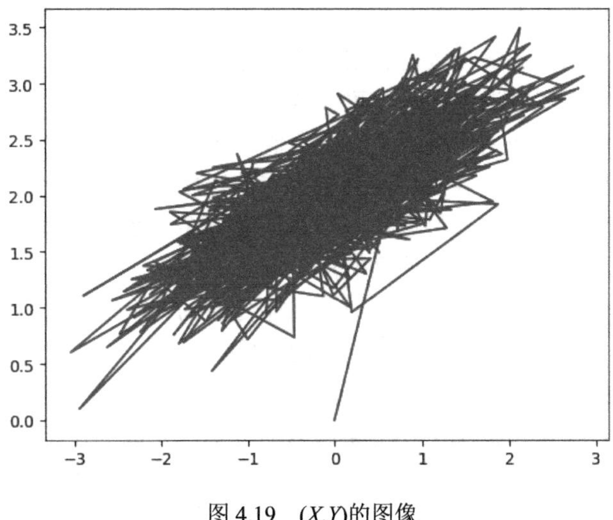

图 4.19　(X,Y)的图像

输出的相关系数矩阵：

```
[[1.         0.76378053]
 [0.76378053 1.        ]]
```

由输出内容可知，平均值、标准差、相关系数均接近原始参数。

习题 4.3

1．使用 Gibbs 抽样算法生成二维均匀分布 $(X,Y)\sim U(D)$。D 为单位圆，联合密度函数为 $f(x,y)=\dfrac{1}{\pi}$，$x^2+y^2=1$，边缘分布 X 的密度函数为 $f_X(x)=\dfrac{2}{\pi}\sqrt{1-x^2}$（$-1\leqslant x\leqslant 1$）；$Y$ 的密度函数为 $f_Y(y)=\dfrac{2}{\pi}\sqrt{1-y^2}$（$-1\leqslant y\leqslant 1$）；条件分布分别为 $Y|X\sim U(-\sqrt{1-x^2},\sqrt{1-x^2})$，$X|Y\sim U(-\sqrt{1-y^2},\sqrt{1-y^2})$。

2. 使用 Gibbs 抽样算法生成一个二维正态分布 $N(\boldsymbol{\mu},\boldsymbol{\Sigma})$。式中，$\boldsymbol{\mu}=[\mu_1,\ \mu_2]=[5,\ -1]$，$\boldsymbol{\Sigma}=\begin{bmatrix}\sigma_1^2 & \rho\sigma_1\sigma_2\\ \rho\sigma_1\sigma_2 & \sigma_2^2\end{bmatrix}=\begin{bmatrix}1 & 1\\ 1 & 4\end{bmatrix}$。

3．已知二维分布的联合密度函数为

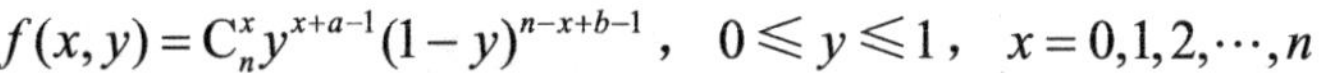

$$f(x,y)=\mathrm{C}_n^x y^{x+a-1}(1-y)^{n-x+b-1},\quad 0\leqslant y\leqslant 1,\quad x=0,1,2,\cdots,n$$

使用 Gibbs 抽样算法进行采样。取 $a=1$，$b=1.5$，$n=50$。

4.3 节代码

4.4 马尔可夫链蒙特卡罗方法分析

4.4.1 马尔可夫链蒙特卡罗方法的收敛问题

为了使马尔可夫链能够正常地估计有关参数和进行统计推断，必须使马尔可夫链收敛于平稳分布。在使用马尔可夫链蒙特卡罗方法时，需要检验马尔可夫链的收敛性。检验马尔可夫链是否收敛的方法比较复杂，需要从多种角度进行验证。如果检验结果都认为马尔可夫链是收敛的，那么这个马尔可夫链收敛就有很强的说服力。

在马尔可夫链蒙特卡罗方法中，马尔可夫链的收敛性主要受如下 3 个因素影响。

（1）初值。要尽可能地使初值接近于参数真值。

（2）后验分布的密度函数。收敛性与后验分布的密度函数的形状有关，如果后验分布的密度函数的形状是单峰的，就比较好解决；如果后验分布的密度函数的形状是多峰的，那么可能会有伪收敛现象，即可能会有其他极值点导致的干扰。

（3）工具分布。一个好的工具分布应该与后验分布的密度函数有许多重合的中心区域，并且尾部比较厚，且包含后验分布的密度函数的支撑。

马尔可夫链收敛性的诊断方法主要如下。

（1）样本路径图。在正常情况下，如果收敛的马尔可夫链不存在趋势和周期，即所有值都在一个区域内，没有趋势性和周期性，并且持续地沿一条水平线小幅波动，就可以认为该马尔可夫链是平稳的。该方法是通过视觉观察进行判断的。

（2）Geweke 检验法。该检验方法包括两个诊断——数量诊断和图形诊断。如果马尔可夫链是收敛的，那么该马尔可夫链前、后两部分的平均值应该是相等的。可以假设马尔可夫链两部分渐近独立，检验统计量（U 检验统计量）渐近服从标准正态分布。在数量诊断中，算出每个马尔可夫链的检验统计量的值。如果检验统计量的值小于 1.96（若显著性水平取 0.05，则 U 检验的分位数为 1.96），那么马尔可夫链就是收敛的。在图形诊断中，先利用数量诊断法算出统计量的值；然后切除前面的马尔可夫链，对剩余的马尔可夫链再使用数量诊断法得出下一个统计量的值，以此类推。当统计量的值达到一定数量后，将其标记在坐标系中并画出某一置信度在它的置信区间内形成的置信带。若大部分统计量的值在置信带内，则认为该马尔可夫链是收敛的。

（3）Gelman-Rubin 检验。该检验方法又称方差比检验，该检验方法先模拟多条初值尽可能分散的马尔可夫链，经过一段时间后，若这几条马尔可夫链都平稳，则说明算法收敛。这几条马尔可夫链应该有相同的统计特征，如样本均值、样本方差等，利用类似方差分析中的做法构造一个统计量来诊断马尔可夫链的收敛性。

在实际操作中，可在同一个二维图中画出这些不同的马尔可夫链产生的后验样本值与迭代次数的散点图，如果经过若干次迭代后，散点图基本稳定，且重合在一起，就可判断算法收敛。

4.4.2　Gelman-Rubin 检验

把不同的马尔可夫链数据放在一起考察收敛性，若平稳，则马尔可夫链内和马尔可夫链间的方差应近似相等，可以参考方差分析法。

产生 k 个长度为 n 的马尔可夫链，数据记为 $x_i^{(j)}$，表示第 i 个马尔可夫链中的第 j 次迭代值，$i=1,2,\cdots,k$，$j=1,2,\cdots,n$。

定义马尔可夫链内数据的平均值为 $\bar{x}_i=\frac{1}{n}\sum_{j=1}^{n}x_i^{(j)}$（第 i 个马尔可夫链的样本均值），所有样本的总均值为 $\bar{x}=\frac{1}{kn}\sum_{i=1}^{k}\sum_{j=1}^{n}x_i^{(j)}$，则马尔可夫链内的偏差平方和为 $S_{\mathrm{E}}=\sum_{i=1}^{k}\sum_{j=1}^{n}\left(x_i^{(j)}-\bar{x}_i\right)^2$，马尔可夫链间的偏差平方和为 $S_{\mathrm{A}}=\sum_{i=1}^{k}\sum_{j=1}^{n}\left(\bar{x}_i-\bar{x}\right)^2=n\sum_{i=1}^{k}\left(\bar{x}_i-\bar{x}\right)^2$。

因为 $E(S_{\mathrm{A}})=E\left(n\sum_{i=1}^{k}\left(\bar{x}_i-\bar{x}\right)^2\right)=(k-1)\sigma^2$，$E\left(\frac{S_{\mathrm{A}}}{k-1}\right)=\sigma^2$，记

$$B=\frac{S_{\mathrm{A}}}{k-1}=\frac{n}{k-1}\sum_{i=1}^{k}\left(\bar{x}_i-\bar{x}\right)^2 \tag{4-7}$$

则 $E(B)=\sigma^2$。

$$E(S_{\mathrm{E}})=E\left(\sum_{i=1}^{k}\sum_{j=1}^{n}\left(x_i^{(j)}-\bar{x}_i\right)^2\right)=(kn-k)\sigma^2$$

$$E\left(\frac{S_{\mathrm{E}}}{k(n-1)}\right)=E\left(\frac{1}{k(n-1)}\sum_{i=1}^{k}\sum_{j=1}^{n}\left(x_i^{(j)}-\bar{x}_i\right)^2\right)=\sigma^2$$

记

$$W=\frac{1}{k(n-1)}\sum_{i=1}^{k}\sum_{j=1}^{n}\left(x_i^{(j)}-\bar{x}_i\right)^2=\frac{1}{k}\sum_{i=1}^{k}\frac{1}{n-1}\sum_{j=1}^{n}\left(x_i^{(j)}-\bar{x}_i\right)^2=\frac{1}{k}\sum_{i=1}^{k}s_i^2 \tag{4-8}$$

选取参数 θ 的方差 σ^2 的估计值为

$$\hat{D}(\theta)=\frac{n-1}{n}W+\frac{1}{n}B \tag{4-9}$$

经验证该估计值为方差 σ^2 的无偏估计。如果 $\hat{D}(\theta)$ 相对于 W 很大，就说明截止到时间 n，链条还没有收敛到目标分布。

Gelman-Rubin 估计量为

$$\sqrt{\hat{R}}=\sqrt{\frac{\hat{D}(\theta)}{W}} \tag{4-10}$$

当 n 趋于无穷时，$\sqrt{\hat{R}}$ 单调递减趋于 1，$\sqrt{\hat{R}}$ 应该小于 1.2。

算法如下。

（1）使用建议分布 $N(X_t,\omega^2)$ 生成 k 条长度为 n 的服从标准正态分布的马尔可夫链。

（2）根据式（4-7）～式（4-10），计算 Gelman-Rubin 估计量 $\sqrt{\hat{R}}$ 。

（3）画出平均值的图像和 Gelman-Rubin 估计量的图像。

代码中用到的部分函数如下。

（1）np.var()函数用于求偏差平方和除以 n 的值。

（2）cumsum()函数的功能是把当前列之前的和加到当前列上。

① 对于一维输入（可以是表，也可以是 array）：

```
import numpy as np
a=[1,2,3,4,5,6,7]
print(np.cumsum(a))
```

输出结果：

```
array([ 1, 3, 6, 10, 15, 21, 28, 36, 45, 55, 75, 105])
```

② 对于二维输入：

```
import numpy as np
a=[[1,2,3],[4,5,6],[7,8,9]]
b=np.cumsum(a,axis=0)
c= np.cumsum(a,axis=1)
print(b,c)
```

输出结果：

```
array([[ 1, 2, 3],[ 5, 7, 9],[12, 15, 18]])
array([[ 1, 3, 6],[ 4, 9, 15],[ 7, 15, 24]])
```

参数 axis 可以是 0（第一行不动，其他行累加），也可以是 1（第一列不动，其他列累加）。

代码 4.15：

```
import random
import numpy as np
from scipy.stats import norm
import matplotlib.pyplot as plt
```

```
#生成服从 N(0,1)分布的马尔可夫链
#σ为建议分布的标准差；N为马尔可夫链的长度；X1 为初值
def norm_chain(sigma,N,X1):

    #定义平稳分布正态分布的密度函数
    def norm_p(x):
        y = norm.pdf(x, loc=0, scale=1)
        return y
    x = [0 for i in range(N)]
    x[0]=X1
    #设置初值
    t = 0
    #执行遍历过程
    while t < N-1:
        t = t + 1
        #状态转移，进行随机抽样，建议分布为正态分布
        x_star = norm.rvs(loc=x[t - 1], scale=sigma, size=1, random_state=None)
        #计算接受概率
        alpha = min(1, (norm_p(x_star[0]) / norm_p(x[t - 1])))
        #从均匀分布中随机抽取一个数 u
        u = random.uniform(0, 1)
        if u < alpha:
            x[t] = x_star[0]
        else:
            x[t] = x[t - 1]
    #plt.scatter(x, norm.pdf(x, loc=0, scale=1),color='red')
    #num_bins = 100
    #plt.hist(x, num_bins, density=True, color='blue', alpha=0.7)
    #plt.show()
    return x
#计算 Gelman-Rubin 估计量 rhat
def gelman_rubin(s):
    s=np.mat(s)
    #定义 s 的行数 r 和列数 l
    r=s.shape[0]
    l=s.shape[1]
    #按行求 s 的平均值 s1
    s1=np.mean(s,axis=1)
    #s1 的平均值
    b=r*l*np.var(s1)/(r-1)
    #求链内偏差平方和 w
    sw=l*np.var(s,axis=1)/(l-1)
    w=np.mean(sw)
    vhat=w*(l-1)/l+b/l
```

```
    rhat=np.sqrt(vhat/w)
    return rhat
#k 条马尔可夫链，每条马尔可夫链有 n 个值
sigma=0.3
k=4
n=10000
x0=[-4,0,4,8]
X=np.zeros((k,n))
#生成 k 条服从正态分布的马尔可夫链，并将其赋给 X
for i in range(k):
    X[i,]=norm_chain(sigma,n,x0[i])
#第一列不变，其余列累加，如第二列为前两列之和，p 为 Y 的转置
Y=np.cumsum(X,axis=1)
p=np.transpose(Y)
#p 的行数和列数
a=p.shape[0]
b=p.shape[1]
#每一行除以累加的列数
for i in range(a):
    p[i,]=p[i,]/(i+1)
q=gelman_rubin(p)
print('估计量为',q)
z=np.transpose(p)
'''
#画出从 1000～n 的平均值图像
fig, axes = plt.subplots(nrows=2, ncols=2, figsize=(20, 8), dpi=100)
plt.subplot(221)
plt.plot(z[0,1000:n])
plt.subplot(222)
plt.plot(z[1,1000:n])
plt.subplot(223)
plt.plot(z[2,1000:n])
plt.subplot(224)
plt.plot(z[3,1000:n])
'''
#画出估计量 rhat 的图像
rhat1=np.zeros(n)
for j in range(1000,n):
    rhat1[j]=gelman_rubin(z[:,1:j])
plt.plot(rhat1[1000:n])
```

输出结果及图像如下。

当 σ=0.3 时：

```
估计量为 0.9221822980163302
```

输出图像如图 4.20 所示。

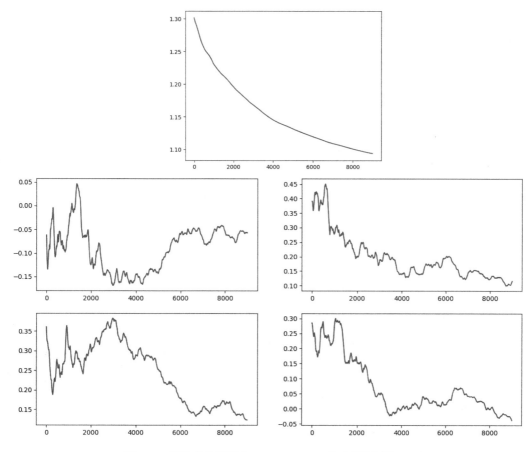

图 4.20　平均值的图像和 Gelman-Rubin 估计量的图像（一）

由图 4.20 可知，当迭代次数大于 3400 次时，估计量值小于 1.1。

当 σ=3 时：

```
估计量为 0.9409776881584211
```

输出图像如图 4.21 所示。

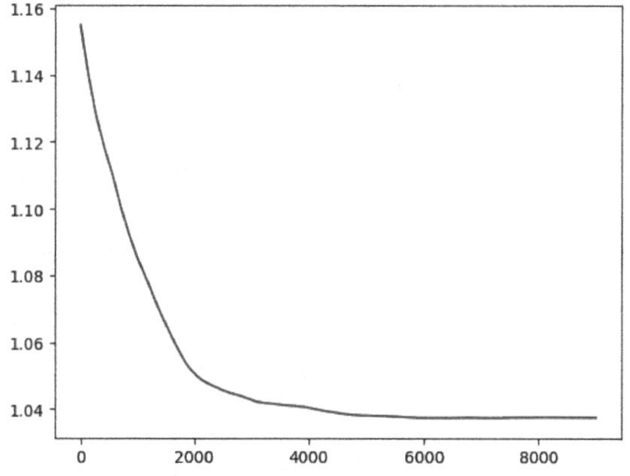

图 4.21　平均值的图像和 Gelman-Rubin 估计量的图像（二）

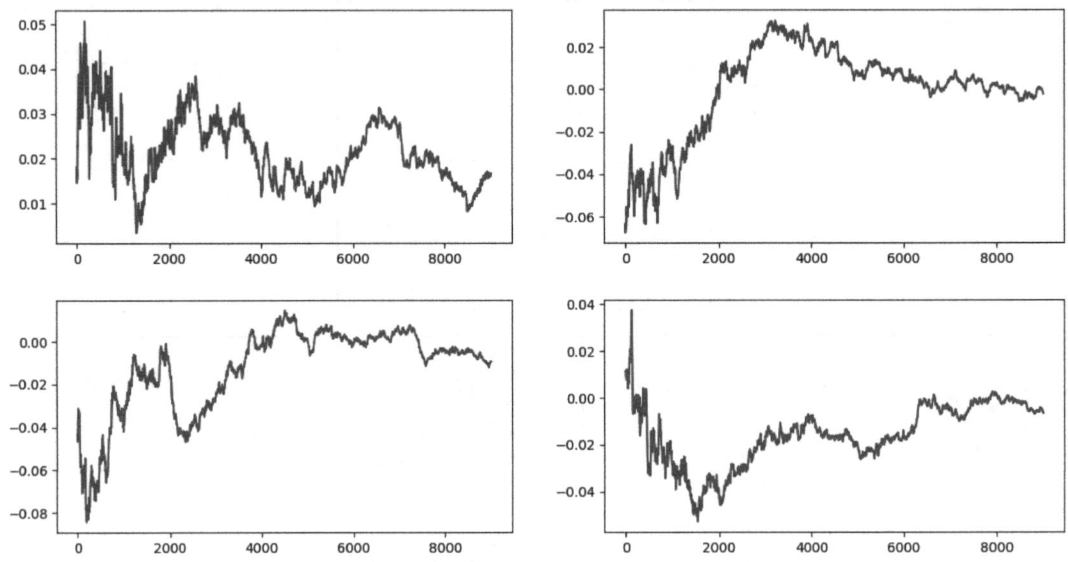

图 4.21 平均值的图像和 Gelman-Rubin 估计量的图像（二）（续）

由图 4.21 可知，当迭代次数为 1000 次左右时，估计量值小于 1.1。

4.4 节代码

Gelman-Rubin 检验是一种定量地检测收敛性的方法。该检验的思想是比较不同马尔可夫链之间的差异和马尔可夫链内部的差异，因此需要多组马尔可夫链来进行检验。根据经验，若得到的 $\sqrt{\hat{R}}$ 的值小于 1.1，则认为该马尔可夫链收敛；若得到的 $\sqrt{\hat{R}}$ 的值大于 1.1，则认为该马尔可夫链不收敛。

扩展阅读：无后效性

几何分布和指数分布具有无后效性。由于指数分布具有无后效性，因此有人戏称服从指数分布的随机变量是“永远年轻的”。指数分布的这个特点使得指数分布忽略了损耗，限制了它的应用范围。使用了一年的冰箱和新买的冰箱寿命相同，这不太合理。但是指数分布仍然可以作为高可靠性的复杂部件、机器或系统的失效分布模型，在部件或机器的整机实验中得到广泛应用。

对于指数分布的不合理之处，威布尔分布对此进行了修改，引进了一个变量 m。当 m=1 时，威布尔分布就是指数分布；当 m<1 时，威布尔分布就具有“越用越耐用”的特点，在商业上的典型应用是注册越久的会员越不容易流失；当 m>1 时，威布尔分布就具有“越老越不行”的特点，如越老的车越容易报废，越老的零件越不可靠。威布尔分布以瑞典工程师、数学家 Waloddi Weibull（1887—1979）的名字命名，是可靠性分析及寿命检验的理论基础，一般在统计可靠性或进行寿命检验时用。例如，预计有效寿命阶段有多少次保修索赔，预计 8h 老化期间失效的保险丝的占比。在研究机械、化工、电气、电子、材料的失效时间时，威布尔分析被广泛应用。它的密度函数为 $f(x)=\dfrac{m}{\beta}(x-\alpha)^{m-1}\mathrm{e}^{\frac{-(x-\alpha)^m}{\beta}}$，$x \geqslant \alpha$，式中 m、α、β 均为大于 0 的常数。威布尔分布概括了许多典型分布，当 m=1 时，它是指数分布；当 m=2 时，它是瑞利分布。

第5章　EM算法

5.1　EM算法概述

EM 算法是 1977 年由 Dempster 等人提出的一种求参数极大似然估计的迭代优化算法，可以处理数据截尾、数据缺失和带有噪声等不完全数据的参数的极大似然估计或极大后验估计。EM 算法是一种可以在不完全数据下进行参数的极大似然估计或极大后验估计的行之有效的方法。EM 算法引入隐变量，通过 E 步（Expectation Step）和 M 步（Maximization Step），完成参数估计。E 步利用现有模型估计参数，用该估计值计算似然函数的期望值，主要目的是消去隐变量。M 步寻找似然函数最大化时对应的参数值。

为了便于寻找对数似然函数最大值对应的参数，引入 Jensen 不等式。

定理 5.1　（Jensen 不等式）

若 $f(x)$是凸函数，则有 $E(f(x)) \geqslant f(E(x))$，当且仅当 $x = E(x)$ 时，$E(f(x)) = f(E(x))$；若 $f(x)$是凹函数，则有 $E(f(x)) \geqslant f(E(x))$。

用 Z 表示隐变量，概率分布为 $Q(z)$，满足 $\sum_z Q_i(z) = 1$，$Q_i(z) \geqslant 0$。似然函数为 $L(\theta) = \prod_{i=1}^{n} p(x_i, \theta)$，对似然函数取对数得

$$\ln L(\theta) = \sum_{i=1}^{n} \ln p(x_i, \theta) = \sum_{i=1}^{n} \ln \sum_z p(x_i, z, \theta) = \sum_{i=1}^{n} \ln \sum_z Q_i(z) \frac{p(x_i, z, \theta)}{Q_i(z)}$$

因为 $f(x) = \ln x$ 为凹函数，满足 $E(\ln(x)) \leqslant \ln(E(x))$，令 $g(z) = \frac{p(x_i, z, \theta)}{Q_i(z)}$，则 $\ln \sum_z Q_i(z) \frac{p(x_i, z, \theta)}{Q_i(z)} = \ln \sum_z Q_i(z) g(z) = \ln E(g(z))$，求期望得

$$E(\ln(g(z))) = \sum_z Q_i(z) \ln(g(z)) = \sum_z Q_i(z) \ln\left(\frac{p(x_i, z, \theta)}{Q_i(z)}\right)$$

由 Jensen 不等式有

$$\ln \sum_z Q_i(z) \frac{p(x_i, z, \theta)}{Q_i(z)} \geqslant \sum_z Q_i(z) \ln\left(\frac{p(x_i, z, \theta)}{Q_i(z)}\right)$$

$$\ln L(\theta) = \sum_{i=1}^{n} \ln \sum_z Q_i(z) \frac{p(x_i, z, \theta)}{Q_i(z)} \geqslant \sum_{i=1}^{n} \sum_z Q_i(z) \ln \frac{p(x_i, z, \theta)}{Q_i(z)} = M(\theta)$$

只要不断最大化 $M(\theta)$ 的下界，就可以使 $\ln L(\theta)$ 不断增加。

当 $X = E(X)$ 时，Jensen 不等式中的等号成立，有

$$\ln \sum_z Q_i(z) \frac{p(x_i, z, \theta)}{Q_i(z)} = \sum_z Q_i(z) \ln\left(\frac{p(x_i, z, \theta)}{Q_i(z)}\right)$$

此时有 $f(X)=f(E(X))=E(f(X))$，因此 $g(z)=\dfrac{p(x_i,z,\theta)}{Q_i(z)}$ 为常数，则 $\dfrac{p(x_i,z,\theta)}{Q_i(z)}=c$，$p(x_i,z,\theta)=cQ_i(z)$，$Q_i(z)=\dfrac{p(x_i,z,\theta)}{c}$，$\sum\limits_z Q_i(z)=\sum\limits_z \dfrac{p(x_i,z,\theta)}{c}=1$，故 $c=\sum\limits_z p(x_i,z,\theta)$。将其代入 Z 的分布函数 $Q_i(z)$，则有

$$Q_i(z)=\frac{p(x_i,z,\theta)}{\sum\limits_z p(x_i,z,\theta)}=\frac{p(x_i,z,\theta)}{p(x_i,\theta)}=p(z|x_i,\theta)$$

参数 θ 固定后，$Q_i(z)$ 为后验概率。令

$$M(\theta,\theta^{(i)})=\sum_{i=1}^{n}\sum_z Q_i(z)\ln\frac{p(x_i,z,\theta)}{Q_i(z)}=\sum_{i=1}^{n}\sum_z p(z|x_i,\theta^{(i)})\ln\frac{p(x_i,z,\theta)}{p(z|x_i,\theta^{(i)})}$$

因为 $p(z|x_i,\theta^{(i)})$ 为当参数 $\theta^{(i)}$ 和 x_i 已知时 Z 的条件概率，把 Z 的具体值代入时该项为常数，求最大值时该项可以去掉。此时只需要求：

$$M(\theta,\theta^{(i)})=\sum_{i=1}^{n}\sum_z p(z|x_i,\theta^{(i)})\ln p(x_i,z,\theta) \tag{5-1}$$

的最大值即可，等号右边的式子为条件期望。

求出 $\theta^{(i+1)}$ 后，对于给定的正数 ε，只要满足 $\left\|\theta^{(i+1)}-\theta^{(i)}\right\|\leqslant\varepsilon$ 或 $\left\|M(\theta^{(i+1)},\theta^{(i)})-M(\theta^{(i)},\theta^{(i)})\right\|\leqslant\varepsilon$ 即可终止程序。

例 5.1 （**三枚硬币问题**）有三枚硬币 A、B、C，掷出正面的概率分别为 w、p、q，先掷硬币 A，如果出现正面，就掷硬币 B；否则掷硬币 C。观察出现的结果，记正面为 1，反面为 0，独立重复地做 10 次实验，记录如下：

1，1，1，1，0，1，0，0，0，1

求概率 w、p、q。

解：用 z 表示未观测到的硬币 A 的结果，z=1 表示正面，z=0 表示反面，z 为隐变量，且服从 0-1 分布 $b(1,w)$，记它的概率分布为 $Q(z)$，实验次数为 n。

用 X_i 表示每次实验记录的结果，X_i 的密度函数为 $p(x_i)=wp^{x_i}(1-p)^{1-x_i}+(1-w)q^{x_i}(1-q)^{1-x_i}$，把 $X_i=0$ 和 $X_i=1$ 分别代入密度函数，得到

$$p(x_i)=(wp+(1-w)q)^{x_i}\ (w(1-p)+(1-w)(1-q))^{1-x_i}$$

写出似然函数：

$$L(w,p,q)=\prod_{i=1}^{n}p(x_i,w,p,q)$$

等号两侧取对数：

$$\begin{aligned}\ln L(w,p,q)&=\sum_{i=1}^{n}\ln p(x_i,w,p,q)\\&=\sum_{i=1}^{n}\ln\sum_z p(x_i,z,w,p,q)\\&=\sum_{i=1}^{n}\ln\sum_z Q_i(z)\frac{p(x_i,z,w,p,q)}{Q_i(z)}\\&\geqslant\sum_{i=1}^{n}\sum_z Q_i(z)\ln\frac{p(x_i,z,w,p,q)}{Q_i(z)}\end{aligned}$$

$$=M(w,p,q)$$

式中：

$$p(x_i,z,w,p,q)=z(wp+(1-w)q)^{x_i}(w(1-p)+(1-z)(1-w)(1-q))^{1-x_i}$$

$$Q_i(z)=\frac{p(x_i,z,w,p,q)}{\sum\limits_z p(x_i,z,w,p,q)}=\frac{p(x_i,z,w,p,q)}{p(x_i,w,p,q)}=p(z|x_i,w,p,q)$$

由于 $p(z|x_i,w,p,q)$ 为当参数 w、p、q 和 x_i 已知时 Z 的条件概率，把 Z=0 或 Z=1 代入上式，上式为常数，在求最大值时 $Q_i(z)$ 可以去掉该项。此时只需要求：

$$M(w,p,q)=\sum_{i=1}^{n}\sum_z p(z|x_i,w,p,q)\ln p(x_i,z,w,p,q) \tag{5-2}$$

的最大值。

先求条件概率 $p(z|x_i,w,p,q)$，第 i 个观测值 x_i 为硬币 B 掷出的概率为

$$p(Z=1|x_i,w,p,q)=\frac{wp^{x_i}(1-p)^{1-x_i}}{wp^{x_i}(1-p)^{1-x_i}+(1-w)q^{x_i}(1-q)^{1-x_i}}$$

将其记为 μ_i，即 $\mu_i=\dfrac{wp^{x_i}(1-p)^{1-x_i}}{wp^{x_i}(1-p)^{1-x_i}+(1-w)q^{x_i}(1-q)^{1-x_i}}$；第 i 个观测值 x_i 为硬币 C 掷出的概率为

$$p(Z=0|x_i,w,p,q)=\frac{(1-w)q^{x_i}(1-q)^{1-x_i}}{wp^{x_i}(1-p)^{1-x_i}+(1-w)q^{x_i}(1-q)^{1-x_i}}=1-\mu_i$$

已知第 j+1 轮的输入为 $w^{(j)},p^{(j)},q^{(j)}$，且计算出第 i 个观测值 x_i 为硬币 B 和 C 掷出的概率分别为 $\mu_i^{(j+1)}$ 和 $1-\mu_i^{(j+1)}$，可以求出参数 $w^{(j+1)}$、$p^{(j+1)}$、$q^{(j+1)}$。

把 Z=0 和 Z=1 代入式（5-2），有

$$\begin{aligned}M(w,p,q)&=\sum_{i=1}^{n}\sum_z p(z|x_i,w,p,q)\ln p(x_i,z,w,p,q)\\&=\sum_{i=1}^{n}\sum_z p(z|x_i,w,p,q)\ln(zwp^{x_i}(1-p)^{1-x_i}+(1-z)(1-w)q^{x_i}(1-q)^{1-x_i})\\&=\sum_{i=1}^{n}(p(z=0|x_i,w,p,q)\ln((1-w)q^{x_i}(1-q)^{1-x_i}+\\&\quad p(z=1|x_i,w,p,q)\ln(wp^{x_i}(1-p)^{1-x_i}))\\&=\sum_{i=1}^{n}((1-\mu_i^{(j+1)})\ln((1-w)q^{x_i}(1-q)^{1-x_i})+\mu_i^{(j+1)}\ln(wp^{x_i}(1-p)^{1-x_i}))\end{aligned} \tag{5-3}$$

对式（5-3）中的 3 个参数分别求偏导：

$$\frac{\partial M(w,p,q)}{\partial w}=\sum_{i=1}^{n}\left(-\frac{1-\mu_i^{(j+1)}}{1-w}+\frac{\mu_i^{(j+1)}}{w}\right)=0$$

$$\frac{\partial M(w,p,q)}{\partial p}=\sum_{i=1}^{n}\mu_i^{(j+1)}\left(\frac{x_i}{p}-\frac{1-x_i}{1-p}\right)=0$$

$$\frac{\partial M(w,p,q)}{\partial q}=\sum_{i=1}^{n}(1-\mu_i^{(j+1)})\left(\frac{x_i}{q}-\frac{1-x_i}{1-q}\right)=0$$

得到

$$w^{(j+1)}=\frac{\sum_{i=1}^{n}\mu_i^{(j+1)}}{n},\quad p^{(j+1)}=\frac{\sum_{i=1}^{n}\mu_i^{(j+1)}x_i}{\sum_{i=1}^{n}\mu_i^{(j+1)}},\quad q^{(j+1)}=\frac{\sum_{i=1}^{n}(1-\mu_i^{(j+1)})x_i}{\sum_{i=1}^{n}(1-\mu_i^{(j+1)})} \tag{5-4}$$

从而求出参数 $w^{(j+1)}$、$p^{(j+1)}$、$q^{(j+1)}$。

算法如下。

已知 $w^{(j)}$、$p^{(j)}$、$q^{(j)}$，则 EM 算法如下。

（1）E 步。使用贝叶斯公式求第 i 个观测值 x_i 为硬币 B 掷出的概率：

$$\mu_i^{(j+1)}=\frac{w^{(j)}(p^{(j)})^{x_i}(1-p^{(j)})^{1-x_i}}{w^{(j)}(p^{(j)})^{x_i}(1-p^{(j)})^{1-x_i}+(1-w^{(j)})(q^{(j)})^{x_i}(1-q^{(j)})^{1-x_i}}$$

（2）M 步。由式（5-4）求出参数 $w^{(j+1)}$、$p^{(j+1)}$、$q^{(j+1)}$。

当给定初值 $w^{(0)}$、$p^{(0)}$、$q^{(0)}$ 时，可以使用 EM 算法求出参数 w、p、q。

若给定初值为 $w^{(0)}=0.5$，$p^{(0)}=0.2$，$q^{(0)}=0.3$，则**代码 5.1** 如下：

```
import numpy as np
x=[1,1,1,1,0,1,0,0,0,1]
w=0.5
p=[0.2,0.3]
n=len(x)
v=np.zeros((1,n))
for k in range(5):
    for i in range(n):
        #s3 为似然函数 l，s 为使用贝叶斯公式求得的第 i 个观测值为硬币 B 掷出的概率
        s1=w*(p[0]**x[i])*(1-p[0])**(1-x[i])
        s2=(1-w)*(p[1]**x[i])*(1-p[1])**(1-x[i])
        s3=s1+s2
        s=s1/s3
        v[:,i]=s

    #计算 w
    t1=np.sum(v)
    w=t1/n
    #计算 p
    t2=np.sum(np.multiply(v,x))
    p0=t2/t1
    #计算 q
    t3=n-np.sum(v)
    t4=np.sum(np.multiply(1-v,x))
    p1=t4/t3
    p[0]=p0
    p[1]=p1
print(w,p)
```

输出结果：

```
0.4533333333333334 [0.5294117647058822, 0.6585365853658538]
0.4533333333333333 [0.5294117647058822, 0.6585365853658537]
0.4533333333333333 [0.5294117647058824, 0.6585365853658537]
0.4533333333333334 [0.5294117647058822, 0.6585365853658538]
0.4533333333333333 [0.5294117647058822, 0.6585365853658537]
```

由输出结果可知硬币 A 正面向上的概率 w 约为 0.4533，硬币 B 正面向上的概率 p 约为 0.5294，硬币 C 正面向上的概率 q 约为 0.6585。

例 5.2　现有 5 位顾客，他们在一天内购买鞋、衣服、乒乓球、化妆品和进行游戏充值的情况如表 5.1 所示（1 表示购买，0 表示未购买）。

表 5.1　顾客购买商品情况

顾客	鞋	衣服	乒乓球	化妆品	游戏充值
顾客 1	0	1	1	1	0
顾客 2	1	1	0	0	1
顾客 3	0	1	0	1	0
顾客 4	0	0	1	0	1
顾客 5	0	1	0	1	0

将这 5 位顾客按性别分为两类，给定初值 p=[0.5,0.5]，表示顾客为男生和女生的概率，男生和女生购买各种商品的概率如表 5.2 所示。

表 5.2　男生和女生购买各种商品的概率

性别	鞋	衣服	乒乓球	化妆品	游戏充值
男生	0.6	0.7	0.8	0.2	0.7
女生	0.4	0.3	0.2	0.8	0.3

使用 EM 算法将 5 位顾客按照性别分类。

分析：初值 $\boldsymbol{\theta}=\begin{bmatrix}0.6 & 0.7 & 0.8 & 0.2 & 0.7\\ 0.4 & 0.3 & 0.2 & 0.8 & 0.8\end{bmatrix}$，$\theta_{1j}$ 表示男生购买第 j 种商品的概率，θ_{2j} 表示女生购买第 j 种商品的概率。

（1）E 步。

顾客 1：

$$\begin{aligned}p(1)&=0.5\times0.4\times0.7\times0.8\times0.2\times0.3+0.5\times0.6\times0.3\times0.2\times0.8\times0.7\\&=0.00672+0.01008=0.0168\end{aligned}$$

$$p(1|1)=\frac{0.00672}{0.0168}=0.4$$

$$p(2|1)=\frac{0.01008}{0.0168}=0.6$$

顾客 2：

$$\begin{aligned}p(2)&=0.5\times0.6\times0.7\times0.2\times0.8\times0.7+0.5\times0.4\times0.3\times0.8\times0.2\times0.3\\&=0.02352+0.00288=0.0264\end{aligned}$$

$$p(1|2)=\frac{0.02352}{0.0264}=0.8909$$

$$p(2|2)=\frac{0.00288}{0.0264}=0.1091$$

顾客 3：

$$\begin{aligned}p(3)&=0.5\times0.4\times0.7\times0.2\times0.2\times0.3+0.5\times0.6\times0.3\times0.8\times0.8\times0.7\\&=0.00168+0.04032=0.0420\end{aligned}$$

$$p(1|3)=\frac{0.00168}{0.0420}=0.04$$

$$p(2|3)=\frac{0.04032}{0.0420}=0.96$$

顾客 4：

$$\begin{aligned}p(4)&=0.5\times0.4\times0.3\times0.8\times0.8\times0.7+0.5\times0.6\times0.7\times0.2\times0.2\times0.3\\&=0.02688+0.00252=0.0294\end{aligned}$$

$$p(1|4)=\frac{0.02688}{0.0294}=0.9143$$

$$p(2|4)=\frac{0.00252}{0.0294}=0.0857$$

顾客 5：

$$\begin{aligned}p(5)&=0.5\times0.4\times0.7\times0.2\times0.2\times0.3+0.5\times0.6\times0.3\times0.8\times0.8\times0.7\\&=0.00168+0.04032=0.0420\end{aligned}$$

$$p(1|5)=\frac{0.00168}{0.0420}=0.04$$

$$p(2|5)=\frac{0.04032}{0.0420}=0.96$$

此时的条件概率如表 5.3 所示。

表 5.3　顾客性别的概率

性别	顾客 1	顾客 2	顾客 3	顾客 4	顾客 5
男生	0.4	0.8909	0.04	0.9143	0.04
女生	0.6	0.1091	0.96	0.0857	0.96

（2）M 步。

$$p_1=\frac{0.4+0.8909+0.04+0.9143+0.04}{5}\approx0.457$$

$$p_2=\frac{0.6+0.1091+0.96+0.0857+0.96}{5}\approx0.543$$

$$\theta_{11}=\frac{0.4\times0+0.8909\times1+0.04\times0+0.9143\times0+0.04\times0}{0.4+0.8909+0.04+0.9143+0.04}\approx0.3899$$

$$\theta_{12}=\frac{0.4\times1+0.8909\times1+0.04\times1+0.9143\times0+0.04\times1}{0.4+0.8909+0.04+0.9143+0.04}\approx0.5999$$

$$\theta_{13}=\frac{0.4\times1+0.8909\times0+0.04\times0+0.9143\times1+0.04\times0}{0.4+0.8909+0.04+0.9143+0.04}\approx0.5751$$

$$\theta_{14}=\frac{0.4\times1+0.8909\times0+0.04\times1+0.9143\times0+0.04\times1}{0.4+0.8909+0.04+0.9143+0.04}\approx0.21$$

$$\theta_{15}=\frac{0.4\times0+0.8909\times1+0.04\times0+0.9143\times1+0.04\times0}{0.4+0.8909+0.04+0.9143+0.04}\approx0.79$$

$$\theta_{21}=\frac{0.6\times0+0.1091\times1+0.96\times0+0.0857\times0+0.96\times0}{0.6+0.1091+0.96+0.0857+0.96}\approx0.04019$$

$$\theta_{22}=\frac{0.6\times1+0.1091\times1+0.96\times1+0.0857\times0+0.96\times1}{0.6+0.1091+0.96+0.0857+0.96}\approx0.9684$$

$$\theta_{23}=\frac{0.6\times1+0.1091\times0+0.96\times0+0.0857\times1+0.96\times0}{0.6+0.1091+0.96+0.0857+0.96}\approx0.2526$$

$$\theta_{24}=\frac{0.6\times1+0.1091\times0+0.96\times1+0.0857\times0+0.96\times1}{0.6+0.1091+0.96+0.0857+0.96}\approx0.9282$$

$$\theta_{25}=\frac{0.6\times0+0.1091\times1+0.96\times0+0.0857\times1+0.96\times0}{0.6+0.1091+0.96+0.0857+0.96}\approx0.07175$$

男生和女生购买各种商品的概率如表 5.4 所示。

表 5.4　男生和女生购买各种商品的概率

性别	鞋	衣服	乒乓球	化妆品	游戏充值
男生	0.3899	0.5999	0.5751	0.21	0.79
女生	0.04019	0.9684	0.2526	0.9282	0.07175

第一轮结束。

依次循环，即可得到最终分类结果。分类结果为顾客 1、顾客 3、顾客 5 为一类——女生；顾客 2、顾客 4 为一类——男生。

代码 5.2：

```
import numpy as np
# 构建测试数据
p =[0.5, 0.5]
x=np.array([[0,1,1,1,0],[1,1,0,0,1],[0,1,0,1,0],[0,0,1,0,1],[0,1,0,1,0]])
theta=np.array([[0.6,0.7,0.8,0.2,0.7],[0.4,0.3,0.2,0.8,0.3]])
m=x.shape[0]
n=x.shape[1]
r=theta.shape[0]
v1=np.zeros((1,5))
v2=np.zeros((1,5))
for k in range(4):
    for i in range(m):
        t1=1
        t2=1
        for j in range(n):
            s1=1
            s2=1
            s1=(theta[0,j]**x[i,j])*(1-theta[0,j])**(1-x[i,j])
            s2=(theta[1,j]**x[i,j])*(1-theta[1,j])**(1-x[i,j])
```

```
        t1=s1*t1
        t2=s2*t2
    z=p[0]*t1+p[1]*t2
    p11=p[0]*t1/z
    p21=p[1]*t2/z
    v1[:,i]=p11
    v2[:,i]=p21
  p[0]=np.mean(v1)
  p[1]=np.mean(v2)
  for j in range(n):
    theta[0,j]=np.sum(np.multiply(v1,x[:,j]))/np.sum(v1)
    theta[1,j]=np.sum(np.multiply(v2,x[:,j]))/np.sum(v2)
  print('p=',p,'θ=',theta)
```

输出结果:

```
p= [0.45703896103896113, 0.5429610389610389] θ= [[0.38986133 0.59990907
0.57513071 0.21004774 0.78995226]
 [0.0401837  0.9684271  0.25258324 0.9282434  0.0717566 ]]
p= [0.41058521362270434, 0.5894147863772956] θ= [[4.85715969e-01 5.13150585e-01
5.04974349e-01 2.74346164e-02
  9.72565384e-01]
 [9.70802440e-04 9.99818754e-01 3.26875069e-01 9.98847952e-01
  1.15204817e-03]]
p= [0.4000837266981906, 0.5999162733018094] θ= [[4.99895358e-01 5.00104637e-01
5.00002565e-01 2.09278745e-04
  9.99790721e-01]
 [3.55593350e-09 1.00000000e+00 3.33308362e-01 9.99999996e-01
  3.87028930e-09]]
p= [0.4000000043832036, 0.5999999956167964] θ= [[4.99999995e-01 5.00000005e-01
5.00000000e-01 1.09580088e-08
  9.99999989e-01]
 [1.42055490e-25 1.00000000e+00 3.33333332e-01 1.00000000e+00
  1.48333795e-25]]
```

由输出结果可知，第一轮的结果:

```
p= [0.45703896103896113, 0.5429610389610389]
θ= [[0.38986133 0.59990907 0.57513071 0.21004774 0.78995226]
 [0.0401837  0.9684271  0.25258324 0.9282434  0.0717566 ]]
```

第二轮的结果:

```
p=[0.41058521362270434, 0.5894147863772956]
θ= [[4.85715969e-01 5.13150585e-01 5.04974349e-01 2.74346164e-02
  9.72565384e-01]
 [9.70802440e-04 9.99818754e-01 3.26875069e-01 9.98847952e-01
  1.15204817e-03]]
```

此时，根据 $\boldsymbol{\theta}$ 值可知，男生购买化妆品的概率约为 0.027，进行游戏充值的概率约为 0.973；女生购买鞋的概率约为 0.00097，购买衣服的概率约为 0.9998，购买化妆品的概率约为 0.9988，进行游戏充值的概率约为 0.001152。

第三轮的结果：

```
p= [0.4000837266981906, 0.5999162733018094]
θ= [[4.99895358e-01 5.00104637e-01 5.00002565e-01 2.09278745e-04
  9.99790721e-01],
 [3.55593350e-09 1.00000000e+00 3.33308362e-01 9.99999996e-01
  3.87028930e-09]]
```

此时，根据 $\boldsymbol{\theta}$ 可知，男生购买化妆品的概率约为 0.00021，进行游戏充值的概率约为 0.9998；女生购买鞋的概率约为 0.00097，购买衣服的概率为 1，购买化妆品的概率约为 1，进行游戏充值的概率非常小。

第四轮的结果：

```
p= [0.4000000043832036, 0.5999999956167964]
θ= [[4.99999995e-01 5.00000005e-01 5.00000000e-01 1.09580088e-08
  9.99999989e-01]
 [1.42055490e-25 1.00000000e+00 3.33333332e-01 1.00000000e+00
  1.48333795e-25]]
```

对比第三轮和第四轮输出结果可知 p 值几乎不变，由此可认为顾客是男生的概率为 0.4，顾客是女生的概率为 0.6。

根据第四轮输出的 $\boldsymbol{\theta}$ 可知，男生购买鞋的概率约为 0.5，而女生购买鞋的概率非常小，所以购买鞋的顾客应为男生。

男生购买衣服的概率约为 0.5，而女生购买衣服的概率约为 1，所以购买衣服的顾客可能是男生，也可能是女生，而女生购买衣服的概率更大。

男生购买乒乓球的概率为 0.5，而女生购买乒乓球的概率约为 0.33，所以购买乒乓球的顾客可能是男生，也可能是女生，而男生购买乒乓球的概率更大。

男生购买化妆品的概率非常小，而女生购买化妆品的概率约为 1，所以购买化妆品的顾客为女生。

男生进行游戏充值的概率接近 1，而女生进行游戏充值的概率非常小，所以进行游戏充值的顾客为男生。

综上可以看出顾客 1、顾客 3、顾客 5 为女生，顾客 2、顾客 4 为男生。

例 5.3　每做一次实验可能产生的实验结果有 4 种，这 4 种实验结果发生的概率分别为 $\frac{1}{2}+\frac{\theta}{4}$、$\frac{1}{4}-\frac{\theta}{4}$、$\frac{1}{4}-\frac{\theta}{4}$、$\frac{\theta}{4}$，$\theta\in(0,1)$，四种实验结果发生的次数分别为 100、50、160、80，总共做了 390 次实验，使用 EM 算法估计参数 θ。

解：设 $y_1=100$，$y_2=50$，$y_3=160$，$y_4=80$，$n=390$，似然函数为

$$L(\theta)=\left(\frac{2+\theta}{4}\right)^{y_1}\left(\frac{1-\theta}{4}\right)^{y_2}\left(\frac{1-\theta}{4}\right)^{y_3}\left(\frac{\theta}{4}\right)^{y_4}=\frac{(2+\theta)^{y_1}(1-\theta)^{y_2+y_3}(\theta)^{y_4}}{4^n}$$

（1）使用极大似然估计法求 θ 的估计值。

对似然函数取对数得

$$\ln L(\theta)=y_1\ln(2+\theta)+(y_2+y_3)\ln(1-\theta)+y_4\ln\theta-n\ln 4$$

求导数得

$$\frac{\mathrm{d}\ln L(\theta)}{\mathrm{d}\theta}=\frac{y_1}{2+\theta}-\frac{y_2+y_3}{1-\theta}+\frac{y_4}{\theta}=0$$

$$(y_1+y_2+y_3+y_4)\theta^2-(y_1-2y_2-2y_3-y_4)\theta-2y_4=0$$

求得 θ 的估计值为0.3077。

（2）用EM算法求 θ 的估计值。

将第一个结果分为两部分，这两部分的概率分别为 $\frac{\theta}{4}$、$\frac{1}{2}$，出现的次数分别为 z_1、y_1-z_1。此时似然函数为

$$L(\theta)=\left(\frac{\theta}{4}\right)^{z_1}\left(\frac{1}{2}\right)^{y_1-z_1}\left(\frac{1-\theta}{4}\right)^{y_2}\left(\frac{1-\theta}{4}\right)^{y_3}\left(\frac{\theta}{4}\right)^{y_4}=\theta^{z_1}(1-\theta)^{y_2+y_3}\theta^{y_4}\left(\frac{1}{4}\right)^{(z_1+y_2+y_3+y_4)}\left(\frac{1}{2}\right)^{y_1-z_1}$$

使用极大似然估计法估计参数值：

$$\ln L(\theta)=(z_1+y_4)\ln\theta+(y_2+y_3)\ln(1-\theta)-(z_1+y_2+y_3+y_4)\ln 4-(y_1-z_1)\ln 2$$

$z_1\sim b\left(y_1,\frac{\theta}{2+\theta}\right)$，$E(z_1)=\frac{\theta}{2+\theta}y_1$，这里的 θ 指的是本轮的输入，因此 $E(z_1)=\frac{\theta^{(i)}}{2+\theta^{(i)}}y_1$。

① E步。

$$E(\ln L(\theta))=\left(\frac{\theta^{(i)}}{2+\theta^{(i)}}y_1+y_4\right)\ln\theta+(y_2+y_3)\ln(1-\theta)-\left(\frac{\theta^{(i)}}{2+\theta^{(i)}}y_1+y_2+y_3+y_4\right)\ln 4-\left(y_1-\frac{\theta^{(i)}}{2+\theta^{(i)}}y_1\right)\ln 2$$

② M步。

对E步结果求导：

$$\frac{\mathrm{d}E(\ln L(\theta))}{\mathrm{d}\theta}=\left(\frac{\theta^{(i)}}{2+\theta^{(i)}}y_1+y_4\right)\frac{1}{\theta}-\frac{1}{1-\theta}(y_2+y_3)=0$$

求得

$$\hat{\theta}=\frac{\frac{\theta^{(i)}}{2+\theta^{(i)}}y_1+y_4}{\frac{\theta^{(i)}}{2+\theta^{(i)}}y_1+y_4+y_2+y_3} \tag{5-5}$$

下面分别使用EM算法和极大似然估计法求 θ 的估计值。

代码5.3：

```
import numpy as np
import sympy
#使用EM算法求解
x=[100,50,160,80]
theta0=0.5
n=np.sum(x)
for i in range(5):
```

```
    s=x[3]+(theta0/(theta0+2))*x[0]
    theta0=s/(s+x[1]+x[2])
print('使用EM算法得到θ的估计值为',theta0)
#使用极大似然估计法进行验证
y=sympy.symbols('y')
f=n*y**2-(x[0]-2*x[1]-2*x[2]-x[3])*y-2*x[3]
s,r=sympy.solve(f,y)
print('使用极大似然估计法得到θ的估计值为',r)
print(4/13)
```

输出结果：

```
使用EM算法得到θ的估计值为 0.30769310410257655
使用极大似然估计法得到θ的估计值为 [-4/3, 4/13]
0.3076923076923077
```

由输出结果可知，使用两种方法得到的 θ 的估计值几乎相同，约为 0.3077。

例 5.4　Nature Biotech 在他的文章“What is the expectation maximization algorithm?”中用抛硬币的例子来讲 EM 算法的思想。

假设有 2 枚硬币 A、B，随机选择 1 枚硬币进行如下的抛硬币实验：共做 5 次实验，每次实验独立抛 10 次硬币，5 次实验结果：3H7T，9H1T，2H8T，6H4T，5H5T（H 表示正面向上，T 表示反面向上）。不知道每次抛的是哪枚硬币，而且由于材料的原因，硬币 A 和硬币 B 正面向上的概率不一定是 0.5，试使用 10 次实验结果估计硬币 A 和硬币 B 正面向上的概率。

解：引入隐变量 Z 表示抛掷的是硬币 A 还是硬币 B 的情况，$Z=(Z_1,Z_2,Z_3,Z_4,Z_5)$ 分别表示 5 次实验抛掷的硬币的情况。

首先初始化 Z 的分布，设抛的是硬币 A 或硬币 B 的概率均为 0.5，即 p=[0.5,0.5]。再初始化 θ 的分布，设硬币 A 正面向上的概率为 0.4，硬币 B 正面向上的概率为 0.5，即 $\theta=(0.4,0.5)$。

第一次实验：结果为 3H7T 的概率为

$$p(\text{3H7T})=0.5\times0.4^3\times0.6^7+0.5\times0.5^3\times0.5^7\approx0.001384$$

$$p(\text{A}|\text{3H7T})=\frac{0.5\times0.4^3\times0.6^7}{0.5\times0.4^3\times0.6^7+0.5\times0.5^3\times0.5^7}\approx\frac{0.0008958}{0.001384}\approx0.6474$$

$$p(\text{B}|\text{3H7T})=\frac{0.5\times0.5^3\times0.5^7}{0.5\times0.4^3\times0.6^7+0.5\times0.5^3\times0.5^7}\approx\frac{0.0004883}{0.001384}\approx0.3526$$

结果为 9H1T 的概率为

$$p(\text{9H1T})=0.5\times0.4^9\times0.6+0.5\times0.5^9\times0.5\approx0.0005669$$

$$p(\text{A}|\text{9H1T})=\frac{0.5\times0.4^9\times0.6}{0.5\times0.4^9\times0.6+0.5\times0.5^9\times0.5}\approx\frac{0.00007864}{0.0005669}\approx0.1387$$

$$p(\text{B}|\text{9H1T})=\frac{0.5\times0.5^9\times0.5}{0.5\times0.49\times0.6+0.5\times0.5^9\times0.5}\approx\frac{0.0004883}{0.0005669}\approx0.8613$$

结果为 2H8T 的概率为

$$p(\text{2H8T})=0.5\times0.4^2\times0.6^8+0.5\times0.5^2\times0.5^8\approx0.001832$$

$$p(\text{A}|\text{2H8T})=\frac{0.5\times0.4^2\times0.6^8}{0.5\times0.4^2\times0.6^8+0.5\times0.5^2\times0.5^8}\approx\frac{0.001344}{0.001832}\approx0.7336$$

$$p(\mathrm{B}|2\mathrm{H}8\mathrm{T})=\frac{0.5\times0.5^2\times0.5^8}{0.5\times0.4^2\times0.6^8+0.5\times0.5^2\times0.5^8}\approx\frac{0.0004883}{0.001832}\approx0.2664$$

结果为 6H4T 的概率为

$$p(6\mathrm{H}4\mathrm{T})=0.5\times0.4^6\times0.6^4+0.5\times0.5^6\times0.5^4\approx0.0007537$$

$$p(\mathrm{A}|6\mathrm{H}4\mathrm{T})=\frac{0.5\times0.4^6\times0.6^4}{0.5\times0.4^6\times0.6^4+0.5\times0.5^6\times0.5^4}\approx\frac{0.0002654}{0.0007537}\approx0.3521$$

$$p(\mathrm{B}|6\mathrm{H}4\mathrm{T})=\frac{0.5\times0.5^6\times0.5^4}{0.5\times0.4^6\times0.6^4+0.5\times0.5^6\times0.5^4}\approx\frac{0.0004883}{0.0007537}\approx0.6479$$

结果为 5H5T 的概率为

$$p(5\mathrm{H}5\mathrm{T})=0.5\times0.4^5\times0.6^5+0.5\times0.5^5\times0.5^5\approx0.0008864$$

$$p(\mathrm{A}|5\mathrm{H}5\mathrm{T})=\frac{0.5\times0.4^5\times0.6^5}{0.5\times0.4^5\times0.6^5+0.5\times0.5^5\times0.5^5}\approx\frac{0.000398}{0.0008864}\approx0.4490$$

$$p(\mathrm{B}|5\mathrm{H}5\mathrm{T})=\frac{0.5\times0.5^5\times0.5^5}{0.5\times0.4^5\times0.6^5+0.5\times0.5^5\times0.5^5}\approx\frac{0.0004883}{0.0008864}\approx0.5510$$

此时抛的是硬币 A 或硬币 B 的概率如表 5.5 所示。

表 5.5 抛的是硬币 A 或硬币 B 的概率

硬币	第 1 次	第 2 次	第 3 次	第 4 次	第 5 次
A	0.6474	0.1387	0.7336	0.3521	0.4490
B	0.3526	0.8613	0.2664	0.6479	0.5510

$$p_1=\frac{0.6474+0.1387+0.7336+0.3521+0.4490}{5}\approx0.4642$$

$$p_2=\frac{0.3526+0.8613+0.2664+0.6479+0.5510}{5}\approx0.5358$$

在抛出的 25 个正面和 25 个反面中，硬币 A 抛出了 $0.6474\times3+0.1387\times9+0.7336\times2+0.3521\times6+0.4490\times5$ =9.0153 个正面，$0.6474\times7+0.1387\times1+0.7336\times8+0.3521\times4+0.4490\times5=14.1927$ 个反面。

在抛出的 25 个正面和 25 个反面中，硬币 B 抛出了 $0.3526\times3+0.8613\times9+0.2664\times2+0.6479\times6+0.5510\times5=15.9847$ 个正面，$0.3526\times7+0.8613\times1+0.2664\times8+0.6479\times4+0.5510\times5=10.8073$ 个反面。

硬币 A 和硬币 B 正面向上的概率分别为

$$\theta_{\mathrm{A}}=\frac{9.0153}{9.0153+14.1927}\approx0.3885,\quad \theta_{\mathrm{B}}=\frac{15.9847}{15.9847+10.8073}\approx0.5966$$

第一轮结束。抛硬币 A 和硬币 B 的概率分别约为 0.4642 和 0.5358，硬币 A 正面向上的概率约为 0.3885，硬币 B 正面向上的概率约为 0.5966。循环即可得到最终结果。硬币 A 正面向上的概率约为 0.4，硬币 B 正面向上的概率约为 0.8883。

代码 5.4：

```
import numpy as np
p =[0.5, 0.5]
x=np.array([[1,1,1,0,0,0,0,0,0,0],[1,1,1,1,1,1,1,1,1,0],[1,1,0,0,0,0,0,0,0,0],
         [1,1,1,1,1,1,0,0,0,0],[1,1,1,1,1,0,0,0,0,0]])
```

```
theta=[0.4,0.5]
m=x.shape[0]
n=x.shape[1]
v1=np.zeros((1,5))
v2=np.zeros((1,5))
for k in range(50):
    for i in range(m):
        t1=1
        t2=1
        for j in range(n):
            s1=1
            s2=1
            s1=(theta[0]**x[i,j])*(1-theta[0])**(1-x[i,j])
            s2=(theta[1]**x[i,j])*(1-theta[1])**(1-x[i,j])
            t1=s1*t1
            t2=s2*t2
        z=p[0]*t1+p[1]*t2
        p11=p[0]*t1/z
        p21=p[1]*t2/z
        v1[:,i]=p11
        v2[:,i]=p21
        #print(v1,v2)
    p[0]=np.mean(v1)
    p[1]=np.mean(v2)
    for j in range(n):
        b=np.sum(x,axis=1)
        w11=np.sum(np.multiply(v1,b))
        w12=np.sum(np.multiply(v1,10-b))
        w21=np.sum(np.multiply(v2,b))
        w22=np.sum(np.multiply(v2,10-b))
        theta[0]=w11/(w11+w12)
        theta[1]=w21/(w21+w22)
    print('p=',p,'Θ=',theta)
```

仅给出最后 5 轮的输出结果：

```
p= [0.7953688986462909, 0.20463110135370915] Θ= [0.4000976645016526,
0.8883046615683603]
p= [0.795368898646295, 0.20463110135370494] Θ= [0.40009766450165374,
0.888304661568366]
p= [0.7953688986462968, 0.2046311013537033] Θ= [0.4000976645016541,
0.8883046615683682]
p= [0.7953688986462973, 0.2046311013537027] Θ= [0.4000976645016543,
0.8883046615683691]
p= [0.7953688986462977, 0.2046311013537024] Θ= [0.40009766450165435,
0.8883046615683693]
```

由输出结果可以看出，抛硬币 A 的概率约为 0.79537，抛硬币 B 的概率约为 0.20463。硬币 A 正面向上的概率约为 0.4，硬币 B 正面向上的概率约为 0.8883。

习题 5.1

1．每次实验可能出现的结果有 4 种，这四种实验结果发生的概率分别为$\frac{1}{2}-\frac{\theta}{4}$、$\frac{1}{4}-\frac{\theta}{4}$、$\frac{1}{4}+\frac{\theta}{4}$、$\frac{\theta}{4}$，$\theta\in(0,1)$，4 种实验结果发生的次数分别为 125、18、20、34，总共进行了 197 次实验，使用 EM 算法估计参数θ。

2．有两个袋子，每个袋子中都有红、白两种颜色的球，现随机选取一个袋子并从中任取一个球，若该球是红球，则记为 1；若该球是白球，则记为 0；然后放回，再随机选取一个袋子并从中任取一个球，依次抽取 10 次，抽取的结果为 1，1，0，1，0，0，1，0，1，1，求两个袋子中红色球占的比例 p 和 q。设 w 表示球取自第一个袋子的概率，初值为 $w^{(0)}=0.5$，$p^{(0)}=0.3$，$q^{(0)}=0.5$。

3．在抛 3 枚硬币实验中，实验结果为 1，1，0，1，0，0，1，0，1，1，只能观测到抛硬币的结果，不能观测到抛的是哪枚硬币，假设参数 w、p、q 的初值分别为 0.4、0.6、0.7，估计硬币 A、B、C 正面向上的概率。如果将参数 w、p、q 的初值均改为 0.5，请继续估计。

5.1 节代码

5.2 EM 算法应用

5.2.1 使用 EM 算法估计混合正态分布的参数

考虑 m 个一维正态分布的线性组合组成的混合正态分布 $\alpha_1X_1+\alpha_2X_2+\cdots+\alpha_mX_m$，$\alpha_i$为权重，$X_i\sim N(\mu_i,\sigma_i^2)$，$i=1,2,\cdots,m$。使用观测的数据估计参数$\alpha_i$、$\mu_i$、$\sigma_i$。

引入隐变量 Z 表示第 i 个随机变量 X_i 是否被选中，Z=1 表示被选中；Z=0 表示未被选中，记它的概率分布为$Q_i(z)\sim b(1,\alpha_i)$。

混合正态分布的密度函数为

$$p(X|\boldsymbol{\theta})=\sum_k\alpha_k\frac{1}{\sqrt{2\pi}\sigma_k}\mathrm{e}^{-\frac{(x-\mu_k)^2}{2\sigma_k^2}} \tag{5-6}$$

似然函数为$L(\alpha_i,\mu_i,\sigma_i)=\prod_{i=1}^{n}p(x_i,\alpha_i,\mu_i,\sigma_i)$，参数$\boldsymbol{\theta}=(\alpha_i,\mu_i,\sigma_i)$，对似然函数取对数得

$$\begin{aligned}\ln L(\theta)&=\sum_{i=1}^{n}\ln p(x_i,\boldsymbol{\theta})=\sum_{i=1}^{n}\ln\sum_z p(x_i,z,\boldsymbol{\theta})=\sum_{i=1}^{n}\ln\sum_z Q_i(z)\frac{p(x_i,z,\boldsymbol{\theta})}{Q_i(z)}\\&\geqslant\sum_{i=1}^{n}\sum_z Q_i(z)\ln\left(\frac{p(x_i,z,\boldsymbol{\theta})}{Q_i(z)}\right)=\sum_{i=1}^{n}\sum_z p(z|x_i,\boldsymbol{\theta})\ln\frac{p(x_i,z,\boldsymbol{\theta})}{p(z|x_i,\boldsymbol{\theta})}\end{aligned}$$

式中，$Q_i(z)=\frac{p(x_i,z,\boldsymbol{\theta})}{\sum_z p(x_i,z,\boldsymbol{\theta})}=p(z|x_i,\boldsymbol{\theta})$，只要不断最大化下界，就可以使 $\ln L(\boldsymbol{\theta})$ 不断增加。

记 $w_{ik}(z)=\dfrac{p(x_i,z,\boldsymbol{\theta})}{\sum\limits_z p(x_i,z,\boldsymbol{\theta})}$，已知第 j+1 轮的输入为 $\alpha_k^{(j)},\mu_k^{(j)},\sigma_k^{(j)}$ 和 $w_{ik}^{(j+1)}$，求参数 $\alpha_k^{(j+1)}$、$\mu_k^{(j+1)}$、$\sigma_k^{(j+1)}$。

$$M(w,\boldsymbol{\theta})=\sum_{i=1}^n\sum_z p(z|x_i,\boldsymbol{\theta})\ln p(x_i,z,\boldsymbol{\theta})=\sum_{i=1}^n\sum_k w_{ik}^{(j+1)}\ln\frac{\alpha_k N(x_i,\mu_k,\sigma_k)}{w_{ik}^{(j+1)}}$$

$$=\sum_{i=1}^n\sum_k w_{ik}^{(j+1)}\ln\left(\frac{\alpha_k^{(j)}}{w_{ik}^{(j+1)}}\frac{1}{\sqrt{2\pi}\sigma_k}\mathrm{e}^{-\frac{(x_i-\mu_k)^2}{2\sigma_k^2}}\right)$$

$$\frac{\partial M}{\partial\mu_k}=\frac{\partial M}{\partial\mu_k}\sum_{i=1}^n\sum_k w_{ik}^{(j+1)}\left(\ln\alpha_k-\ln w_{ik}^{(j+1)}-\ln\sqrt{2\pi}-\ln\sigma_k-\frac{(x_i-\mu_k)^2}{2\sigma_k^2}\right)$$

$$=\sum_{i=1}^n w_{ik}^{(j+1)}\left(\frac{2(x_i-\mu_k)}{2\sigma_k^2}\right)=0$$

$$\frac{\partial M}{\partial\sigma_k}=\frac{\partial M}{\partial\sigma_k}\sum_{i=1}^n\sum_k w_{ik}^{(j+1)}\left(\ln\alpha_k-\ln w_{ik}^{(j+1)}-\ln\sqrt{2\pi}-\ln\sigma_k-\frac{(x_i-\mu_k)^2}{2\sigma_k^2}\right)$$

$$=\sum_{i=1}^n w_{ik}^{(j+1)}\left(-\frac{1}{\sigma_k}+\frac{2(x_i-\mu_k)^2}{2\sigma_k^3}\right)=0$$

可以得到

$$\mu_k^{(j+1)}=\frac{\sum\limits_{i=1}^n w_{ik}^{(j+1)}x_i}{\sum\limits_{i=1}^n w_{ik}^{(j+1)}},\quad \sigma_k^{(j+1)}=\sqrt{\frac{\sum\limits_{i=1}^n w_{ik}^{(j+1)}(x_i-\mu_k^{(j+1)})^2}{\sum\limits_{i=1}^n w_{ik}^{(j+1)}}} \tag{5-7}$$

$M(w_{ik},\alpha_k,\mu_k,\sigma_k)$ 中与 α_k 相关的项为 $\sum\limits_{i=1}^n\sum\limits_k w_{ik}^{(j+1)}(\ln\alpha_k)$，且满足 $\sum\limits_k\alpha_k=1$，使用 Lagrange 乘子法，令 $g=\sum\limits_{i=1}^n\sum\limits_k w_{ik}^{(j+1)}(\ln\alpha_k)+\lambda\left(\sum\limits_k\alpha_k-1\right)$，求导数得 $\dfrac{\partial g}{\partial\alpha_k}=\sum\limits_{i=1}^n w_{ik}^{(j+1)}\dfrac{1}{\alpha_k}+\lambda=0$，$\dfrac{\partial g}{\partial\lambda}=\sum\limits_k\alpha_k-1=0$，得

$$\alpha_k^{(j+1)}=\frac{\sum\limits_{i=1}^n w_{ik}^{(j+1)}}{n} \tag{5-8}$$

从而求出参数 $\alpha_k^{(j+1)}$、$\mu_k^{(j+1)}$、$\sigma_k^{(j+1)}$。

例 5.5　随机变量 X 服从期望为 1、标准差为 0.1 的正态分布，随机变量 Y 服从期望为 5、标准差为 6 的正态分布，对这两种分布分别生成 300 个和 700 个随机数，将其充分混合，使用 EM 算法估计权重参数 α_k、μ_k、σ_k（$k=1,2$）。

算法如下。

（1）先生成服从期望为 1、标准差为 0.1 的正态分布的随机数，在混合正态分布中权重为 0.3。再生成期望为 5、标准差为 6 的正态分布的随机数，在混合正态分布中权重为 0.7。将这些数据混合，打乱顺序，作为输入数据。

（2）已知 $\alpha_k^{(j)}$、$\mu_k^{(j)}$、$\sigma_k^{(j)}$，EM 算法如下。

E 步。$w_{ik}(z)=\dfrac{p(x_i,z,\theta)}{\sum\limits_{z}p(x_i,z,\theta)}=\dfrac{\alpha_k^{(j)}N(x_i,\mu_k,\sigma_k)}{\sum\limits_{k=1}^{m}\alpha_k^{(j)}N(x_i,\mu_k,\sigma_k)}$。

M 步。由式（5-7）和式（5-8）求出参数$\alpha_k^{(j+1)}$、$\mu_k^{(j+1)}$、$\sigma_k^{(j+1)}$。

按照算法，当给定初值$\alpha_k^{(0)}$、$\mu_k^{(0)}$、$\sigma_k^{(0)}$，取 k=2 时，可以使用 EM 算法求出参数α_k、μ_k、σ_k（$k=1,2$）的值，当迭代 N 次时$\alpha_k=\alpha_k^{(N+1)}$，$\mu_k=\mu_k^{(N+1)}$，$\sigma_k=\sigma_R^{(N+1)}$。

代码 5.5：

```
import numpy as np
from scipy.stats import norm
mu=[1,5]
sigma=[0.1,6]
p=[0.3,0.7]
m=len(p)
N=1000
y0 = np.random.normal(mu[0], sigma[0], size=int(N*p[0]))
y1 = np.random.normal(mu[1], sigma[1], size=int(N*p[1]))
y=np.concatenate((y0,y1),axis=0)
#打乱顺序
np.random.shuffle(y)
n=len(y)
z=[]
for i in range(20):
    #计算 z 的概率
    z0= norm.pdf(y,mu[0], sigma[0])
    z1= norm.pdf(y,mu[1], sigma[1])
    w0=z0/(z0+z1)
    w1=z1/(z0+z1)
    #计算标准差
    sigma[0] = np.sqrt(np.dot(w0, np.square(y- mu[0])) / np.sum(w0))
    sigma[1] = np.sqrt(np.dot(w1, np.square(y-mu[1])) / np.sum(w1))
    #计算平均值
    mu[0]= np.dot(w0, y) / np.sum(w0)
    mu[1]= np.dot(w1, y) / np.sum(w1)
    #计算权重
    p[0] = np.sum(w0)/ n
    p[1]= np.sum(w1) / n
print('μ=',mu,'σ=',sigma,'权重=',p)
```

最后 5 个输出结果：

```
μ= [0.9939259852510227, 4.593478929669215] σ= [0.11061171797026424,
6.065692697970554] 权重= [0.31307691060802567, 0.68692308939197742]
μ= [0.9939259699764968, 4.593479121696343] σ= [0.11061176662898821,
6.0656927944006584] 权重= [0.3130769459251225, 0.68692305407487775]
μ= [0.9939259626211098, 4.593479214166815] σ= [0.11061179006058068,
```

```
6.065692840836501] 权重= [0.31307696293203774, 0.6869230370679622]
μ= [0.99392595907914, 4.593479258695892] σ= [0.11061180134405134,
6.065692863197647] 权重= [0.31307697112170374, 0.6869230288782963]
μ= [0.9939259573735095, 4.593479280138833] σ= [0.11061180677759937,
6.06569287396564] 权重= [0.31307697506543103, 0.6869230249345689]
```

由输出结果可以看出，估计的参数 $\mu_1 \approx 0.99$，$\sigma_1 \approx 0.11$，$\mu_2 \approx 4.59$，$\sigma_2 \approx 6.07$，权重 α_1、α_2 分别为 0.31，0.69。生成随机数的正态分布的期望分别为 1、5，标准差分别为 0.1、6，权重 α_1、α_2 分别为 0.3、0.7，参数的估计值和参数真实值非常接近。

5.2.2 使用 EM 算法进行 k-均值聚类

1. k-均值聚类

k-均值聚类是 1967 年由 Mac-Queen 首次提出的一种经典算法，常用于数据挖掘和模式识别领域，是一种无监督学习算法，其使用目的是对几何进行等价类划分，即对一组具有相同数据结构的记录按某种分类准则进行分类，以获取若干个同类记录集。k-均值聚类是应用最为广泛的聚类算法。该算法以类中各样本的加权均值（质心，又称类中心）代表该类，只用于数字属性数据的聚类，算法有很清晰的几何和统计意义，但抗干扰性较差。通常以各种样本与其类中心的欧氏距离总和作为目标函数，也可将目标函数修改为各类中任意两点间的欧氏距离总和，这样既考虑了类的分散度，也考虑了类的紧致度。

k-均值聚类的处理流程如下：先随机选择 k 个对象，每个对象代表一个类的初始均值或类中心；然后对于剩余的每个对象根据它与各类中心的距离，将它指派到最近（或最相似）的类中，并计算每个类的新均值，得到更新后的类中心；不断重复，直到准则函数收敛。通常，采用平方误差准则，即对于每个类中的每个对象，求对象到对应类中心距离的平方和，这个准则试图生成 k 个尽可能紧凑和独立的结果类。

具体步骤如下。

输入：包含 n 个对象的数据集及类的数目。

输出：k 个类的集合，使平方误差准则最小。

（1）为每个聚类确定一个初始类中心，共有 k 个初始类中心。初始化 k 个类中心 $\{w_1, w_2, \cdots, w_k\}$，其中 $w_i = x_j$，$i \in \{1,2,\cdots,k\}$，$j \in \{1,2,\cdots,n\}$，使每个类 C_i 与类中心 w_i 相对应。

（2）将数据集中的数据按照最小距离原则分配到最邻近类中。对每一个输入 x_j，$j \in \{1,2,\cdots,n\}$，执行如下步骤。

① 将 x_j 分配给最近的类中心 w_i^* 所属的类 C_i^*，即 $\left|x_j - w_i^*\right| \leqslant \left|x_j - w_i\right|$，$i \in \{1,2,\cdots,k\}$。

② 使用每个聚类中的样本均值作为新的类中心。对于每个类 C_i，$i \in \{1,2,\cdots,k\}$，将类中心更新为当前的类 C_i 中所有样本的中心点，即 $w_i = \sum_{C_i} x_j / |C_i|$。

③ 计算准则函数 E。

（3）重复（2）直到准则函数 E 不再明显地改变或类成员不再变化。聚类结束，得到 k 个类。

另外，样本最终聚类在某种程度上依赖于最初的划分或种子点的选择。为了检验聚类的稳定性，可以用一个新的初始分类检验整个聚类算法。若最终分类与原来一样，则不必再进行计算；否则，需要另行考虑聚类算法。

选择类中心的方法如下。

（1）经验选择。如果对研究对象比较了解，就根据以往的经验定下 k 个样本作为类中心。

（2）将 n 个样本人为地（或随机地）分成 k 类，以每类的重心作为类中心。

（3）最小最大原则。设将 n 个样本分成 k 类，先选择所有样本中距离最远的两个样品 x_{j1} 和 x_{j2} 为前两个类中心，即选择 x_{j1}、x_{j2}，使 $d(x_{j1},x_{j2})=d_{j_1j_2}=\max\{d_{ij}\}$。

k-均值聚类是一种广泛应用的聚类算法，具有计算速度快、资源消耗少的特点。但是 k-均值聚类与初始划分或种子点的选择有关系，初始类中心选择的随机性决定了算法的有效性和聚类的精度，选择不一样的初始类中心，聚类结果也不一样。其缺点是会陷于局部最优。

例 5.6 数据对象集合 S 如表 5.6 所示，作为一个聚类分析的二维样本，要求分类的数量 k=2。

表 5.6 数据对象集合 S

点	x	y
O_1	0	2
O_2	0	0
O_3	1.5	0
O_4	5	0
O_5	5	2

解：（1）选择 $O_1(0,2)$ 和 $O_2(0,0)$ 作为 C_1 和 C_2 的初始类中心，即 $M_1=O_1$，$M_2=O_2$。

（2）对剩余的每个对象，根据其与各个类中心的距离，将它分给最近的类。

对于 O_3：

$$d\left(M_1,O_3\right)=\sqrt{\left(0-1.5\right)^2+\left(2-0\right)^2}=2.5，\quad d\left(M_2,O_3\right)=\sqrt{\left(0-1.5\right)^2+\left(0-0\right)^2}=1.5$$

因为 $d\left(M_2,O_3\right)<d\left(M_1,O_3\right)$，所以将 O_3 分配给 C_2。

对于 O_4：

$$d\left(M_1,O_4\right)=\sqrt{\left(0-5\right)^2+\left(2-0\right)^2}=\sqrt{29}，\quad d\left(M_2,O_4\right)=\sqrt{\left(0-5\right)^2+\left(0-0\right)^2}=5$$

因为 $d\left(M_2,O_4\right)<d\left(M_1,O_4\right)$，所以将 O_4 分配给 C_2。

对于 O_5：

$$d\left(M_1,O_5\right)=\sqrt{\left(0-5\right)^2+\left(2-2\right)^2}=5，\quad d\left(M_2,O_5\right)=\sqrt{\left(0-5\right)^2+\left(0-2\right)^2}=\sqrt{29}$$

因为 $d\left(M_1,O_5\right)<d\left(M_2,O_5\right)$，所以将 O_5 分配给 C_1。

更新，得到新类 $C_1=\{O_1,O_5\}$ 和 $C_2=\{O_2,O_3,O_4\}$。

计算平方误差，单个平方误差分别为

$$E_1=[(0-0)^2+(2-2)^2]+[(5-0)^2+(2-2)^2]=25，$$

$$E_2=[(0-0)^2+(0-0)^2]+[(1.5-0)^2+(0-0)^2]+[(5-0)^2+(0-0)^2]=27.25$$

总的平方误差为

$$E=E_1+E_2=25+27.25=52.25$$

（3）计算新的聚类的中心。

$M_1=\left((0+5)/2,(2+2)/2\right)=(2.5,2)$，$M_2=\left((0+1.5+5)/3,(0+0+0)/3\right)=(2.17,0)$

重复（2）和（3），最终将 O_1 分配给 C_1；将 O_2 分配给 C_2，将 O_3 分配给 C_2，将 O_4 分配给 C_2，将 O_5 分配给 C_1。更新，得到新类 $C_1=\{O_1,O_5\}$ 和 $C_2=\{O_2,O_3,O_4\}$。类中心为 $M_1=(2.5,2)$，$M_2=(2.17,0)$。

单个平方误差分别为

$$E_1=[(0-2.5)^2+(2-2)^2]+[(2.5-5)^2+(2-2^2)]=12.5$$

$$E_2=[(0-2.17)^2+(0-0)^2]+[(1.5-2.17)^2+(0-0)^2]+[(5-2.17)^2+(0-0)^2]=13.17$$

总的平方误差为

$$E=E_1+E_2=12.5+13.17=25.67$$

由以上内容可以看出，第一次迭代后，总体平均误差值从 52.25 降至 25.67，显著减小。在两次迭代中，类中心不变，所以停止迭代，算法停止。

例 5.7　假设我们对 A、B、C、D 四个样品分别测量两个特征，测得数据如表 5.7 所示。

表 5.7　四个样品的两个特征

样品	特征	
	X_1	X_2
样品 A	5	3
样品 B	−1	1
样品 C	1	−2
样品 D	−3	−2

试将以上样品聚成两类。

解：

第一步：按要求取 k=2，为了实施 k-均值聚类，先将这些样品随意分成两类，如 $M_1=\{A,B\}$ 和 $M_2=\{C,D\}$，然后计算这两个类中心的坐标。类中心的坐标是通过原始数据计算得来的，如 M_1 的类中心坐标为 $\bar{X}_1=\dfrac{5+(-1)}{2}=2$。类中心坐标如表 5.8 所示。

表 5.8　类中心坐标

聚类	类中心坐标	
	$\bar{X}_1$	$\bar{X}_2$
$M_1=\{A,B\}$	2	2
$M_2=\{C,D\}$	−1	−2

第二步：计算某个样品到各类中心的平方欧氏距离，然后将该样品分配到最近的一类中。对于样品有变动的类，重新计算它们的类中心坐标，为下一步聚类做准备。

计算样品 A 到两个类中心的平方欧氏距离：

$$d^2(A,M_1)=(5-2)^2+(3-2)^2=10,\quad d^2(A,M_2)=(5+1)^2+(3+2)^2=61$$

由于样品 A 到 M_1 类的类中心的距离小于到 M_2 类的类中心的距离，因此样品 A 不用重新分配。

计算样品 B 到两类中心的平方欧氏距离：

$$d^2(B,M_1)=(-1-2)^2+(1-2)^2=10\text{，}d^2(B,M_2)=(-1+1)^2+(1+2)^2=9$$

由于样品 B 到 M_1 类的类中心的距离大于到 M_2 类的类中心的距离，因此样品 B 要分配到 M_2 类中，得到新的聚类是 $M_1=\{A\}$和 $M_2=\{B，C，D\}$。更新类中心坐标如表 5.9 所示。

表 5.9 更新类中心坐标

聚类	类中心坐标	
	$\bar{X}_1$	$\bar{X}_2$
$M_1=\{A\}$	5	3
$M_2=\{B,C,D\}$	−1	−1

第三步：再次检查每个样品，以决定是否需要重新分类。计算各样品到各类中心的平方欧氏距离，得如表 5.10 所示的结果。

表 5.10 样品到类中心的平方欧氏距离

聚类	样品到中心的平方欧氏距离			
	样品 A	样品 B	样品 C	样品 D
$M_1=\{A\}$	0	40	41	89
$M_2=\{B,C,D\}$	52	4	5	5

到现在为止，每个样品都已经分配至距离类中心最近的类了，得到新的聚类结果是 $M_1=\{A\}$和 $M_2=\{B,C,D\}$，聚类过程到此结束。最终得到 k=2 的聚类结果是样品 A 独自成一类，样品 B、样品 C、样品 D 聚成一类。

2. k-均值聚类的优缺点

k-均值聚类的主要优点如下。

（1）k-均值聚类是简单、快速地解决聚类问题的一种经典算法。

（2）在处理大数据集时，k-均值聚类是相对可伸缩和高效率的。因为它的复杂度是 $O(nkt)$，其中，n 是所有对象的数目；k 是类的数目；t 是迭代的次数。通常 $k \ll n$，$t \ll n$。

（3）当结果类是密集的，而类与类之间区别明显时，k-均值聚类的效果较好。

k-均值聚类的主要缺点如下。

（1）k-均值聚类在类的平均值被定义的情况下才能使用，在处理符号属性的数据时不适用。

（2）在使用 k-均值聚类时，必须事先确定 k（要生成的类的数目），而且对初值敏感，初值不同可能会导致不同结果。

（3）k-均值聚类对于“噪声”和孤立点数据是敏感的，少量的该类数据能够对平均值产生极大的影响。

k-均值聚类对于不同的初值，可能会产生不同的结果，问题的解决方法如下。

多设置一些不同的初值，对比最后的运算结果直至结果趋于稳定，比较耗时和浪费资源。

在很多时候，事先并不知道给定的数据集应该分成多少个类别才合适。这也是 k-均值聚类的一个不足之处。有的算法是通过类的自动合并和分裂得到较为合理的类型数目 k 的，如 ISODATA 算法。

ISODATA 算法聚类的类别数目随聚类的进行而变化，因为在聚类过程中，对类别数有“合并”和“分裂”的操作。“合并”是指当聚类结果某一类中的样本数太少，或者两个类间的距离太近时，将这两个类别合并成一个类别；“分裂”是指当聚类结果中某一类的类内方差太大时，将该类分裂成两个类别。ISODATA 算法分类的过程和 k-均值聚类的过程一样，使用的是迭代思想：先随意给定初始类中心，然后聚类，通过迭代不断调整这些类中心，直到得到最好的类中心为止。

3. 使用 EM 算法进行 k-均值聚类示例

先对高斯混合模型使用 EM 算法求出参数的估计值，再根据给定的数据与平均值（平均值向量，二维）的距离判断该数据应该属于哪一类。

例 5.8　已知某个班的考试成绩如下：

20,88,91,94,86,90,80,98,90,77,85,85,81,66,79,77,88,74,61,88,79,84,76,75,74,77,83,73,76,83,69,88,64,78,73,64,88,88

该数据来自两个分量的高斯混合模型，使用 EM 算法将这些数据聚为两类。

解：

（1）方法一。使用 EM 算法求出高斯混合模型中的平均值参数，再根据数据距离哪个平均值近，来对其进行归类。

代码 5.6：

```
import numpy as np
from scipy.stats import norm
mu=np.array([90.0,60.0])
sigma=np.array([100.0,100.0])
p=np.array([0.5,0.5])
y=np.array([20,88,91,94,86,90,80,98,90,77,85,85,81,66,79,77,88,74,61,88,79,84,
76,75,74,77,83,73,76,83,69,88,64,78,73,64,88,88])
n=len(y)
sigma1=sigma
mu1=mu
p1=p
for i in range(25):
    #计算 z 的概率
    z0= p[0]*norm.pdf(y,mu[0], sigma[0])
    z1= p[1]*norm.pdf(y,mu[1], sigma[1])
    w0=z0/(z0+z1)
    w1=z1/(z0+z1)

    #计算标准差
    sigma1[0] = np.sqrt(np.dot(w0, np.square(y- mu[0])) / np.sum(w0))
    sigma1[1] = np.sqrt(np.dot(w1, np.square(y-mu[1])) / np.sum(w1))
    #计算平均值
    mu1[0]= np.dot(w0, y) / np.sum(w0)
```

```
    mu1[1]= np.dot(w1, y) / np.sum(w1)
    #计算权重
    p1[0] = np.sum(w0)/ n
    p1[1]= np.sum(w1) / n

    mu=mu1
    p=p1
    sigma=sigma1
    #print('迭代次数',i+1,'μ=',mu,'σ=',sigma,'权重=',p)
#聚类
s1=[]
s2=[]
for j in range(n):
    if (y[j]-mu[0])**2<(y[j]-mu[1])**2:
        s1.append(y[j])
    else:
        s2.append(y[j])
print('第一类: ',s1,'第二类: ',s2)
```

输出结果：

```
第一类: [88, 91, 94, 86, 90, 80, 98, 90, 77, 85, 85, 81, 66, 79, 77, 88, 74,
61, 88, 79, 84, 76, 75, 74, 77, 83, 73, 76, 83, 69, 88, 64, 78, 73, 64, 88,
88] 第二类: [20]
```

（2）方法二。使用 sklearn.mixture 中的 GaussianMixture。

利用 reshape(行,列)，可以将指定的数据转换为特定的行数和列数。

reshape(–1,1)中的–1 被理解为 unspecified value，意思是未指定；只需要指定列数，行数用–1 代替，多少无所谓，即任意行，一列的数据。

从 sklearn.mixture 中导入 GaussianMixture，具体参数如下：

```
GaussianMixture(n_components=1, *, covariance_type='full', tol=0.001, reg_covar=1e-
06, max_iter=100, n_init=1, init_params='kmeans', weights_init=None, means_init=None,
precisions_init=None, random_state=None, warm_start=False, verbose=0, verbose_interval=10)
```

其中：

n_components——混合的高斯分布的个数。

covariance_type——用来指定使用的协方差参数类型，取值有'full'、'tied'、'diag'、'spherical'，默认为'full'。'full'表示每个高斯分量都有自己的协方差矩阵；'tied'表示所有分量共享相同的协方差矩阵；'diag'表示每个分量都有自己的对角型协方差矩阵；'spherical'表示每个分量都有自己的方差。

tol——用来指定收敛阈值，浮点数，默认值为 0.001。当下限平均增益低于此阈值时，停止迭代。

reg_covar——添加到协方差对角线上的非负正则化，浮点数，默认值为 1e-06。允许确保协方差矩阵都是正数。

max_iter——要执行的 EM 迭代次数，整数，默认值为 100。

n_init——要执行的初始化次数，整数，默认值为 1，保持最佳结果。

init_params——用于初始化权重、均值和精度的方法，取值有'kmeans'、'random'，用来指定使用 k-均值聚类或随机，默认值为'kmeans'。

代码 5.7：

```
from sklearn.mixture import GaussianMixture
import numpy as np
import matplotlib.pyplot as plt
# 初始化观测数据
X=np.array([20,88,91,94,86,90,80,98,90,77,85,85,81,66,79,77,88,74,61,88,79,
84,76,75,74,77,83,73,76,83,69,88,64,78,73,64,88,88]).reshape(-1,1)
#指定聚类数
k=2
# 聚类
gmm= GaussianMixture(n_components=k)
#拟合数据
gmm.fit(X)
#预测数据，即分类，用标签 s 表示
label= gmm.predict(X)
print("数据的标签为", label)
n=len(X)
for i in range(0, n):
    if label[i] == 0:
        plt.scatter(i,X.take(i), s=15, c='red')
    elif label[i] == 1:
        plt.scatter(i, X.take(i), s=15, c='blue')

plt.title('GMM')
plt.show()
print("平均值=", gmm.means_.reshape(1, -1))
print("协方差矩阵=", gmm.covariances_.reshape(1, -1))
print("权重 = ", gmm.weights_.reshape(1, -1))
```

输出结果：

```
数据的标签为 [1 0 0 0 0 0 0 0 0 0 0 0 0 0 0 0 0 0 0 0 0 0 0 0 0 0 0 0 0 0 0 0 0
0 0 0 0 0]
平均值= [[80.27027027 20.        ]]
协方差矩阵= [[7.54945225e+01 1.00000000e-06]]
权重 =  [[0.97368421 0.02631579]]
```

输出的聚类图（一）如图 5.1 所示。

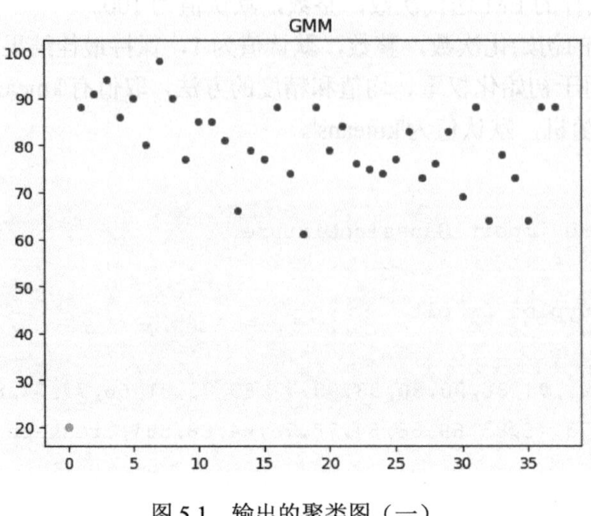

图 5.1 输出的聚类图（一）

由输出结果可知，20 分的同学被聚为一类，其余同学被聚为另一类。

若是分为三类，则输出结果：

```
数据的标签为 [2 0 0 0 0 0 1 0 0 1 0 0 1 1 1 1 0 1 1 0 1 0 1 1 1 1 0 1 1 0 1 0 1
1 1 1 0  0]
均值= [[87.41964633 74.80911221 20.        ]]
协方差矩阵= [[2.22590700e+01 4.72911008e+01 1.00000000e-06]]
权重 =  [[0.42166678 0.55201743 0.02631579]]
```

输出的聚类图（二）如图 5.2 所示。

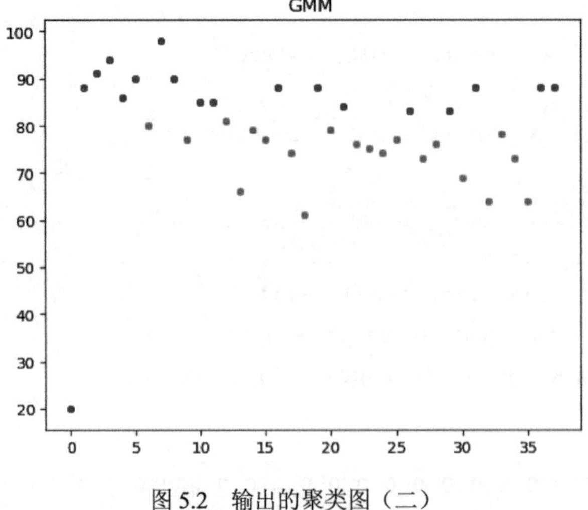

图 5.2 输出的聚类图（二）

由输出结果可知，在分为三类时，80 分以上的同学被聚为第一类，60 分到 80 分的同学被聚为第二类，60 分以下的同学被聚为第三类，由此可为相关数据添加优秀、及格、不及格三个标签。

习题 5.2

1．由三个一维正态分布的线性组合组成的混合正态分布 $\alpha_1 X_1 + \alpha_2 X_2 + \alpha_3 X_3$，$\alpha_i$为权重，$X_i \sim N(\mu_i, \sigma_i^2)$，$i = 1,2,3$，使用观测的数据估计参数 α_i、μ_i、σ_i。

取初值为 $0.1 \times N(2,1) + 0.6 \times N(6,5) + 0.3 \times N(8,10)$，即从三个正态分布 $N(2,1)$、$N(6,5)$、$N(8,10)$ 中取比例为 1∶6∶3 的数据，由这些数据估计参数。

2．由三个二维正态分布的线性组合组成的混合正态分布 $\alpha_1 X_1 + \alpha_2 X_2 + \alpha_3 X_3$，$\alpha_i$为权重，$X_i \sim N(\mu_i, \sigma_i^2)$，$i = 1,2,3$，使用观测的数据估计参数 α_i、μ_i、σ_i。

可以取初值为 $\frac{1}{3} \times N(0,-1,1,1,0) + \frac{1}{3} \times N(6,0,1,1,0) + \frac{1}{3} \times N(0,9,1,1,0)$，即从三个正态分布 $N(0,-1,1,1,0)$、$N(6,0,1,1,0)$、$N(0,9,1,1,0)$ 中取比例为 1∶1∶1 的数据，由这些数据估计参数。协方差矩阵均为 $\begin{bmatrix} 1 & 0 \\ 0 & 1 \end{bmatrix}$，平均值向量分别为 $\begin{bmatrix} 0 \\ -1 \end{bmatrix}$、$\begin{bmatrix} 6 \\ 0 \end{bmatrix}$、$\begin{bmatrix} 0 \\ 9 \end{bmatrix}$。

3．有由三个独立的伽玛分布的线性组合组成的分布 $X_1 + X_2 + X_3$，其中 $X_i \sim \mathrm{Ga}\left(\frac{1}{2}, \frac{1}{2\lambda_i}\right)$，$i = 1,2,3$，假设真实参数值为 $\lambda_1 = 0.6$，$\lambda_2 = 0.25$，$\lambda_3 = 0.15$，从这三个伽玛分布 $\mathrm{Ga}\left(\frac{1}{2}, \frac{1}{2\lambda_1}\right)$，$\mathrm{Ga}\left(\frac{1}{2}, \frac{1}{2\lambda_2}\right)$，$\mathrm{Ga}\left(\frac{1}{2}, \frac{1}{2\lambda_3}\right)$ 中取等比例的数据，由这些数据估计参数 λ_i，$i = 1,2,3$。取参数初值为 0.5、0.4、0.1，使用 EM 算法估计参数。

4．已知观测数据如下：

−67，−48，6，8，14，16，23，24，28，29，41，49，56，60，75

试估计两个分量的高斯混合模型的 5 个参数。

5．已知服从混合正态分布的数据如下：

2.809，3.938，18.265，3.765，3.003，2.602，3.774，4.290，4.454，3.616，18.197，3.039，2.477，18.167，2.687，18.052，18.501，18.457

试求两个正态分布的参数及权重。

6．（缺失数据的 EM 算法估计）总体 $X \sim N(\mu,1)$，抽取容量为 n 的样本，但是由于种种原因，最后只保留了 $X_1, X_2, \cdots, X_m$，而 $X_{m+1}, X_{m+2}, \cdots, X_{m+n}$ 丢失（可以认为是截尾数据）。目前有 18 个数据：

2.809，3.938，4.265，3.765，3.003，2.602，3.774，4.290，4.454，3.616，4.197，3.039，2.477，4.167，2.687，4.052，3.501，3.457

截断点为 4.5，有 7 个数据丢失。

（1）现有 18 个数据，7 个缺失数据均以 4.5 代替，得到的 25 个数据的均值为 3.8237，以 3.8237 为初值，使用 EM 算法估计总体的均值。

（2）若将 EM 算法中的 E 步求得的期望使用通过蒙特卡罗方法得到的平均值近似代替，则为蒙特卡罗 EM 算法。使用蒙特卡罗 EM 算法估计总体的均值。

7．已知观测数据如下：

–67，–48，6，8，14，16，23，24，28，29，41，49，56，60，75

该数据来自两个分量的高斯混合模型，使用 EM 算法聚为两类。

注：先使用 EM 算法求出高斯混合模型中的平均值参数，再根据数据距离哪个平均值近，将数据归类。自己编写代码和使用 sklearn 中的 GaussianMixture 两种方法解决该问题。

5.2 节代码

8．已知服从混合正态分布的数据如下：

(1, 2)，(1, 4)，(1, 0)，(10, 2)，(10, 4)，(10, 0)

试求出两个正态分布的参数及权重，并将其聚为两类（使用 sklearn）。

5.3 EM 算法的收敛性

结论 5.1 使用 EM 算法得到的估计值序列 $\theta^{(i)}$ 是单调递增的，即 $p(X|\theta^{(i)}) \leqslant p(X|\theta^{(i+1)})$。

证明：对条件概率公式 $p(X|\theta)=\dfrac{p(X,Z|\theta)}{p(Z|X,\theta)}$ 取对数得

$$\ln p(X|\theta)=\ln p(X,Z|\theta)-\ln p(Z|X,\theta)$$

对上式中的 Z 求期望，有

$$E_{Z|X}(\ln p(X|\theta))=E_{Z|X}(\ln p(X,Z|\theta))-E_{Z|X}(\ln p(Z|X,\theta))$$

$$E_{Z|X}(\ln p(X|\theta))=\sum_{Z}\ln \mathrm{p}(X|\theta)p(Z_i|X,\theta)=\ln p(X|\theta)$$

$$E_{Z|X}(\ln p(X,Z|\theta))=\sum_{Z}\ln p(X,Z_i|\theta)p(Z|X,\theta)=M(\theta,\theta^{(t)})$$

EM 算法的思想是求 $p(X|\theta^{(i)})$ 使得 $M(\theta,\theta^{(t)})$ 最大，因此 $M(\theta,\theta^{(t)})$ 是单调递增的。

$$E_{Z|X}(\ln p(Z|X,\theta^{(t+1)}))=\sum_{Z}\ln p(p(Z_i|X,\theta^{(t+1)}))p(Z_i|X,\theta^{(t)})$$

$$E_{Z|X}(\ln p(Z|X,\theta^{(t)}))=\sum_{Z}\ln p(p(Z_i|X,\theta^{(t)}))p(Z_i|X,\theta^{(t)})$$

$$\begin{aligned}
&E_{Z|X}(\ln p(Z|X,\theta^{(t+1)}))-E_{Z|X}(\ln p(Z|X,\theta^{(t)}))\\
&=\sum_{Z}\ln(p(Z_i|X,\theta^{(t+1)}))p(Z_i|X,\theta^{(t)})-\sum_{Z}\ln(p(Z_i|X,\theta^{(t)}))p(Z_i|X,\theta^{(t)})\\
&=\sum_{Z}(\ln(p(Z_i|X,\theta^{(t+1)}))-\ln(p(Z_i|X,\theta^{(t)}))p(Z_i|X,\theta^{(t)})\\
&=\sum_{Z}\ln\frac{p(Z_i|X,\theta^{(t+1)})}{p(Z_i|X,\theta^{(t)})}p(Z_i|X,\theta^{(t)})\\
&\leqslant \ln\sum_{Z}\frac{p(Z_i|X,\theta^{(t+1)})}{p(Z_i|X,\theta^{(t)})}p(Z_i|X,\theta^{(t)})\\
&=\ln\sum_{Z}p(Z_i|X,\theta^{(t+1)})\\
&=0
\end{aligned}$$

因此 $E_{Z|X}(\ln p(Z|X,\theta^{(t+1)})) \leqslant E_{Z|X}(\ln p(Z|X,\theta^{(t)}))$，单调递减。

综上所述，$E_{Z|X}(\ln p(X|\theta)) = \ln p(X|\theta)$ 是递增的，从而 $p(X|\theta)$ 是递增的，结论 5.1 成立。

结论 5.2　（1）$\ln L(\theta) = \ln p(Y|\theta))$ 是收敛的。

（2）$\ln L(\theta)$ 和 $M(\theta,\theta')$ 在满足一定条件时，$\theta^{(i)}$ 的收敛值 θ^* 是 $\ln L(\theta)$ 的稳定点。

EM 算法可保证收敛到一个稳定点，该稳定点不一定是全局最大值点，因此一般为局部最优点，但是若 $M(\theta,\theta')$ 是凸的，则可保证 $M(\theta,\theta')$ 收敛到全局最大值。EM 算法对初值非常敏感，可以选择几个不同初值进行迭代，比较得到的估计值，选择其中最好的。

扩展阅读：费希尔（Ronald Aylmer Fisher）

费希尔（1890—1962），英国统计学家和遗传学家，1912 年毕业于剑桥大学数学系，后随英国数理统计学家 J. 琼斯进修了一年统计力学。他曾任中学数学教师，于 1918 年任罗坦斯泰德农业试验站统计试验室主任；1933 年，因为在生物统计和遗传学研究方面成绩卓著被聘为伦敦大学教授；1943 年，任剑桥大学遗传学教授；1957 年退休；1959 年在澳大利亚联邦科学和工业研究组织从事研究工作。

费希尔的主要贡献如下。

（1）论证了方差分析的原理和方法，并应用于试验设计，阐明了最大似然方法及随机化、重复性和统计控制的理论，指出了自由度作为检查 K. 皮尔逊制定的统计表格的重要性。此外，还阐明了各种相关系数的抽样分布，亦进行了显著性检验研究。

（2）用亲属间的相关性说明了连续变异的性状可以用孟德尔定律来解释，解决了遗传学中孟德尔学派和生物统计学派的争论。

（3）提出的一些数学原理和方法对人类遗传学、进化论的基本概念，以及农业、医学方面的试验均有很大影响。例如，遗传力的概念就是在他提出的可将性状分解为加性效应、非加性（显性）效应和环境效应的理论基础上建立起来的。

费希尔的主要著作有 *Statistical Methods for Research Workers*、*The Genetical Theory of Natural Selection*、*The Design of Experiments*、*The Theory of Inbreeding* 及 *Statistical Methods and Scientific Inference*。

第6章　回归分析

6.1　多元正态分布

6.1.1　随机向量及数字特征

设$X_1,X_2,\cdots,X_n$为随机变量，$\boldsymbol{X}=(X_1,X_2,\cdots,X_n)$为由$n$个随机变量组成的向量，称为$n$维随机向量。例如，每个家庭衣、食、住、行四方面的开支用四个随机变量X_1,X_2,X_3,X_4来表示，$\boldsymbol{X}=(X_1,X_2,X_3,X_4)$为四维随机向量。

n维随机向量的联合分布函数定义：对任意的n个实数$x_1,x_2,\cdots,x_n$，$\boldsymbol{X}=(X_1,X_2,\cdots,X_n)$的联合分布函数为$F(x_1,x_2,\cdots,x_n)=P(X_1\leqslant x_1,X_2\leqslant x_2,\cdots,X_n\leqslant x_n)$。

1．均值向量

$\boldsymbol{X}=(X_1,X_2,\cdots,X_n)$为随机向量，若$E(X_i)=\mu_i$，$i=1,2,\cdots,n$存在，则$\boldsymbol{X}$的均值向量为

$$E(\boldsymbol{X})=(E(X_1),E(X_2),\cdots,E(X_n)) \tag{6-1}$$

$\boldsymbol{Z}=\begin{bmatrix} z_{11} & z_{12} & \cdots & z_{1q} \\ z_{21} & z_{22} & \cdots & z_{2q} \\ \vdots & \vdots & & \vdots \\ z_{p1} & z_{p2} & \cdots & z_{pq} \end{bmatrix}$为$p\times q$阶随机矩阵，若$z_{i,j}$（$i=1,2,\cdots,p$，$j=1,2,\cdots,q$）的数学期望均存在，则$\boldsymbol{Z}$的数学期望为

$$E(\boldsymbol{Z})=\begin{bmatrix} E(z_{11}) & E(z_{12}) & \cdots & E(z_{1q}) \\ E(z_{21}) & E(z_{22}) & \cdots & E(z_{2q}) \\ \vdots & \vdots & & \vdots \\ E(z_{p1}) & E(z_{p2}) & \cdots & E(z_{pq}) \end{bmatrix} \tag{6-2}$$

性质 6.1　设$\boldsymbol{X}$为n维随机向量，$\boldsymbol{A}$和$\boldsymbol{B}$分别为$m\times n$阶矩阵和n维向量则有：

（1）$E(\boldsymbol{AX})=\boldsymbol{A}E(\boldsymbol{X})$。

（2）$E(\boldsymbol{AXB})=\boldsymbol{A}E(\boldsymbol{X})\boldsymbol{B}$。

（3）$E(\boldsymbol{AX}+\boldsymbol{BY})=\boldsymbol{A}E(\boldsymbol{X})+\boldsymbol{B}E(\boldsymbol{Y})$。

（4）$E(\boldsymbol{AX}+\boldsymbol{B})=\boldsymbol{A}E(\boldsymbol{X})+\boldsymbol{B}$。

2．协方差矩阵

$\boldsymbol{X}=(X_1,X_2,\cdots,X_n)$为随机向量，若$\mathrm{Cov}(X_i,X_j)$（$i,j=1,2,\cdots,n$）存在，则$\boldsymbol{X}$的协方差矩阵为

$$\mathrm{Cov}(\boldsymbol{X},\boldsymbol{X}) = E((\boldsymbol{X}-E(\boldsymbol{X}))(\boldsymbol{X}-E(\boldsymbol{X}))^{\mathrm{T}})$$
$$= \begin{bmatrix} \mathrm{Cov}(X_1,X_1) & \mathrm{Cov}(X_1,X_2) & \cdots & \mathrm{Cov}(X_1,X_n) \\ \mathrm{Cov}(X_2,X_1) & \mathrm{Cov}(X_2,X_2) & \cdots & \mathrm{Cov}(X_2,X_n) \\ \vdots & \vdots & & \vdots \\ \mathrm{Cov}(X_n,X_1) & \mathrm{Cov}(X_n,X_2) & \cdots & \mathrm{Cov}(X_n,X_n) \end{bmatrix} \tag{6-3}$$

记为$\boldsymbol{\Sigma}$。

$\boldsymbol{X}=(X_1,X_2,\cdots,X_m)$，$\boldsymbol{Y}=(Y_1,Y_2,\cdots,Y_n)$均为随机向量，若$\mathrm{Cov}(X_i,Y_j)$（$i=1,2,\cdots,m$，$j=1,2,\cdots,n$）存在，则$\boldsymbol{X}$和$\boldsymbol{Y}$的协方差矩阵为

$$\mathrm{Cov}(\boldsymbol{X},\boldsymbol{Y}) = E((\boldsymbol{X}-E(\boldsymbol{X}))(\boldsymbol{Y}-E(\boldsymbol{Y}))^{\mathrm{T}})$$
$$= \begin{bmatrix} \mathrm{Cov}(X_1,Y_1) & \mathrm{Cov}(X_1,Y_2) & \cdots & \mathrm{Cov}(X_1,Y_n) \\ \mathrm{Cov}(X_2,Y_1) & \mathrm{Cov}(X_2,Y_2) & \cdots & \mathrm{Cov}(X_2,Y_n) \\ \vdots & \vdots & & \vdots \\ \mathrm{Cov}(X_m,Y_1) & \mathrm{Cov}(X_m,Y_2) & \cdots & \mathrm{Cov}(X_m,Y_n) \end{bmatrix}$$

性质 6.2　（1）协方差矩阵对称且非负定，当协方差矩阵可逆时，则为正定矩阵。

（2）设$\boldsymbol{X}$和$\boldsymbol{Y}$分别为m维和n维随机向量，$\boldsymbol{A}$和$\boldsymbol{B}$分别为$r\times m$阶和$s\times n$阶常数矩阵，$\boldsymbol{a}$和$\boldsymbol{b}$分别为r维和s维常数向量，则有

$$\mathrm{Cov}(\boldsymbol{AX}+\boldsymbol{a},\boldsymbol{BY}+\boldsymbol{b}) = \boldsymbol{A}\cdot\mathrm{Cov}(\boldsymbol{X},\boldsymbol{Y})\cdot\boldsymbol{B}^{\mathrm{T}}，\quad D(\boldsymbol{aX}) = \boldsymbol{a}\cdot\boldsymbol{\Sigma}\cdot\boldsymbol{a}^{\mathrm{T}}$$

（3）当协方差矩阵为对角矩阵时，$X_1,X_2,\cdots,X_n$两两不相关。若协方差矩阵为单位矩阵，则$\mathrm{Cov}(X_i,X_j)=\begin{cases}1, & i=j\\ 0, & i\neq j\end{cases}$。

（4）$E(\boldsymbol{X}^{\mathrm{T}}\boldsymbol{AX}) = \mathrm{tr}(\boldsymbol{\Sigma A}) + \boldsymbol{\mu}^{\mathrm{T}}\boldsymbol{A\mu}$，$\boldsymbol{\mu}=E(\boldsymbol{X})$。

3．相关系数矩阵

相关系数矩阵为$\boldsymbol{R}=\begin{bmatrix} r_{11} & r_{12} & \cdots & r_{1n} \\ r_{21} & r_{22} & \cdots & r_{2n} \\ \vdots & \vdots & & \vdots \\ r_{n1} & r_{n2} & \cdots & r_{nn} \end{bmatrix}$，其中$r_{ij}=\dfrac{\mathrm{Cov}(X_i,X_j)}{\sqrt{D(X_i)D(X_j)}}$。

相关系数矩阵为对称矩阵，且主对角线元素都是 1。

例 6.1　设$\boldsymbol{X}\sim N(0,1)$，$\boldsymbol{Y}\sim N(0,1)$，$D(\boldsymbol{X}-\boldsymbol{Y})=0$，求$(\boldsymbol{X},\boldsymbol{Y})$的协方差矩阵$\boldsymbol{\Sigma}$。

解：$\boldsymbol{\Sigma}=\begin{bmatrix}1 & 1\\ 1 & 1\end{bmatrix}$。

例 6.2　设$\boldsymbol{X}$和$\boldsymbol{Y}$的协方差矩阵为$\boldsymbol{\Sigma}=\begin{bmatrix}9 & 4\\ 4 & 16\end{bmatrix}$，求相关系数矩阵。

解：$\boldsymbol{R}=\begin{bmatrix}1 & 1/3\\ 1/3 & 1\end{bmatrix}$。

4．样本的均值向量、离差矩阵、协方差矩阵和相关系数矩阵

设 $\boldsymbol{X}_1,\boldsymbol{X}_2,\cdots,\boldsymbol{X}_n$ 为来自 p 维总体的样本，$\boldsymbol{X}_i=(x_{i1},x_{i2},\cdots,x_{ip})$，$i=1,2,\cdots,n$，$\boldsymbol{X}=\begin{bmatrix}\boldsymbol{X}_1\\ \boldsymbol{X}_2\\ \vdots\\ \boldsymbol{X}_n\end{bmatrix}=$

$\begin{bmatrix}\boldsymbol{X}_{(1)} & \boldsymbol{X}_{(2)} & \cdots & \boldsymbol{X}_{(p)}\end{bmatrix}=\begin{bmatrix}x_{11} & x_{12} & \cdots & x_{1p}\\ x_{21} & x_{22} & \cdots & x_{2p}\\ \vdots & \vdots & & \vdots\\ x_{n1} & x_{n2} & \cdots & x_{np}\end{bmatrix}$。

1）样本的均值向量

样本的均值向量定义为

$$\bar{\boldsymbol{X}}=\frac{1}{n}\left[\sum_{i=1}^{n}x_{i1} \quad \sum_{i=1}^{n}x_{i2} \quad \cdots \quad \sum_{i=1}^{n}x_{p1}\right]=\left[\bar{x}_1 \quad \bar{x}_2 \quad \cdots \quad \bar{x}_p\right] \tag{6-4}$$

2）样本的离差矩阵

令 $v_{ij}=\sum_{k=1}^{n}\left(x_{ki}-\bar{x}_i\right)\left(x_{kj}-\bar{x}_j\right)$，则样本的离差矩阵定义为 $\boldsymbol{V}=(v_{ij})_{p\times p}$：

$$\boldsymbol{V}=\begin{bmatrix}\sum_{k=1}^{n}(x_{k1}-\bar{x}_1)^2 & \sum_{k=1}^{n}(x_{k1}-\bar{x}_1)(x_{k2}-\bar{x}_2) & \cdots & \sum_{k=1}^{n}(x_{k1}-\bar{x}_1)(x_{kp}-\bar{x}_p)\\ \sum_{k=1}^{n}(x_{k1}-\bar{x}_1)(x_{k2}-\bar{x}_2) & \sum_{k=1}^{n}(x_{k2}-\bar{x}_2)^2 & \cdots & \sum_{k=1}^{n}(x_{k2}-\bar{x}_2)(x_{kp}-\bar{x}_p)\\ \vdots & \vdots & & \vdots\\ \sum_{k=1}^{n}(x_{k1}-\bar{x}_1)(x_{kp}-\bar{x}_p) & \sum_{k=1}^{n}(x_{k2}-\bar{x}_2)(x_{kp}-\bar{x}_p) & \cdots & \sum_{k=1}^{n}(x_{kp}-\bar{x}_p)^2\end{bmatrix} \tag{6-5}$$

3）样本的协方差矩阵

样本的协方差矩阵定义为

$$\boldsymbol{S}_{p\times p}=\frac{1}{n-1}\boldsymbol{V}=\frac{1}{n-1}(v_{ij})_{p\times p}=(s_{ij})_{p\times p}$$

4）样本的相关系数矩阵

样本的相关系数矩阵定义为 $\boldsymbol{R}_{p\times p}=(r_{ij})_{p\times p}$，其中 $r_{ij}=\dfrac{v_{ij}}{\sqrt{v_{ii}}\sqrt{v_{jj}}}=\dfrac{s_{ij}}{\sqrt{s_{ii}}\sqrt{s_{jj}}}$。

例 6.3 已知样本矩阵为 $\boldsymbol{X}=\begin{bmatrix}1 & 2\\ 2 & 3\\ 3 & 4\\ 2 & 5\end{bmatrix}$，求样本的均值向量、协方差矩阵、相关系数矩阵。

解：$\boldsymbol{X}_1=\begin{bmatrix}1\\ 2\\ 3\\ 2\end{bmatrix}$，$\boldsymbol{X}_2=\begin{bmatrix}2\\ 3\\ 4\\ 5\end{bmatrix}$，样本均值分别为 $\bar{X}_1=2$，$\bar{X}_2=3.5$，则样本的均值向量为

$\bar{\boldsymbol{X}}=\begin{bmatrix}2 & 3.5\end{bmatrix}$，离差矩阵为 $\boldsymbol{V}=\begin{bmatrix}2 & 2\\ 2 & 5\end{bmatrix}$，协方差矩阵为 $\boldsymbol{S}=\dfrac{1}{3}\begin{bmatrix}2 & 2\\ 2 & 5\end{bmatrix}$，相关系数矩阵为 $\boldsymbol{R}=\begin{bmatrix}1 & \dfrac{\sqrt{10}}{5}\\ \dfrac{\sqrt{10}}{5} & 1\end{bmatrix}$。

6.1.2　n 维正态分布

1．服从二维正态分布的随机向量 (X_1,X_2) 的联合密度函数

二维正态分布 $N(\mu_1,\mu_2;\sigma_1^2,\sigma_2^2;\rho)$ 的联合密度函数为

$$f(x,y)=\frac{1}{2\pi\sigma_1\sigma_2\sqrt{1-\rho^2}}\exp\left\{\frac{-1}{2(1-\rho^2)}\left[\frac{(x-\mu_1)^2}{\sigma_1^2}-2\rho\frac{(x-\mu_1)(y-\mu_2)}{\sigma_1\sigma_2}+\frac{(y-\mu_2)^2}{\sigma_2^2}\right]\right\}$$

(X_1,X_2) 的协方差矩阵 $\boldsymbol{\Sigma}=\begin{bmatrix}\sigma_1^2 & \rho\sigma_1\sigma_2\\ \rho\sigma_1\sigma_2 & \sigma_2^2\end{bmatrix}$，记 $\boldsymbol{X}=\begin{bmatrix}X_1\\ X_2\end{bmatrix}$，$\boldsymbol{\mu}=\begin{bmatrix}\mu_1\\ \mu_2\end{bmatrix}$，则 $[X_1,X_2]$ 的联合密度函数可写成

$$f(x,y)=\frac{1}{(2\pi)|C|^{\frac{1}{2}}}\exp\left\{-\frac{1}{2}(\boldsymbol{X}-\boldsymbol{\mu})^{\mathrm{T}}C^{-1}(\boldsymbol{X}-\boldsymbol{\mu})\right\} \tag{6-6}$$

其边缘分布分别为 $N(\mu_1,\sigma_1^2)$ 和 $N(\mu_2,\sigma_2^2)$。

2．服从 n 维正态分布的随机向量 $(X_1,X_2,\cdots,X_n)$ 的联合密度函数

记 $\boldsymbol{X}=\begin{bmatrix}X_1\\ X_2\\ \vdots\\ X_n\end{bmatrix}$，$\boldsymbol{\mu}=\begin{bmatrix}\mu_1\\ \mu_2\\ \vdots\\ \mu_n\end{bmatrix}=\begin{bmatrix}E(X_1)\\ E(X_2)\\ \vdots\\ E(X_n)\end{bmatrix}$，$n$ 维正态分布 $\boldsymbol{X}\sim N_n(\boldsymbol{\mu},\boldsymbol{\Sigma})$ 的联合密度函数为 $f(x_1,x_2,\cdots,x_n)=\dfrac{1}{(2\pi)^{\frac{n}{2}}|\Sigma|^{\frac{1}{2}}}\mathrm{e}^{-\frac{1}{2}(\boldsymbol{X}-\boldsymbol{\mu})^{\mathrm{T}}\boldsymbol{\Sigma}^{-1}(\boldsymbol{X}-\boldsymbol{\mu})}$，其中 $\boldsymbol{\Sigma}$ 是 $(X_1,X_2,\cdots,X_n)$ 的协方差矩阵。

若 $\boldsymbol{X}\sim N_n(\boldsymbol{\mu},\boldsymbol{\Sigma})$，则 $E(\boldsymbol{X})=\boldsymbol{\mu}$，$D(\boldsymbol{X})=\boldsymbol{\Sigma}$。

3．n 维正态分布的性质

（1）$(X_1,X_2,\cdots,X_n)$ 服从 n 维正态分布，它的每一个分量 X_i（$i=1,2,\cdots,n$）都服从正态分布；反之，若 $X_1,X_2,\cdots,X_n$ 都服从正态分布，且相互独立，则 $(X_1,X_2,\cdots,X_n)$ 服从 n 维正态分布。

（2）n 维随机向量 $(X_1,X_2,\cdots,X_n)$ 服从正态分布的充要条件是 $(X_1,X_2,\cdots,X_n)$ 的任意的线性组合 $k_1X_1+k_2X_2+\cdots+k_nX_n$ 都服从一维正态分布（其中 $k_1,k_2,\cdots,k_n$ 不全为零）。

（3）设 $(X_1,X_2,\cdots,X_n)$ 服从 n 维正态分布，若 $Y_1,Y_2,\cdots,Y_k$ 是 $X_j\,(j=1,2,\cdots,n)$ 的线性函数，则 $(Y_1,Y_2,\cdots,Y_k)$ 也服从多维正态分布。

（4）设 $(X_1,X_2,\cdots,X_n)$ 服从 n 维正态分布，则“相互独立”与“两两不相关”是等价的。

（5）多维正态分布的任意线性组合仍为多维正态分布。

（6）若多维正态分布的协方差矩阵是对角矩阵，则它的分量是相互独立的。

（7）$X_1,X_2,\cdots,X_n$ 独立，且 $X_i \sim N_m(\mu_i,\Sigma_i)$，则 $\sum_{i=1}^{n} X_i \sim N_m\left(\sum_{i=1}^{n}\mu_i,\sum_{i=1}^{n}\Sigma_i\right)$，即独立正态分布的和仍为正态分布。

4．若干结论

（1）若 $X_1,X_2,\cdots,X_n$ 独立同分布于标准正态分布，$\boldsymbol{A}$ 为 n 阶正交矩阵，$\boldsymbol{Y}=\boldsymbol{A}^{\mathrm{T}}\boldsymbol{X}$，$\boldsymbol{X}=\begin{bmatrix}X_1\\X_2\\\vdots\\X_n\end{bmatrix}$，$\boldsymbol{Y}=\begin{bmatrix}Y_1\\Y_2\\\vdots\\Y_n\end{bmatrix}$，则 $Y_1,Y_2,\cdots,Y_n$ 也独立同分布于标准正态分布，$\boldsymbol{Y}\sim N_n(\boldsymbol{0},\boldsymbol{E}_n)$。

（2）若 $\boldsymbol{X}\sim N_n(\boldsymbol{\mu},\boldsymbol{\sigma}^2\boldsymbol{E}_n)$，$\boldsymbol{A}$ 为 n 阶正交矩阵，则 $\boldsymbol{Y}=\boldsymbol{A}^{\mathrm{T}}\dfrac{\boldsymbol{X}-\boldsymbol{\mu}}{\boldsymbol{\sigma}}\sim N_n(\boldsymbol{0},\boldsymbol{E}_n)$。

（3）若 $\boldsymbol{X}\sim N_n(\boldsymbol{\mu},\boldsymbol{\Sigma})$，$\boldsymbol{A}$ 为 n 阶正交矩阵，则 $\boldsymbol{Y}=\boldsymbol{A}^{\mathrm{T}}(\boldsymbol{X}-\boldsymbol{\mu})\sim N_n(\boldsymbol{0},\boldsymbol{\Lambda})$，$\boldsymbol{\Lambda}$ 为对角矩阵。

（4）若 $\boldsymbol{X}\sim N_n(\boldsymbol{0},\boldsymbol{E}_n)$，$\boldsymbol{A}$ 为 n 阶对称幂等矩阵，则 $\boldsymbol{Y}=\boldsymbol{X}^{\mathrm{T}}\boldsymbol{A}\boldsymbol{X}\sim\chi^2(\mathrm{tr}(\boldsymbol{A}))$。

（5）若 $\boldsymbol{X}\sim N_n(\boldsymbol{\mu},\boldsymbol{\sigma}^2\boldsymbol{E}_n)$，$\boldsymbol{A}$ 为 n 阶对称幂等矩阵，则 $\boldsymbol{Y}=\left(\dfrac{\boldsymbol{X}-\boldsymbol{\mu}}{\boldsymbol{\sigma}}\right)^{\mathrm{T}}\boldsymbol{A}\left(\dfrac{\boldsymbol{X}-\boldsymbol{\mu}}{\boldsymbol{\sigma}}\right)\sim\chi^2(\mathrm{tr}(\boldsymbol{A}))$。

（6）若 $\boldsymbol{A}$ 为 n 阶对称矩阵，$\boldsymbol{B}$ 为 $m\times n$ 阶矩阵，$\boldsymbol{BA}=0$，$\boldsymbol{X}\sim N_n(\boldsymbol{\mu},\boldsymbol{\sigma}^2\boldsymbol{E}_n)$，则 $\boldsymbol{BX}$ 与 $\boldsymbol{X}^{\mathrm{T}}\boldsymbol{AX}$ 独立。

（7）若 $\boldsymbol{A}$、$\boldsymbol{B}$ 为 n 阶对称矩阵，$\boldsymbol{BA}=0$，$\boldsymbol{X}\sim N_n(\boldsymbol{\mu},\boldsymbol{\sigma}^2\boldsymbol{E}_n)$，则 $\boldsymbol{X}^{\mathrm{T}}\boldsymbol{BX}$ 和 $\boldsymbol{X}^{\mathrm{T}}\boldsymbol{AX}$ 独立。

（8）若 $\boldsymbol{X}\sim N_n(\boldsymbol{\mu},\boldsymbol{\Sigma})$，$\boldsymbol{A}$ 为 $m\times n$ 阶矩阵且列满秩，$\boldsymbol{a}$ 为 m 维列向量，则 $\boldsymbol{Y}=\boldsymbol{AX}+\boldsymbol{a}\sim N_n(\boldsymbol{A\mu}+\boldsymbol{a},\boldsymbol{A\Sigma A}^{\mathrm{T}})$。

6.1.3 距离

距离就是平面上两个点的直线距离。常用的度量距离的方法有欧氏距离、马氏距离（Mahalanobis Distance）、曼哈顿距离（Manhattan Distance）、余弦值（cos）、相关度（Correlation）等。

1．欧氏距离

欧几里得距离简称欧氏距离，是最常见的两点之间或多点之间的距离表示法，点 $A(x_1,x_2,\cdots,x_n)$ 和点 $B(y_1,y_2,\cdots,y_n)$ 之间的距离公式为

$$d_{AB}=\sqrt{\sum_{i=1}^{n}(x_i-y_i)^2} \tag{6-7}$$

二维平面上点 $A(x_1,y_1)$ 和点 $B(x_2,y_2)$ 间的欧氏距离为

$$d_{AB}=\sqrt{(x_1-x_2)^2+(y_1-y_2)^2}$$

在计算欧式距离时，坐标的各维度对计算距离的贡献是不相同的，距离的大小与各维度

对应的指标变量的单位有关。例如，求点 $A(500,3)$ 和点 $B(100,4)$ 的欧氏距离，$d_{AB}=\sqrt{(500-100)^2+(3-4)^2}=\sqrt{160001}\approx 400.00125$，此时第二个坐标分量对距离的贡献被淹没。

2. 标准化欧氏距离

针对欧氏距离的缺点，对其进行改进。既然数据各个分量的分布不一样，就先将各个分量都标准化。

假设样本数据集 X 的均值为 μ，标准差为 S，那么 X 的标准化变量 $X^*=\dfrac{X-\mu}{S}$，标准化变量的数学期望为 0，方差为 1。两个 n 维向量 $\boldsymbol{A}(x_1,x_2,\cdots,x_n)$ 和 $\boldsymbol{B}(y_1,y_2,\cdots,y_n)$ 间的标准化欧氏距离公式为

$$d_{AB}=\sqrt{\sum_{i=1}^{n}\left(\frac{x_i-y_i}{S_i}\right)^2} \tag{6-8}$$

例 6.4　计算点 $A(500,3)$ 与点 $B(100,4)$ 的标准化欧氏距离。

解：先计算 $\begin{bmatrix}500\\100\end{bmatrix}$ 的均值和方差，均值为 300，方差为 80000；再计算 $\begin{bmatrix}3\\4\end{bmatrix}$ 的均值和标准差，均值为 3.5，方差为 0.5。根据标准化欧式距离公式，即式（6-8），可得

$$d_{AB}=\sqrt{\left(\frac{500-100}{\sqrt{80000}}\right)^2+\left(\frac{3-4}{\sqrt{0.5}}\right)^2}=2$$

3. 马氏距离

样本向量为 $(\boldsymbol{X}_1,\boldsymbol{X}_2,\cdots,\boldsymbol{X}_n)$，协方差矩阵为 $\boldsymbol{S}$，均值向量为 $\boldsymbol{\mu}$，而随机变量 $\boldsymbol{X}_i$ 与 $\boldsymbol{X}_j$ 间的马氏距离为

$$d(\boldsymbol{X}_i,\boldsymbol{X}_j)=\sqrt{(\boldsymbol{X}_i-\boldsymbol{X}_j)^{\mathrm{T}}\boldsymbol{S}^{-1}(\boldsymbol{X}_i-\boldsymbol{X}_j)} \tag{6-9}$$

若协方差矩阵是单位矩阵，则式（6-9）变为

$$d(\boldsymbol{X}_i,\boldsymbol{X}_j)=\sqrt{(\boldsymbol{X}_i-\boldsymbol{X}_j)^{\mathrm{T}}(\boldsymbol{X}_i-\boldsymbol{X}_j)}$$

即欧氏距离。若协方差矩阵是对角矩阵，则式（6-9）变为标准化欧氏距离。

马氏距离与量纲无关，排除了变量间的相关性的干扰。

例 6.5　$\boldsymbol{X}=\begin{bmatrix}5&7\\7&1\\3&2\\6&5\\6&6\end{bmatrix}$，计算 5 个样本两两间的马氏距离。

解：由 $\boldsymbol{X}$ 可知，每个样本有两个特征，共有 5 个样本。两个特征为 $\boldsymbol{X}_1=\begin{bmatrix}5\\7\\3\\6\\6\end{bmatrix}$，$\boldsymbol{X}_2=\begin{bmatrix}7\\1\\2\\5\\6\end{bmatrix}$，平

均值分别为5.4和4.2，标准差分别为1.52和2.59，协方差矩阵$\boldsymbol{S}=\frac{1}{4}\begin{bmatrix}9.2 & 0.6\\0.6 & 26.8\end{bmatrix}=\begin{bmatrix}2.3 & 0.15\\0.15 & 6.7\end{bmatrix}$，逆矩阵为$\boldsymbol{S}^{-1}=\begin{bmatrix}0.4353 & -0.0097\\-0.0097 & 0.1495\end{bmatrix}$。则$\boldsymbol{X}_1$和$\boldsymbol{X}_2$间的距离为$d_{12}=\sqrt{(5-7,7-1)\boldsymbol{S}^{-1}(-2,6)^{\mathrm{T}}}=2.7123$。同理可计算出其他距离：$d_{13}=2.2986$，$d_{14}=1.0355$，$d_{15}=0.7774$，$d_{23}=2.6822$，$d_{24}=1.7044$，$d_{25}=2.0663$，$d_{34}=2.2558$，$d_{35}=2.4650$，$d_{45}=0.3866$。

习题 6.1

一、选择题

1．随机变量$X\sim N(0,1)$，$Y\sim N(1,4)$且相关系数$\rho_{XY}=1$，则（　　）。

A．$P\{Y=-2X-1\}=1$　　B．$P\{Y=2X-1\}=1$

C．$P\{Y=-2X+1\}=1$　　D．$P\{Y=2X+1\}=1$

2．将一枚硬币重复抛n次，用X和Y分别表示正面向上和反面向上的次数，则X和Y的相关系数为（　　）。

A．-1　　B．0　　C．$\frac{1}{2}$　　D．1

3．随机实验E有3种两两不相容的结果A_1、A_2、A_3，且3种结果发生的概率均为$\frac{1}{3}$，将实验E独立重复做2次，X表示2次实验中结果A_1发生的次数，Y表示2次实验中结果A_2发生的次数，则X与Y的相关系数为（　　）。

A．-1　　B．0　　C．$-\frac{1}{2}$　　D．1

二、填空题

1．设二维随机变量(X,Y)服从$N(\mu_1,\mu_2;\ \sigma_1{}^2,\sigma_2{}^2;0)$，则$E(XY^2)=$________。

2．若二维随机变量$(X,Y)\sim N(a,b;\ \sigma_1^2,\sigma_2^2;\ r)$，则$D(X)\cdot D(Y)=$________，$\mathrm{Cov}(X,Y)=$________。

三、计算题

1．已知二维随机变量（X,Y）的协方差矩阵为$\begin{bmatrix}1 & 1\\1 & 4\end{bmatrix}$，求$Z_1=X-2Y$和$Z_2=2X-Y$的相关系数。

2．已知$\boldsymbol{X}=\begin{bmatrix}2 & 1\\6 & 3\\5 & 4\\9 & 7\end{bmatrix}$，求样本的均值向量、协方差矩阵、相关系数矩阵。

3．$\boldsymbol{X}=\begin{bmatrix}1 & 2\\1 & 3\\2 & 2\\3 & 1\end{bmatrix}$，计算4个样本两两之间的马氏距离。

4．计算点 $A(1235,10)$ 与点 $B(2345,15)$ 的标准化欧氏距离。

5．设 $Z=\frac{1}{3}X+\frac{1}{2}Y$，其中 $(X,Y)\sim N\left(1,0;3^2,4^2;-\frac{1}{2}\right)$。①求 $E(Z)$ 和 $D(Z)$；②求 ρ_{XZ}；③判断 X 与 Z 是否相互独立，并阐述原因。

6．设二维随机变量 (X,Y) 的密度函数为 $f(x,y)=\frac{1}{2}[f_1(x,y)+f_2(x,y)]$，其中 $f_1(x,y)$ 和 $f_2(x,y)$ 都是二维正态分布的密度函数，且它们对应的二维随机变量的相关系数分别为 $\frac{1}{3}$ 和 $-\frac{1}{3}$，它们的边缘密度函数对应的随机变量的数学期望都是 0，方差都是 1。①求随机变量 X 和 Y 的密度函数 $f_1(x)$ 和 $f_2(y)$，以及 X 和 Y 的相关系数 ρ；②判断 X 和 Y 是否独立。

6.1 节代码

6.2　多元线性回归

“回归”（Regression）一词最早是由英国生物统计学家高尔顿（Galton）在研究身高的遗传问题时提出的。他通过观察发现，子代的身高将趋于“回归”平均值而不是趋于极端。现在人们将“回归”理解为研究变量间统计依赖关系的方法，“回归”成了统计中最常用的概念之一。回归分析是数理统计中最常用的预测手段，主要用来研究变量间的相关关系。回归分析作为一种可以进行预测的统计方法，主要研究因变量和自变量间的相关关系。回归分析中的因变量 y（目标）是随机变量，而自变量 x 是非随机变量。如果因变量和自变量均是随机变量，那么就属于相关分析研究的内容。例如，道路交通事故数量与司机驾驶汽车时是否喝酒和连续驾驶时间等都有关系，可以用回归分析来研究。

6.2.1　多元线性回归概述

变量间的相关关系不能用完全确切的函数形式表示，但在平均意义下有一定的定量关系表达式，寻找这种定量关系表达式就是回归分析的主要任务。设随机变量 $\boldsymbol{y}$ 与非随机变量 $\boldsymbol{x}_1,\boldsymbol{x}_2,\cdots,\boldsymbol{x}_k$ 之间有相关关系，则称 $\boldsymbol{x}_1,\boldsymbol{x}_2,\cdots,\boldsymbol{x}_k$ 为自变量（预报变量），$\boldsymbol{y}$ 为因变量（响应变量），在知道 $\boldsymbol{x}_1,\boldsymbol{x}_2,\cdots,\boldsymbol{x}_k$ 的取值后，$\boldsymbol{y}$ 有一个分布 $f(\boldsymbol{y}|\boldsymbol{x}_1,\boldsymbol{x}_2,\cdots,\boldsymbol{x}_k)$。我们关心的是 $\boldsymbol{y}$ 的平均值 $E(\boldsymbol{y}|\boldsymbol{x}_1,\boldsymbol{x}_2,\cdots,\boldsymbol{x}_k)$。设随机变量 $\boldsymbol{y}$ 可以表示为

$$\boldsymbol{y}=f(\boldsymbol{x}_1,\boldsymbol{x}_2,\cdots,\boldsymbol{x}_k)+\boldsymbol{\varepsilon} \tag{6-10}$$

式中，$\boldsymbol{\varepsilon}\sim N_n(\boldsymbol{0},\boldsymbol{\sigma}^2\boldsymbol{E}_n)$。称式（6-10）为 $\boldsymbol{y}$ 关于 $\boldsymbol{x}$ 的回归方程。

若 $\boldsymbol{y}$ 与非随机变量 $\boldsymbol{x}_1,\boldsymbol{x}_2,\cdots,\boldsymbol{x}_k$ 之间有线性关系，则有

$$\boldsymbol{y}=\beta_0+\beta_1\boldsymbol{x}_1+\beta_2\boldsymbol{x}_2+\cdots+\beta_k\boldsymbol{x}_k+\boldsymbol{\varepsilon} \tag{6-11}$$

称式（6-11）为多元线性回归的数学模型，式中的 β_0，$\beta_1,\cdots$，β_k 为回归系数，$\boldsymbol{\varepsilon}$ 为随机误差，且 $\boldsymbol{\varepsilon}\sim N_n(\boldsymbol{0},\boldsymbol{\sigma}^2\boldsymbol{E}_n)$。

多元线性回归的任务是根据已知的观测数据 $(x_{i1},x_{i2},\cdots,x_{ik},\ y_i)$，$i=1,2,\cdots,n$，对回归系数 $\beta_0,\beta_1,\cdots,\beta_k$ 进行估计，给出回归模型，对模型进行检测，并在此基础上进行预测与控制等。

在收集数据时，要求观察独立地进行，即假定 $y_1,y_2,\cdots,y_n$ 相互独立。在进行回归分析前，需要进行三项假设：独立性假设、正态性假设、方差齐性假设。

将观测数据代入式（6-11），可得

$$\begin{cases} y_i = \beta_0 + \beta_1 x_{i1} + \beta_2 x_{i2} + \cdots + \beta_k x_{ik} + \varepsilon_i, \ i = 1, 2, \cdots, n \\ \varepsilon_i \sim N(0, \sigma_i^2), \text{且} \sigma_1^2 = \sigma_2^2 = \cdots \sigma_n^2 \\ \varepsilon_1, \varepsilon_2, \cdots, \varepsilon_n \text{相互独立} \end{cases} \tag{6-12}$$

设 $\hat{\beta}_0, \hat{\beta}_1, \cdots, \hat{\beta}_k$ 分别是模型（6-12）中回归系数 $\beta_0, \beta_1, \cdots, \beta_k$ 的估计值，则 $\boldsymbol{y}$ 的观测值可表示为 $\hat{\boldsymbol{y}} = \hat{\beta}_0 + \hat{\beta}_1 \boldsymbol{x}_1 + \hat{\beta}_2 \boldsymbol{x}_2 + \cdots + \hat{\beta}_k \boldsymbol{x}_k$，称之为 $\boldsymbol{y}$ 关于 $\boldsymbol{x}_1, \boldsymbol{x}_2, \cdots, \boldsymbol{x}_k$ 的经验回归函数，简称回归方程，其图形称为回归直线。称 $y_i = \beta_0 + \beta_1 x_{i1} + \beta_2 x_{i2} + \cdots + \beta_k x_{ik} + \varepsilon_i$ 为对应 $x_{i1}, x_{i2}, \cdots, x_{ik}$ 的回归值，且 $y_i \sim N_n(\beta_0 + \beta_1 x_{i1} + \beta_2 x_{i2} + \cdots + \beta_k x_{ik}, \boldsymbol{\sigma}^2 \boldsymbol{E}_n)$。

进行回归分析的过程：①建立模型；②检验模型效果；③预测和控制。

为了使模型简洁，我们使用矩阵工具表示模型。给出因变量向量 $\boldsymbol{Y}$、模型系数向量 $\boldsymbol{\beta}$、误差向量 $\boldsymbol{\varepsilon}$ 和数据矩阵 $\boldsymbol{X}$：

$$\boldsymbol{Y} = \begin{bmatrix} y_1 \\ y_2 \\ \vdots \\ y_n \end{bmatrix}, \ \boldsymbol{\beta} = \begin{bmatrix} \beta_0 \\ \beta_1 \\ \vdots \\ \beta_k \end{bmatrix}, \ \boldsymbol{\varepsilon} = \begin{bmatrix} \varepsilon_1 \\ \varepsilon_2 \\ \vdots \\ \varepsilon_n \end{bmatrix}, \ \boldsymbol{X} = \begin{bmatrix} 1 & x_{11} & x_{12} & \cdots & x_{1k} \\ 1 & x_{21} & x_{22} & \cdots & x_{2k} \\ \vdots & \vdots & \vdots & & \vdots \\ 1 & x_{n1} & x_{n2} & \cdots & x_{nk} \end{bmatrix}$$

则模型（6-12）表示为

$$\begin{cases} \boldsymbol{Y} = \boldsymbol{X}\boldsymbol{\beta} + \boldsymbol{\varepsilon} \\ \boldsymbol{\varepsilon} \sim N_n(\boldsymbol{0}, \boldsymbol{\sigma}^2 \boldsymbol{E}_n) \end{cases} \tag{6-13}$$

6.2.2 建立模型

1. 用最小二乘法求模型系数

最小二乘法也称最小平方法，用来求真实值 y_i 与拟合值 $\hat{y}_i$ 的差的平方和的最小值，思想是当拟合效果好时，真实值与拟合值的差距很小，二者的差的平方也很小，把所有数据的真实值与拟合值的差平方后求和的值自然也很小，用数学公式表示为

$$Q = \sum_{i=1}^{n} (y_i - \hat{y}_i)^2$$

求 Q 的最小值。

下面我们利用最小二乘法求回归系数。

因为 $\varepsilon_i = y_i - \hat{y}_i, \ i = 1, 2, \cdots, n$，求 $\beta_0, \beta_1, \cdots, \beta_k$ 使误差平方和 $Q(\beta_0, \beta_1, \cdots, \beta_k) = \sum\limits_{i=1}^{n} \varepsilon_i^2$ 最小。

已知 $Q(\beta_0, \beta_1, \cdots, \beta_k) = \sum\limits_{i=1}^{n} \varepsilon_i^2 = \sum\limits_{i=1}^{n} (y_i - (\beta_0 + \beta_1 x_{i1} + \beta_2 x_{i2} + \cdots + \beta_k x_{ik}))^2$，使用矩阵表示为 $Q(\boldsymbol{\beta}) = (\boldsymbol{Y} - \boldsymbol{X}\boldsymbol{\beta})^{\mathrm{T}} (\boldsymbol{Y} - \boldsymbol{X}\boldsymbol{\beta})$。下面将 $Q(\boldsymbol{\beta})$ 展开，得

$$Q(\boldsymbol{\beta}) = (\boldsymbol{Y} - \boldsymbol{X}\boldsymbol{\beta})^{\mathrm{T}} (\boldsymbol{Y} - \boldsymbol{X}\boldsymbol{\beta}) = \boldsymbol{Y}^{\mathrm{T}} \boldsymbol{Y} - \boldsymbol{Y}^{\mathrm{T}} \boldsymbol{X}\boldsymbol{\beta} - \boldsymbol{\beta}^{\mathrm{T}} \boldsymbol{X}^{\mathrm{T}} \boldsymbol{Y} + \boldsymbol{\beta}^{\mathrm{T}} \boldsymbol{X}^{\mathrm{T}} \boldsymbol{X}\boldsymbol{\beta}$$

由于 $\boldsymbol{Y}^{\mathrm{T}} \boldsymbol{X}\boldsymbol{\beta} = \sum\limits_{i=1}^{n} \sum\limits_{j=0}^{k} \beta_j x_{ij} y_i = \boldsymbol{\beta}^{\mathrm{T}} \boldsymbol{X}^{\mathrm{T}} \boldsymbol{Y}$，因此有

$$Q(\boldsymbol{\beta}) = (\boldsymbol{Y} - \boldsymbol{X}\boldsymbol{\beta})^{\mathrm{T}} (\boldsymbol{Y} - \boldsymbol{X}\boldsymbol{\beta}) = \boldsymbol{Y}^{\mathrm{T}} \boldsymbol{Y} - 2\boldsymbol{Y}^{\mathrm{T}} \boldsymbol{X}\boldsymbol{\beta} + \boldsymbol{\beta}^{\mathrm{T}} \boldsymbol{X}^{\mathrm{T}} \boldsymbol{X}\boldsymbol{\beta}$$

下面求极小值，对 Q 中的 $\boldsymbol{\beta}$ 求偏导并令其为 0，得到

$$\frac{\partial Q(\boldsymbol{\beta})}{\partial \boldsymbol{\beta}} = -2\boldsymbol{X}^{\mathrm{T}}\boldsymbol{Y} + 2\boldsymbol{L}\boldsymbol{\beta} = 0$$

式中，$\boldsymbol{L} = \boldsymbol{X}^{\mathrm{T}}\boldsymbol{X}$。若 $\boldsymbol{X}$ 列满秩，即 $\boldsymbol{L} = \boldsymbol{X}^{\mathrm{T}}\boldsymbol{X}$ 可逆，则有

$$\hat{\boldsymbol{\beta}} = \boldsymbol{L}^{-1}\boldsymbol{X}^{\mathrm{T}}\boldsymbol{Y} \tag{6-14}$$

求得的 $\hat{\boldsymbol{\beta}}$ 是否能使 Q 取得最小值呢？下面对此进行验证。

$$\begin{aligned}
Q(\boldsymbol{\beta}) &= (\boldsymbol{Y}-\boldsymbol{X}\boldsymbol{\beta})^{\mathrm{T}}(\boldsymbol{Y}-\boldsymbol{X}\boldsymbol{\beta}) \\
&= (\boldsymbol{Y}-\boldsymbol{X}\hat{\boldsymbol{\beta}}+\boldsymbol{X}\hat{\boldsymbol{\beta}}-\boldsymbol{X}\boldsymbol{\beta})^{\mathrm{T}}(\boldsymbol{Y}-\boldsymbol{X}\hat{\boldsymbol{\beta}}+\boldsymbol{X}\hat{\boldsymbol{\beta}}-\boldsymbol{X}\boldsymbol{\beta}) \\
&= (\boldsymbol{Y}-\boldsymbol{X}\hat{\boldsymbol{\beta}})^{\mathrm{T}}(\boldsymbol{Y}-\boldsymbol{X}\hat{\boldsymbol{\beta}}) + (\boldsymbol{Y}-\boldsymbol{X}\hat{\boldsymbol{\beta}})^{\mathrm{T}}(\boldsymbol{X}\hat{\boldsymbol{\beta}}-\boldsymbol{X}\boldsymbol{\beta}) + (\boldsymbol{X}\hat{\boldsymbol{\beta}}-\boldsymbol{X}\boldsymbol{\beta})^{\mathrm{T}}(\boldsymbol{Y}-\boldsymbol{X}\hat{\boldsymbol{\beta}}) + \\
&\quad (\boldsymbol{X}\hat{\boldsymbol{\beta}}-\boldsymbol{X}\boldsymbol{\beta})^{\mathrm{T}}(\boldsymbol{X}\hat{\boldsymbol{\beta}}-\boldsymbol{X}\boldsymbol{\beta}) \\
&= (\boldsymbol{Y}-\boldsymbol{X}\hat{\boldsymbol{\beta}})^{\mathrm{T}}(\boldsymbol{Y}-\boldsymbol{X}\hat{\boldsymbol{\beta}}) + (\boldsymbol{X}\hat{\boldsymbol{\beta}}-\boldsymbol{X}\boldsymbol{\beta})^{\mathrm{T}}(\boldsymbol{X}\hat{\boldsymbol{\beta}}-\boldsymbol{X}\boldsymbol{\beta}) \\
&\geqslant (\boldsymbol{Y}-\boldsymbol{X}\hat{\boldsymbol{\beta}})^{\mathrm{T}}(\boldsymbol{Y}-\boldsymbol{X}\hat{\boldsymbol{\beta}})
\end{aligned}$$

中间两项消去的原因是它们皆为 $\mathbf{0}$：

$$(\boldsymbol{X}\hat{\boldsymbol{\beta}}-\boldsymbol{X}\boldsymbol{\beta})^{\mathrm{T}}(\boldsymbol{Y}-\boldsymbol{X}\hat{\boldsymbol{\beta}}) = (\hat{\boldsymbol{\beta}}-\boldsymbol{\beta})^{\mathrm{T}}\boldsymbol{X}^{\mathrm{T}}(\boldsymbol{Y}-\boldsymbol{X}\hat{\boldsymbol{\beta}}) = (\hat{\boldsymbol{\beta}}-\boldsymbol{\beta})^{\mathrm{T}}(\boldsymbol{X}^{\mathrm{T}}\boldsymbol{Y}-\boldsymbol{X}^{\mathrm{T}}\boldsymbol{X}\hat{\boldsymbol{\beta}}) = \mathbf{0}$$

2. 模型系数的性质

性质 6.3　$\hat{\boldsymbol{\beta}} = \boldsymbol{L}^{-1}\boldsymbol{X}^{\mathrm{T}}\boldsymbol{Y}$ 是 $\boldsymbol{\beta}$ 的线性无偏估计，且 $\mathrm{Cov}(\hat{\boldsymbol{\beta}},\hat{\boldsymbol{\beta}}) = \boldsymbol{\sigma}^2\boldsymbol{L}^{-1}$。

证明：$\hat{\boldsymbol{\beta}} = \boldsymbol{L}^{-1}\boldsymbol{X}^{\mathrm{T}}\boldsymbol{Y}$ 可表示为 $y_1, y_2, \cdots, y_n$ 的线性函数，亦为 $\boldsymbol{\beta}$ 的线性函数。它的期望和协方差分别为

$$E(\hat{\boldsymbol{\beta}}) = \boldsymbol{L}^{-1}\boldsymbol{X}^{\mathrm{T}}E(\boldsymbol{Y}) = \boldsymbol{L}^{-1}\boldsymbol{X}^{\mathrm{T}}\boldsymbol{X}\boldsymbol{\beta} = \boldsymbol{\beta}$$

$$\mathrm{Cov}(\hat{\boldsymbol{\beta}},\hat{\boldsymbol{\beta}}) = \mathrm{Cov}(\boldsymbol{L}^{-1}\boldsymbol{X}^{\mathrm{T}}\boldsymbol{Y}, \boldsymbol{L}^{-1}\boldsymbol{X}^{\mathrm{T}}\boldsymbol{Y}) = \boldsymbol{L}^{-1}\boldsymbol{X}^{\mathrm{T}}\mathrm{Cov}(\boldsymbol{Y},\boldsymbol{Y})\boldsymbol{X}\boldsymbol{L}^{-1} = \boldsymbol{L}^{-1}\boldsymbol{X}^{\mathrm{T}}\boldsymbol{\sigma}^2\boldsymbol{X}\boldsymbol{L}^{-1} = \boldsymbol{\sigma}^2\boldsymbol{L}^{-1}$$

性质 6.4　$\boldsymbol{e} = \boldsymbol{Y} - \boldsymbol{X}\hat{\boldsymbol{\beta}}$ 称为剩余向量，有① $E(\boldsymbol{e}) = \mathbf{0}$；② $\mathrm{Cov}(\hat{\boldsymbol{\beta}}, \boldsymbol{e}) = \mathbf{0}$。

证明：① $E(\boldsymbol{e}) = E(\boldsymbol{Y}-\boldsymbol{X}\hat{\boldsymbol{\beta}}) = E(\boldsymbol{Y}) - \boldsymbol{X}E(\hat{\boldsymbol{\beta}}) = \boldsymbol{X}\boldsymbol{\beta} - \boldsymbol{X}\boldsymbol{\beta} = \mathbf{0}$

$$\begin{aligned}
② \mathrm{Cov}(\hat{\boldsymbol{\beta}},\boldsymbol{e}) &= \mathrm{Cov}(\hat{\boldsymbol{\beta}}, \boldsymbol{Y}-\boldsymbol{X}\hat{\boldsymbol{\beta}}) = \mathrm{Cov}(\hat{\boldsymbol{\beta}},\boldsymbol{Y}) - \mathrm{Cov}(\hat{\boldsymbol{\beta}},\boldsymbol{X}\hat{\boldsymbol{\beta}}) \\
&= \mathrm{Cov}(\boldsymbol{L}^{-1}\boldsymbol{X}^{\mathrm{T}}\boldsymbol{Y},\boldsymbol{Y}) - \mathrm{Cov}(\hat{\boldsymbol{\beta}},\hat{\boldsymbol{\beta}})\boldsymbol{X}^{\mathrm{T}} = \boldsymbol{L}^{-1}\boldsymbol{X}^{\mathrm{T}}\mathrm{Cov}(\boldsymbol{Y},\boldsymbol{Y}) - \boldsymbol{\sigma}^2\boldsymbol{L}^{-1}\boldsymbol{X}^{\mathrm{T}} \\
&= \boldsymbol{L}^{-1}\boldsymbol{X}^{\mathrm{T}}\boldsymbol{\sigma}^2 - \boldsymbol{\sigma}^2\boldsymbol{L}^{-1}\boldsymbol{X}^{\mathrm{T}} = \mathbf{0}
\end{aligned}$$

性质 6.5　（1）$\hat{\boldsymbol{\beta}} \sim N(\boldsymbol{\beta}, \boldsymbol{\sigma}^2\boldsymbol{L}^{-1})$。

（2）$\boldsymbol{e} \sim N_n(\mathbf{0}, \boldsymbol{\sigma}^2\boldsymbol{A})$，$\boldsymbol{A} = \boldsymbol{E}_n - \boldsymbol{X}\boldsymbol{L}^{-1}\boldsymbol{X}^{\mathrm{T}}$。

（3）$\hat{\boldsymbol{\beta}}$与$\boldsymbol{S}_{\mathrm{E}}$ 独立，$\hat{\boldsymbol{\beta}}$与$\boldsymbol{e}$ 独立，$\boldsymbol{S}_{\mathrm{E}} = \boldsymbol{e}^{\mathrm{T}}\boldsymbol{e}$。

（4）$\dfrac{\boldsymbol{S}_{\mathrm{E}}}{\boldsymbol{\sigma}^2} \sim \chi^2(n-k-1)$。

证明：（1）$\hat{\boldsymbol{\beta}} = \boldsymbol{L}^{-1}\boldsymbol{X}^{\mathrm{T}}\boldsymbol{Y}$ 可表示为 $y_1, y_2, \cdots, y_n$ 的线性函数，因为 $\boldsymbol{Y} \sim N_n(\boldsymbol{X}\boldsymbol{\beta}, \boldsymbol{\sigma}^2\boldsymbol{E}_n)$，因此 $\hat{\boldsymbol{\beta}}$ 服从 n 维正态分布。$E(\hat{\boldsymbol{\beta}}) = \boldsymbol{\beta}$，$\mathrm{Cov}(\hat{\boldsymbol{\beta}},\hat{\boldsymbol{\beta}}) = \boldsymbol{\sigma}^2\boldsymbol{L}^{-1}$，因此 $\hat{\boldsymbol{\beta}} \sim N(\boldsymbol{\beta}, \boldsymbol{\sigma}^2\boldsymbol{L}^{-1})$。

（2）$\boldsymbol{A} = \boldsymbol{E}_n - \boldsymbol{X}\boldsymbol{L}^{-1}\boldsymbol{X}^{\mathrm{T}}$ 是对称幂等矩阵。$\boldsymbol{e}$ 可表示为 $y_1, y_2, \cdots, y_n$ 的线性函数，因为 $\boldsymbol{Y} \sim N_n(\boldsymbol{X}\boldsymbol{\beta}, \boldsymbol{\sigma}^2\boldsymbol{E}_n)$，因此 $\boldsymbol{e}$ 服从 n 维正态分布。$E(\boldsymbol{e}) = \mathbf{0}$，$\boldsymbol{e} = \boldsymbol{A}\boldsymbol{Y}$，$\mathrm{Cov}(\boldsymbol{e},\boldsymbol{e}) = \mathrm{Cov}(\boldsymbol{A}\boldsymbol{Y}, \boldsymbol{A}\boldsymbol{Y}) = \boldsymbol{A}\mathrm{Cov}(\boldsymbol{Y},\boldsymbol{Y})\boldsymbol{A}^{\mathrm{T}} = \boldsymbol{\sigma}^2\boldsymbol{A}$，因此 $\boldsymbol{e} \sim N_n(\mathbf{0}, \boldsymbol{\sigma}^2\boldsymbol{A})$。

（3）$\boldsymbol{A} = \boldsymbol{E}_n - \boldsymbol{X}\boldsymbol{L}^{-1}\boldsymbol{X}^{\mathrm{T}}$ 是对称幂等矩阵，记 $\boldsymbol{B} = \boldsymbol{L}^{-1}\boldsymbol{X}^{\mathrm{T}}$，则 $\boldsymbol{B}\boldsymbol{A}=\mathbf{0}$，而 $\boldsymbol{Y} \sim N_n(\boldsymbol{X}\boldsymbol{\beta}, \boldsymbol{\sigma}^2\boldsymbol{E}_n)$，

因此$\boldsymbol{BY}$和$\boldsymbol{Y}^{\mathrm{T}}\boldsymbol{AY}$独立。$\boldsymbol{BY}=\boldsymbol{L}^{-1}\boldsymbol{X}^{\mathrm{T}}\boldsymbol{Y}=\hat{\boldsymbol{\beta}}$，$\boldsymbol{S}_{\mathrm{E}}=\boldsymbol{e}^{\mathrm{T}}\boldsymbol{e}=(\boldsymbol{AY})^{\mathrm{T}}\boldsymbol{AY}=\boldsymbol{Y}^{\mathrm{T}}\boldsymbol{AY}$，由此得$\hat{\boldsymbol{\beta}}$与$\boldsymbol{S}_{\mathrm{E}}$独立。

$\hat{\boldsymbol{\beta}}=\boldsymbol{L}^{-1}\boldsymbol{X}^{\mathrm{T}}\boldsymbol{Y}$可以表示为$y_1,y_2,\cdots,y_n$的线性函数，$\boldsymbol{e}$可以表示为$y_1,y_2,\cdots,y_n$的线性函数，$\boldsymbol{Y}\sim N_n(\boldsymbol{X\beta},\boldsymbol{\sigma}^2\boldsymbol{E}_n)$，由多维正态分布性质可知，$(\hat{\boldsymbol{\beta}},\boldsymbol{e})$服从多维正态分布，且$\mathrm{Cov}(\hat{\boldsymbol{\beta}},\boldsymbol{e})=0$，所以$\hat{\boldsymbol{\beta}}$与$\boldsymbol{e}$独立。

（4）$\boldsymbol{AX}=(\boldsymbol{E}-\boldsymbol{XL}^{-1}\boldsymbol{X}^{\mathrm{T}})\boldsymbol{X}=0$，有

$$\boldsymbol{\varepsilon}^{\mathrm{T}}\boldsymbol{A\varepsilon}=(\boldsymbol{Y}-\boldsymbol{X\beta})^{\mathrm{T}}\boldsymbol{A}(\boldsymbol{Y}-\boldsymbol{X\beta})=\boldsymbol{Y}^{\mathrm{T}}\boldsymbol{AY}-\boldsymbol{Y}^{\mathrm{T}}\boldsymbol{AX\beta}-\boldsymbol{\beta}^{\mathrm{T}}\boldsymbol{X}^{\mathrm{T}}\boldsymbol{AY}+\boldsymbol{\beta}^{\mathrm{T}}\boldsymbol{X}^{\mathrm{T}}\boldsymbol{AX\beta}=\boldsymbol{Y}^{\mathrm{T}}\boldsymbol{AY}$$

$\boldsymbol{S}_{\mathrm{E}}=\boldsymbol{e}^{\mathrm{T}}\boldsymbol{e}=\boldsymbol{Y}^{\mathrm{T}}\boldsymbol{AY}=\boldsymbol{\varepsilon}^{\mathrm{T}}\boldsymbol{A\varepsilon}$。求期望得

$$E(\boldsymbol{S}_{\mathrm{E}})=E(\boldsymbol{\varepsilon}^{\mathrm{T}}\boldsymbol{A\varepsilon})=E\left(\sum_{i=1}^{n}\sum_{j=1}^{n}a_{ij}\varepsilon_i\varepsilon_j\right)=\sum_{i=1}^{n}\sum_{j=1}^{n}a_{ij}E(\varepsilon_i\varepsilon_j)$$

当i=j时，$E(\varepsilon_i\varepsilon_j)=E(\varepsilon_i^2)=D(\varepsilon_i)=\boldsymbol{\sigma}^2$；当$i\neq j$时，$E(\varepsilon_i\varepsilon_j)=E(\varepsilon_i)E(\varepsilon_j)=0$。

$$E(\boldsymbol{S}_{\mathrm{E}})=E(\boldsymbol{\varepsilon}^{\mathrm{T}}\boldsymbol{A\varepsilon})=\sum_{i=1}^{n}\sum_{j=1}^{n}a_{ij}E(\varepsilon_i\varepsilon_j)=\sum_{i}^{n}a_{ii}\boldsymbol{\sigma}^2=\mathrm{tr}(\boldsymbol{A})\boldsymbol{\sigma}^2$$

$$\mathrm{tr}(\boldsymbol{A})=\mathrm{tr}(\boldsymbol{E}_n-\boldsymbol{XL}^{-1}\boldsymbol{X}^{\mathrm{T}})=\mathrm{tr}(\boldsymbol{E})-\mathrm{tr}(\boldsymbol{XL}^{-1}\boldsymbol{X}^{\mathrm{T}})=n-\mathrm{tr}(\boldsymbol{L}^{-1}\boldsymbol{X}^{\mathrm{T}}\boldsymbol{X})=n-(k+1)$$

由于$E(\boldsymbol{S}_{\mathrm{E}})=(n-k-1)\sigma^2$，$\dfrac{\boldsymbol{S}_{\mathrm{E}}}{n-k-1}$为$\sigma^2$的无偏估计，因此有

$$\frac{\boldsymbol{S}_{\mathrm{E}}}{\boldsymbol{\sigma}^2}=\frac{\boldsymbol{\varepsilon}^{\mathrm{T}}\boldsymbol{A\varepsilon}}{\boldsymbol{\sigma}^2}=\left(\frac{\boldsymbol{\varepsilon}}{\boldsymbol{\sigma}}\right)^{\mathrm{T}}A\left(\frac{\boldsymbol{\varepsilon}}{\boldsymbol{\sigma}}\right)\sim\chi^2(n-k-1) \tag{6-15}$$

注：

方阵的迹（Trace）是指主对角线元素的和，用 tr 表示，性质如下。

（1）矩阵的迹等于矩阵的特征值的和。

（2）$\mathrm{tr}(\boldsymbol{A}+\boldsymbol{B})=\mathrm{tr}(\boldsymbol{A})+\mathrm{tr}(\boldsymbol{B})$。

（3）$\mathrm{tr}(\boldsymbol{AB})=\mathrm{tr}(\boldsymbol{BA})$（此时$\boldsymbol{A}$和$\boldsymbol{B}$不一定是方阵，但$\boldsymbol{AB}$和$\boldsymbol{BA}$均为方阵）。

（4）$\mathrm{tr}(\boldsymbol{ABC})=\mathrm{tr}(\boldsymbol{BCA})=\mathrm{tr}(\boldsymbol{CAB})$（此时$\boldsymbol{A}$、$\boldsymbol{B}$、$\boldsymbol{C}$不一定是方阵，只要$\boldsymbol{ABC}$、$\boldsymbol{BCA}$、$\boldsymbol{CAB}$都是方阵）。

6.2.3 回归模型的检验

1．平方和分解

总的偏差平方和为$S_{\mathrm{T}}=\sum\limits_{i=1}^{n}(y_i-\bar{y})^2$，将其分解：

$$S_{\mathrm{T}}=\sum_{i=1}^{n}(y_i-\hat{y}_i+\hat{y}_i-\bar{y})^2=\sum_{i=1}^{n}(y_i-\hat{y}_i)^2+\sum_{i=1}^{n}(\hat{y}_i-\bar{y})^2=S_{\mathrm{E}}+S_{\mathrm{A}} \tag{6-16}$$

式中，$\sum\limits_{i=1}^{n}(y_i-\hat{y}_i)(\hat{y}_i-\bar{y})=\sum\limits_{i=1}^{n}(y_i-\hat{y}_i)\hat{y}_i-\sum\limits_{i=1}^{n}(y_i-\hat{y}_i)\bar{y}$。

由于：

$$\hat{\boldsymbol{Y}}^{\mathrm{T}}\hat{\boldsymbol{Y}}=(\boldsymbol{X}\hat{\boldsymbol{\beta}})^{\mathrm{T}}\boldsymbol{X}\hat{\boldsymbol{\beta}}=\hat{\boldsymbol{\beta}}^{\mathrm{T}}\boldsymbol{X}^{\mathrm{T}}\boldsymbol{X}\hat{\boldsymbol{\beta}}=(\boldsymbol{L}^{-1}\boldsymbol{X}^{\mathrm{T}}\boldsymbol{Y})^{\mathrm{T}}\boldsymbol{X}^{\mathrm{T}}\boldsymbol{X}\hat{\boldsymbol{\beta}}=\boldsymbol{Y}^{\mathrm{T}}\boldsymbol{XL}^{-1}\boldsymbol{X}^{\mathrm{T}}\boldsymbol{X}\hat{\boldsymbol{\beta}}=\boldsymbol{Y}^{\mathrm{T}}\boldsymbol{X}\hat{\boldsymbol{\beta}}=\boldsymbol{Y}^{\mathrm{T}}\hat{\boldsymbol{Y}}$$

$$\hat{\boldsymbol{Y}}^{\mathrm{T}}\hat{\boldsymbol{Y}}-\boldsymbol{Y}^{\mathrm{T}}\hat{\boldsymbol{Y}}=0$$

因此有$(\hat{\boldsymbol{Y}}^{\mathrm{T}}-\boldsymbol{Y}^{\mathrm{T}})\hat{\boldsymbol{Y}}=0$，$\sum\limits_{i=1}^{n}(\hat{y}_i-y_i)\hat{y}_i$=0。

若要 $\sum_{i=1}^{n}(y_i-\hat{y}_i)\overline{y}=0$，只要 $n\overline{y}^2=n\overline{y}\overline{\hat{y}}$，即 $\overline{y}=\overline{\hat{y}}$ 即可。

证明：在使用最小二乘法求误差平方和 Q 的极小值时，对 Q 中的参数 $\boldsymbol{\beta}$ 求偏导，并令其为 0，解方程组得到 $\boldsymbol{\beta}$ 的解。现在对 Q 中的参数 β_0 求偏导，并令其为 0，得到的方程为

$$\frac{\partial Q(\beta_0,\beta_1,\cdots,\beta_k)}{\partial\beta_0}=2\sum_{i=1}^{n}(y_i-(\beta_0+\beta_1x_{i1}+\beta_2x_{i2}+\cdots+\beta_kx_{ik}))(-1)=0 \tag{6-17}$$

$$\sum_{i=1}^{n}(\beta_0+\beta_1x_{i1}+\beta_2x_{i2}+\cdots+\beta_kx_{ik})=\sum_{i=1}^{n}y_i \tag{6-18}$$

若 $\hat{\beta}_1,\cdots,\hat{\beta}_k$ 均已求出，利用式（6-18）可求出 β_0，此时解为 $\hat{\beta}_0$。把解 $\hat{\beta}_0,\hat{\beta}_1,\cdots,\hat{\beta}_k$ 代入式（6-18），得

$$\sum_{i=1}^{n}(\hat{\beta}_0+\hat{\beta}_1x_{i1}+\hat{\beta}_2x_{i2}+\cdots+\hat{\beta}_kx_{ik})=\sum_{i=1}^{n}y_i$$

即 $\sum_{i=1}^{n}\hat{y}_i=\sum_{i=1}^{n}y_i$，$\overline{\hat{y}}=\overline{y}$。至此平方和分解完成。

2. 假设检验

线性回归整体效果检验：

$$\mathrm{H}_0\text{：}\ \beta_1=\beta_2=\cdots=\beta_k=0\text{；}\ \mathrm{H}_1\text{：}\ \beta_1,\beta_2,\cdots,\beta_k\ \text{不全为 0}$$

单个自变量效果检验：

$$\mathrm{H}_{0i}\text{：}\ \beta_i=0\text{；}\ \mathrm{H}_{1i}\text{：}\ \beta_i\neq0$$

令矩阵 $\boldsymbol{D}=\begin{bmatrix}1-\frac{1}{n} & -\frac{1}{n} & \cdots & -\frac{1}{n}\\ -\frac{1}{n} & 1-\frac{1}{n} & \cdots & -\frac{1}{n}\\ \vdots & \vdots & & \vdots\\ -\frac{1}{n} & -\frac{1}{n} & \cdots & 1-\frac{1}{n}\end{bmatrix}$，则有

$$\boldsymbol{Y}^{\mathrm{T}}\boldsymbol{D}\boldsymbol{Y}=(y_1,y_2,\cdots,y_n)\begin{bmatrix}1-\frac{1}{n} & -\frac{1}{n} & \cdots & -\frac{1}{n}\\ -\frac{1}{n} & 1-\frac{1}{n} & \cdots & -\frac{1}{n}\\ \vdots & \vdots & & \vdots\\ -\frac{1}{n} & -\frac{1}{n} & \cdots & 1-\frac{1}{n}\end{bmatrix}\begin{bmatrix}y_1\\ y_2\\ \vdots\\ y_n\end{bmatrix}=\sum_{i=1}^{n}(y_i-\overline{y})y_i=\sum_{i=1}^{n}(y_i-\overline{y})^2$$

当原假设 H_0 成立时，$E(y_i)=\beta_0$，$D(y_i)=\sigma^2$，记 $\boldsymbol{\gamma}=\begin{bmatrix}\beta_0\\ \beta_0\\ \vdots\\ \beta_0\end{bmatrix}$，则 $E(\boldsymbol{Y})=\boldsymbol{\gamma}$，$D(\boldsymbol{Y})=\boldsymbol{\sigma}^2\boldsymbol{E}_n$，有

$$S_{\mathrm{T}}=\sum_{i=1}^{n}(y_i-\beta_0+\beta_0-\overline{y})^2=\sum_{i=1}^{n}(y_i-\beta_0-(\overline{y}-\beta_0))^2=(\boldsymbol{Y}-\boldsymbol{\gamma})^{\mathrm{T}}\boldsymbol{D}(\boldsymbol{Y}-\boldsymbol{\gamma})$$

$$\frac{S_{\mathrm{T}}}{\boldsymbol{\sigma}^2}=\frac{(\boldsymbol{Y}-\boldsymbol{\gamma})^{\mathrm{T}}\boldsymbol{D}(\boldsymbol{Y}-\boldsymbol{\gamma})}{\boldsymbol{\sigma}^2}=\frac{(\boldsymbol{Y}-\boldsymbol{\gamma})^{\mathrm{T}}}{\boldsymbol{\sigma}}\boldsymbol{D}\frac{(\boldsymbol{Y}-\boldsymbol{\gamma})}{\boldsymbol{\sigma}}\sim\chi^2(\mathrm{tr}(\boldsymbol{D}))$$

此处还需要验证 $\boldsymbol{D}$ 为对称幂等矩阵，$\boldsymbol{D}$ 显然为对称矩阵。令 $\boldsymbol{D}=\boldsymbol{E}-\frac{1}{n}\boldsymbol{C}$，其中，$\boldsymbol{C}=\begin{bmatrix}1 & 1 & \cdots & 1\\ 1 & 1 & \cdots & 1\\ \vdots & \vdots & & \vdots\\ 1 & 1 & \cdots & 1\end{bmatrix}$，$\boldsymbol{C}^2=n\boldsymbol{C}$，因此有

$$\boldsymbol{D}^2=\left(\boldsymbol{E}-\frac{1}{n}\boldsymbol{C}\right)\left(\boldsymbol{E}-\frac{1}{n}\boldsymbol{C}\right)=\boldsymbol{E}-\frac{1}{n}\boldsymbol{C}-\frac{1}{n}\boldsymbol{C}+\frac{1}{n^2}\boldsymbol{C}^2=\boldsymbol{D}$$

$\boldsymbol{D}$ 满足对称幂等条件，且 $\mathrm{tr}(\boldsymbol{D})=n-1$，$\frac{S_{\mathrm{T}}}{\boldsymbol{\sigma}^2}\sim\chi^2(n-1)$。

对于线性回归整体效果检验：

$$\mathrm{H}_0\text{：}\beta_1=\beta_2=\cdots=\beta_k=0\text{；}\quad\mathrm{H}_1\text{：}\beta_1,\beta_2,\cdots,\beta_k\text{不全为}0$$

有如下定理。

定理 6.1 （1）当原假设 H_0 成立时，$\frac{S_{\mathrm{T}}}{\boldsymbol{\sigma}^2}\sim\chi^2(n-1)$，$\frac{S_{\mathrm{E}}}{\boldsymbol{\sigma}^2}\sim\chi^2(n-k-1)$。

（2）S_{E} 和 S_{R} 独立。

（3）当原假设 H_0 成立时，$\frac{S_{\mathrm{R}}/k}{S_{\mathrm{E}}/n-k-1}\sim F(k,n-k-1)$。

对整体回归效果进行检验使用的检验统计量为

$$F=\frac{S_{\mathrm{R}}/k}{S_{\mathrm{E}}/n-k-1}\sim F(k,n-k-1)\tag{6-19}$$

拒绝域为

$$W=\{F\geqslant F_{1-\alpha}(k,n-k-1)\}\tag{6-20}$$

对于单个自变量效果检验：

$$\mathrm{H}_{0i}\text{：}\beta_i=0\text{；}\quad\mathrm{H}_{1i}\text{：}\beta_i\neq0$$

有如下定理。

定理 6.2 当原假设 H_{0i} 成立时，检验统计量为

$$t=\frac{\hat{\beta}_i}{\sqrt{S_{\mathrm{E}}/n-k-1}\sqrt{c_{ii}}}\sim t(n-k-1)\tag{6-21}$$

因为 $\hat{\boldsymbol{\beta}}\sim N(\boldsymbol{\beta},\boldsymbol{\sigma}^2\boldsymbol{L}^{-1})$，$\hat{\beta}_i\sim N(\beta_i,\boldsymbol{\sigma}^2c_{ii})$，$c_{ii}$ 为 $\boldsymbol{L}$ 的逆矩阵的主对角元素。对随机变量 $\hat{\beta}_i$ 标准化，$\frac{\hat{\beta}_i-\beta_i}{\sigma\sqrt{c_{ii}}}\sim N(0,1)$。$\hat{\boldsymbol{\beta}}$、$S_{\mathrm{E}}$ 独立，因此当原假设 H_{0i} 成立时，$t=\frac{\hat{\beta}_i}{\sqrt{S_E/n-k-1}\sqrt{c_{ii}}}\sim t(n-k-1)$，拒绝域为 $W=\{|t|\geqslant t_{1-\alpha/2}(n-k-1)\}$。

在进行单个自变量显著性检验时若发现检验统计量落入接受域，则表明该变量对因变量影响很小，可以将其剔除，只保留影响显著的变量。

例 6.6 某化工厂在研究硝化得率 y（%）与硝化温度 x_1（℃）、硝化液中硝酸浓度 x_2（%）之间的相关关系时进行了 10 次实验，实验数据如表 6.1 所示。

表 6.1　实验数据

x_1/℃	16.5	19.7	15.5	21.4	20.8	16.6	23.1	14.5	21.3	16.4
x_2	93.4%	90.8%	86.7%	83.5%	92.1%	94.9%	89.6%	88.1%	87.3%	83.4%
y	90.92%	91.13%	87.95%	88.57%	90.44%	89.97%	91.03%	88.03%	89.93%	85.58%

求硝化得率 y 对硝化温度 x_1、硝化液中硝酸浓度 x_2 的线性回归方程，并对该方程的线性效果进行假设检验。

解：(1) 求回归方程。

$$\boldsymbol{Y}=\begin{bmatrix}90.92\\91.13\\87.95\\88.57\\90.44\\89.97\\91.03\\88.03\\89.93\\85.58\end{bmatrix}，\boldsymbol{X}=\begin{bmatrix}1&16.5&93.4\\1&19.7&90.8\\1&15.5&86.7\\1&21.4&83.5\\1&20.8&92.1\\1&16.6&94.9\\1&23.1&89.6\\1&14.5&88.1\\1&21.3&87.3\\1&16.4&83.4\end{bmatrix}$$

先求 $\boldsymbol{L}=\boldsymbol{X}^{\mathrm{T}}\boldsymbol{X}$，再求模型系数 $\hat{\boldsymbol{\beta}}=\boldsymbol{L}^{-1}\boldsymbol{X}^{\mathrm{T}}\boldsymbol{Y}$：

$$\boldsymbol{L}=\begin{bmatrix}10&185.8&889.80\\185.8&3533.26&16526.09\\889.80&16526.09&79312.38\end{bmatrix}，\boldsymbol{L}^{-1}=\begin{bmatrix}63.862&-0.281&-0.658\\-0.28&0.01238&0.00057353\\-0.658&0.00057353&0.007274\end{bmatrix}$$

$$\boldsymbol{X}^{\mathrm{T}}\boldsymbol{Y}=\begin{bmatrix}893.55\\16626.967\\79555.061\end{bmatrix}，\hat{\boldsymbol{\beta}}=\boldsymbol{L}^{-1}\boldsymbol{X}^{\mathrm{T}}\boldsymbol{Y}=\begin{bmatrix}51.47413\\0.33398\\0.35560\end{bmatrix}$$

回归方程为 $\hat{y}=\beta_0+\beta_1x_1+\beta_2x_2=51.47413+0.33398x_1+0.35560x_2$。

(2) 假设验证。

① 整体效果验证。

原假设为 H_0: $\beta_1=\beta_2=0$。计算得

$$\bar{y}=89.355，\quad S_{\mathrm{T}}=\sum_{i=1}^{n}(y_i-\bar{y})^2=28.89，\quad S_{\mathrm{E}}=\sum_{i=1}^{n}(y_i-\hat{y}_i)^2=3.88，\quad S_{\mathrm{R}}=S_{\mathrm{T}}-S_{\mathrm{E}}=25.01，$$

$F=\dfrac{S_{\mathrm{R}}/k}{S_{\mathrm{E}}/n-k-1}=22.57$，$W=\{F\geqslant F_{0.95}(2,7)=4.74\}$，落入拒绝域，拒绝原假设，认为回归效果整体显著。

② 单个效果验证。

先检验变量 x_1 对 y 的影响。原假设为 H_{01}: $\beta_1=0$，检验统计量为 $t=\dfrac{\hat{\beta}_1}{\sqrt{S_E/n-k-1}\sqrt{c_{11}}}=$ $\dfrac{0.33398}{\sqrt{3.88/7}\sqrt{0.01238}}=4.03175$，拒绝域为 $W=\{|t|\geqslant t_{0.975}(7)=2.365\}$，落入拒绝域，说明变量 x_1 对 y 影响显著。

再检验变量 x_2 对 y 的影响。原假设为 H_{02}：$\beta_2=0$，检验统计量为 $t=\dfrac{\hat{\beta}_2}{\sqrt{S_E/n-k-1}\sqrt{c_{22}}}=\dfrac{0.35560}{\sqrt{3.88/7}\sqrt{0.07274}}=1.77096$，拒绝域为 $W=\{|t|\geqslant t_{0.975}(7)=2.365\}$，未落入拒绝域，说明变量 x_2 对 y 影响不大，可以剔除。

代码 6.1 请扫描本节后面的二维码查看。

输出结果：

```
矩阵 L 为 [[1.000000e+01 1.858000e+02 8.898000e+02]
 [1.858000e+02 3.533260e+03 1.652609e+04]
 [8.898000e+02 1.652609e+04 7.931238e+04]]
逆矩阵为 [[ 6.38620545e+01 -2.80984447e-01 -6.57915975e-01]
 [-2.80984447e-01  1.23762846e-02  5.73534266e-04]
 [-6.57915975e-01  5.73534266e-04  7.27421565e-03]]
系数为 [51.4741295   0.33397666  0.35598544]
总的偏差平方和为 28.888050000000007 误差平方和为 3.8778492908946047 回归平方和为
25.0102007091054 检验统计量的值为 22.573260566728926
决定系数为 0.8657628572750807
```

6.2.4 用模型进行预测

已知 $\hat{\boldsymbol{\beta}}\sim N(\boldsymbol{\beta},\boldsymbol{\sigma}^2\boldsymbol{L}^{-1})$，求 $\hat{\boldsymbol{y}}=\boldsymbol{X}\hat{\boldsymbol{\beta}}$ 的分布。$E(\hat{\boldsymbol{y}})=E(\boldsymbol{X}\hat{\boldsymbol{\beta}})=\boldsymbol{X}\boldsymbol{\beta}$，$D(\hat{\boldsymbol{y}})=D(\boldsymbol{X}\hat{\boldsymbol{\beta}})=\mathrm{Cov}(\boldsymbol{X}\hat{\boldsymbol{\beta}},\boldsymbol{X}\hat{\boldsymbol{\beta}})=\boldsymbol{X}\mathrm{Cov}(\hat{\boldsymbol{\beta}},\hat{\boldsymbol{\beta}})\boldsymbol{X}^{\mathrm{T}}=\boldsymbol{\sigma}^2\boldsymbol{X}\boldsymbol{L}^{-1}\boldsymbol{X}^{\mathrm{T}}$，因此 $\hat{\boldsymbol{y}}=\boldsymbol{X}\hat{\boldsymbol{\beta}}\sim N(\boldsymbol{X}\boldsymbol{\beta},\boldsymbol{\sigma}^2\boldsymbol{X}\boldsymbol{L}^{-1}\boldsymbol{X}^{\mathrm{T}})$，此时 $\boldsymbol{X}=\begin{bmatrix}1 & x_{01} & \cdots & x_{0k}\end{bmatrix}$。

$$\boldsymbol{X}\boldsymbol{L}^{-1}\boldsymbol{X}^T=\begin{bmatrix}1 & x_{01} & \cdots & x_{0k}\end{bmatrix}\begin{bmatrix}c_{00} & c_{01} & \cdots & c_{0k}\\ c_{10} & c_{11} & \cdots & c_{1k}\\ \vdots & \vdots & & \vdots\\ c_{k0} & c_{k1} & \cdots & c_{kk}\end{bmatrix}\begin{bmatrix}1\\ x_{01}\\ \vdots\\ x_{0k}\end{bmatrix}=\sum_{i=0}^{k}\sum_{j=0}^{k}x_{0i}x_{0j}c_{ij}$$

$y_0=\boldsymbol{X}\boldsymbol{\beta}+\boldsymbol{\varepsilon}\sim N(\boldsymbol{X}\boldsymbol{\beta},\boldsymbol{\sigma}^2)$，$\hat{y}_0$ 为根据已知数据得到的拟合值，是由过去的历史数据得到的；y_0 为由现在的数据得到的真实值，两者独立。因此 $y_0-\hat{y}_0\sim N(0,(1+\boldsymbol{X}\boldsymbol{L}^{-1}\boldsymbol{X}^{\mathrm{T}})\boldsymbol{\sigma}^2)$。$\hat{y}_0$ 是 $\hat{\boldsymbol{\beta}}$ 的线性函数，$\hat{\boldsymbol{\beta}}$ 与 S_{E} 独立，因此 $y_0-\hat{y}_0$ 与 S_{E} 独立。构造服从 t 分布的统计量：

$$\frac{\dfrac{y_0-\hat{y}_0}{\sqrt{(1+\boldsymbol{X}\boldsymbol{L}^{-1}\boldsymbol{X}^{\mathrm{T}})\boldsymbol{\sigma}^2}}}{\sqrt{\dfrac{S_{\mathrm{E}}}{(n-k-1)\boldsymbol{\sigma}^2}}}=\frac{y_0-\hat{y}_0}{\sqrt{\dfrac{S_{\mathrm{E}}}{(n-k-1)}}\sqrt{(1+\boldsymbol{X}\boldsymbol{L}^{-1}\boldsymbol{X}^{\mathrm{T}})}}\sim t(n-k-1) \tag{6-22}$$

y_0 的预测区间公式为

$$\hat{y}_0\pm t_{1-\frac{\alpha}{2}}(n-k-1)\sqrt{1+\boldsymbol{X}\boldsymbol{L}^{-1}\boldsymbol{X}^{\mathrm{T}}} \tag{6-23}$$

例 6.7 接例 6.6，当 x_1 和 x_2 分别为 20 和 90 时，求 y_0 置信水平为 0.95 的预测区间。

解：先求出预测值：

$$\hat{y}_0=\beta_0+\beta_1x_1+\beta_2x_2=51.47413+0.33398x_1+0.35560x_2=90.19$$

再计算 $XL^{-1}X^{\mathrm{T}}=[1\quad 20\quad 90]L^{-1}\begin{bmatrix}1\\20\\90\end{bmatrix}$=0.134，查表得 $t_{0.975}(7)=2.3646$，由预测区间公式［见式（6-23）］可得置信区间为[87.67,92.71]。

代码 6.2 请扫描本节后面的二维码查看。

输出结果：

```
预测值为 90.19235199775278
预测区间为 92.71060664539564 87.67409735010992
```

6.2.5 使用 Python 实现线性回归

例 6.8 某小学学生的身高（cm）、体重（kg）、年龄（岁）数据如表 6.2 所示，使用线性回归拟合数据，并判断模型的好坏。当一个学生的年龄为 7 岁，身高为 130cm 时，给出该学生体重预测值和预测区间（置信水平为 0.95）。

表 6.2 身高、年龄、体重数据

x_1（身高）/cm	147	129	141	145	142	151	149	152	140	138	132	147
x_2（年龄）/岁	9	7	9	11	11	13	11	12	8	10	7	10
y（体重）/kg	34	23	25	47	26	46	41	37	28	27	21	38

1. 方法 1 使用公式计算出模型系数

（1）计算 $L=X^{\mathrm{T}}X$ 。

（2）计算 L 的逆矩阵 L^{-1}；

（3）计算模型系数 $\hat{\beta}=L^{-1}X^{\mathrm{T}}Y$ ，从而写出回归方程。

（4）进行假设检验，根据式（6-19）计算统计量 F ，判断检验统计量的值是否落入拒绝域。

（5）进行预测，计算 $XL^{-1}X^{\mathrm{T}}$ ，拟合值 $\hat{y}_0=\beta_0+\beta_1x_1+\beta_2x_2$ ，最后由式（6-23）求出预测区间。

（6）计算决定系数 R^2。

代码 6.3 请扫描本节后面的二维码查看。

输出结果：

```
系数为 [-81.61433597   0.70668426   1.37137203]
总的偏差平方和为 888.25 误差平方和为 280.7398856640282 回归平方和为 607.5101143359718
检验统计量的值为 9.73782370839713 决定系数为 0.6839404608341929 预测值为 19.854221635885764
预测区间为 22.49955889203287  17.20888437973866
```

由输出结果可知，回归方程为 $\hat{y}=\beta_0+\beta_1x_1+\beta_2x_2=-81.6143+0.700668x_1+1.37137x_2$ ，总的偏差平方和为 888.25，回归平方和为 607.5101143359718，决定系数 R^2 为 0.68394。

当一个学生的年龄为 7 岁，身高为 130cm 时，体重预测值为 19.85422kg，预测区间为[17.20888,22.49956]。

2. 方法 2 使用 sklearn 库

使用 sklearn 库进行回归分析的步骤如下。

1）导入线性回归

代码如下：

```
from sklearn.linear_model import LinearRegression
```

2）将数据分为训练集和测试集

代码如下：

```
x=[[147,9],[129,7],[141,9],[145,11],[142,11],[151,13]]
y=[[34],[23],[25],[47],[26],[46]]
x_t=[[149,11],[152,12],[140,8],[138,10],[132,7],[147,10]]
y_t=[[41],[37],[28],[27],[21],[38]]
```

这里 x 和 y 为训练集，x_t 和 y_t 为测试集。

3）构建模型

代码如下：

```
model=LinearRegression()
```

4）训练模型

代码如下：

```
model.fit(x,y)
```

5）给出预测值

代码如下：

```
predictions=model.predict(x_t)
```

6）对模型的效果给出评估

对比预测值与真实值，评估模型的好坏。

模型评估有两个指标：均方误差 MSE、决定系数 R^2。对于分类问题，除这两个指标外还有准确率。

（1）均方误差 MSE。

损失函数为 $Q=\sum_{i=1}^{n}(y_i-(\beta_0+\beta_1x_{i1}+\beta_2x_{i2}+\cdots+\beta_kx_{ik}))^2=\sum_{i=1}^{n}(y_i-\hat{y}_i)^2$，求 $\hat{\boldsymbol{\beta}}$ 使得 $\arg\min_{\beta}Q=\arg\min_{\beta}Q\sum_{i=1}^{n}(y_i-\hat{y}_i)^2$，可以使用最小二乘法，也可以使用极大似然估计法。

均方误差为 $\text{MSE}=\frac{1}{n}\sum_{i=1}^{n}(y_i-\hat{y}_i)^2$。

① 直接使用公式计算：

```
m1 = np.mean((predictions-y_t)**2)
```

② 使用 sklearn 库中的 mean_squared_error()函数计算：

```
from sklearn.metrics import mean_squared_error
m2 = mean_squared_error(y_t,predictions)
```

（2）决定系数 R^2。

$R^2 = \frac{S_R}{S_T} = 1 - \frac{S_E}{S_T}$ 指的是回归平方和在总的离差平方和中占的比重，比重越大，说明回归效果越显著。

① 直接使用 model.score(x 的原始数据，y 的原始数据)函数计算决定系数：

```
s1=model.score(x_t,y_t)
```

② 使用 sklearn 库中的 r2_score()函数计算决定系数：

```
from sklearn.metrics import r2_score
s2 = r2_score(y_t,predictions)
```

（3）准确率 accuracy_score（分类问题）。

计算准确率的代码如下：

```
from sklearn.metrics import accuracy_score
s = accuracy_score(y_t,predictions)
```

将数据等分为两部分，前 6 个数据为训练集，后 6 个数据为测试集。

代码 6.4 请扫描本节后面的二维码查看。

输出结果：

```
[[39.41550696]
 [43.21570577]
 [28.01491054]
 [30.78031809]
 [21.19284294]
 [36.21968191]]
均方误差 1 为: 9.773894077549297
均方误差 2 为: 9.773894077549297
决定系数 1 为: 0.8070941958378428
决定系数 2 为: 0.8070941958378428
```

输出的决定系数高是因为只用了后 6 个数据；预测值分别为 39.41550696、43.21570577、28.01491054、30.78031809、21.19284294、36.21968191。预测值与真实值的差异如图 6.1 所示。

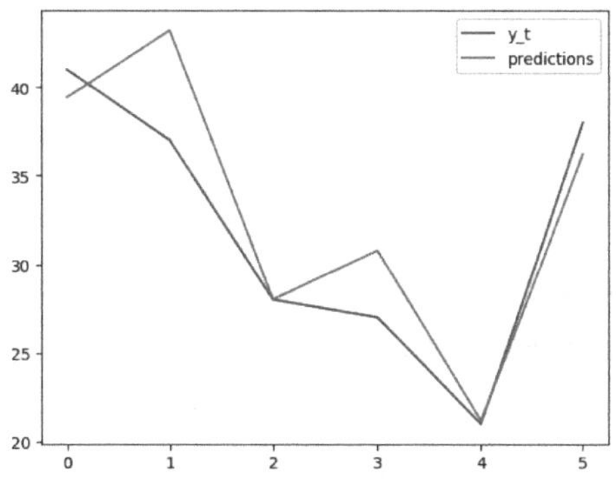

图 6.1　预测值与真实值的差异

习题 6.2

1．某种钢材的硬度 y 与成分 A 的含有率 x_1 和生产过程中的热处理温度 x_2 有关，相关实验进行了 15 次，实验数据如表 6.3 所示。

表 6.3 实验数据

x_1	4.4	5.0	5.6	6.2	7.1	7.5	7.7	8.3
x_2	472	480	489	484	498	510	507	510
y	105	106	112	125	127	123	128	135
x_1	8.5	9.0	9.5	9.7	10	10.5	11	—
x_2	508	502	522	517	534	522	535	—
y	130	125	143	142	148	138	148	—

求硬度 y 对成分 A 的含有率 x_1 和生产过程中的热处理温度 x_2 的线性回归方程，并对线性效果进行假设检验，显著性水平为 0.05。

2．某种产品每件平均单价 y 与批量 x 之间的关系如表 6.4 所示，试使用 $y=\beta_0+\beta_1 x+\beta_2 x^2$ 拟合数据。

表 6.4 单价 y 与批量 x 之间的关系

x	20	25	30	35	40	50	60	65	70	75	80	90
y	1.81	1.70	1.65	1.55	1.48	1.4	1.3	1.26	1.24	1.21	1.2	1.18

令 $x_1=x$，$x_2=x^2$，则可将 $y=\beta_0+\beta_1 x_1+\beta_2 x_2$ 转化为二元线性回归。

3．某种商品的需求量 y 与消费者的平均收入 x_1、商品的价格 x_2 有关，统计数据如表 6.5 所示。

表 6.5 统计数据

x_1	1000	600	1200	500	300	400	1300	1100	1300	300
x_2	5	7	6	6	8	7	5	4	3	9
y	100	75	80	70	50	65	90	100	110	60

求 y 对 x_1 和 x_2 的线性回归方程，并对线性效果进行假设检验，显著性水平为 0.05。

4．某种产品的收率 y 与处理压强 x_1 和温度 x_2 有关，测得的实验数据如表 6.6 所示。

表 6.6 测得的实验数据

x_1	6.8	7.2	9.1	9.3	7.6	8.0	8.2	8.4
x_2	665	685	700	680	690	700	695	670
y	40	49	65	58	55	63	65	57
x_1	8.6	8.8	9.5	9.7	10.0	10.3	10.5	—
x_2	675	690	685	700	650	690	670	—
y	58	62	59	67	56	72	68	—

（1）求 y 对 x_1 和 x_2 的线性回归方程，并对线性效果进行假设检验，显著性水平为 0.05。

（2）当 x_1 和 x_2 分别为 7 和 700 时，求 y_0 的置信水平为 0.95 的预测区间。

6.2 节代码

6.3　逻辑回归

线性回归是根据已知的数据拟合一条直线（模型），在检验模型效果后，用该模型进行预测，它的预测值是连续的。逻辑回归是把线性函数和 sigmoid（激活函数）复合在一起，给出(0,1)范围内的预测值，这时可以把预测值看作一个概率，再给出一个阈值，根据这个概率是大于阈值还是小于阈值来判断预测值应该属于哪个类别。

什么是阈值呢？阈值相当于一个边界值，大于这个边界值是一个结果，小于这个边界线是另一个结果。在逻辑回归中，大于这个边界值的划分为第一类，小于这个边界值的划分为第二类。阈值一般取 0.5，当然也可以取 0.3 等值。贷款是否违约、网页上的广告是否被点击、推荐的商品是否被购买、一篇文章带的情感是正面的还是负面的、根据患者的症状判断该患者是否患有某种疾病、股市走势是走高还是走低等问题都可以使用逻辑回归来解决。

先给出线性回归的方程 $Y=\beta_0+\beta_1x_1+\beta_2x_2+\cdots+\beta_kx_k=\boldsymbol{W}^{\mathrm{T}}\boldsymbol{X}+b$，其中 $\boldsymbol{W}=\begin{bmatrix}\beta_1\\\beta_2\\\vdots\\\beta_k\end{bmatrix}$，$\boldsymbol{X}=\begin{bmatrix}x_1\\x_2\\\vdots\\x_k\end{bmatrix}$，$b=\beta_0$，激活函数（逻辑函数）为 $Y=\dfrac{1}{1+\mathrm{e}^{-\boldsymbol{X}}}$，图像如图 6.2 所示。逻辑函数的作用是把任意的实数 x 都变为区间(0,1)内的数，由于概率也为区间(0,1)内的数，因此可以用逻辑函数的值表示。

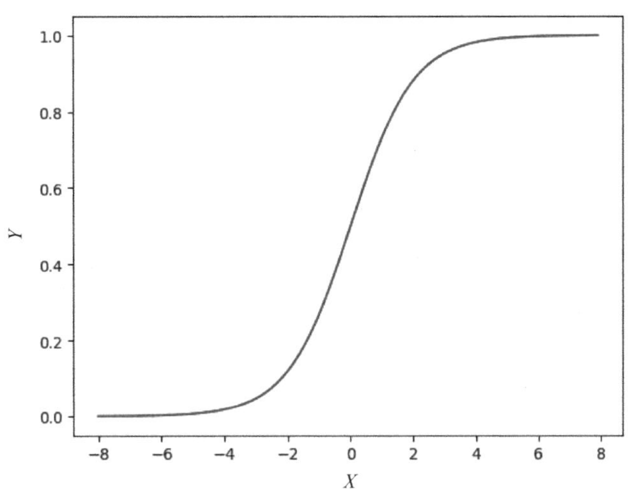

图 6.2　逻辑函数

然后把两个函数复合，形成函数 $Y=\dfrac{1}{1+\mathrm{e}^{-(\boldsymbol{W}^{\mathrm{T}}\boldsymbol{X}+b)}}$，用它来表示概率，$P(Y=1|\boldsymbol{X},\boldsymbol{W},b)=\dfrac{1}{1+\mathrm{e}^{-(\boldsymbol{W}^{\mathrm{T}}\boldsymbol{X}+b)}}$。由概率的性质可知，$P(Y=0|\boldsymbol{X},\boldsymbol{W},b)=1-\dfrac{1}{1+\mathrm{e}^{-(\boldsymbol{W}^{\mathrm{T}}\boldsymbol{X}+b)}}$。因此有

$$P(Y=y|\boldsymbol{X},\boldsymbol{W},b)=(P(Y=1|\boldsymbol{X},\boldsymbol{W},b))^{y}(P(Y=0|\boldsymbol{X},\boldsymbol{W},b))^{1-y}$$
$$=\left(\frac{1}{1+\mathrm{e}^{-(\boldsymbol{W}^{\mathrm{T}}\boldsymbol{X}+b)}}\right)^{y}\left(1-\frac{1}{1+\mathrm{e}^{-(\boldsymbol{W}^{\mathrm{T}}\boldsymbol{X}+b)}}\right)^{1-y}$$

式中，y 取值为 0 或 1。可以使用一条直线或曲线将测试数据分为两类，如果是直线，那么该模型就是线性分类器；如果是曲线，那么该模型就是非线性分类器。该直线或曲线称为决策边界（Decision Boundary）。在决策边界两侧的点非常容易判断分类，但落在决策边界上的点无法判断其归属。

对于线性分类器：

$$P(Y=1|\boldsymbol{X},\boldsymbol{W},b)=\frac{1}{1+\mathrm{e}^{-(\boldsymbol{W}^{\mathrm{T}}\boldsymbol{X}+b)}}=P(Y=0|\boldsymbol{X},\boldsymbol{W},b)=1-\frac{1}{1+\mathrm{e}^{-(\boldsymbol{W}^{\mathrm{T}}\boldsymbol{X}+b)}}$$

即 $\frac{1}{1+\mathrm{e}^{-(\boldsymbol{W}^{\mathrm{T}}\boldsymbol{X}+b)}}=\frac{1}{2}$，$\mathrm{e}^{-(\boldsymbol{W}^{\mathrm{T}}\boldsymbol{X}+b)}=1$，从而有决策边界 $\boldsymbol{W}^{\mathrm{T}}\boldsymbol{X}+b=0$，如图 6.3 所示。

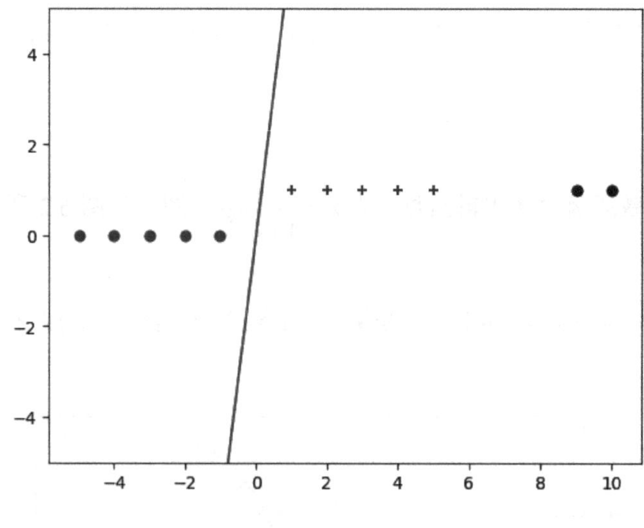

图 6.3　决策边界

由极大似然估计法可知，测试数据的似然函数为

$$L=\prod_{i=1}^{n}P(Y_i|\boldsymbol{X}_i,\boldsymbol{W},b)=\prod_{i=1}^{n}\left(\frac{1}{1+\mathrm{e}^{-(\boldsymbol{W}^{\mathrm{T}}\boldsymbol{X}_i+b)}}\right)^{y_i}\left(1-\frac{1}{1+\mathrm{e}^{-(\boldsymbol{W}^{\mathrm{T}}\boldsymbol{X}_i+b)}}\right)^{1-y_i}$$

对上式取对数，得到对数似然函数：

$$\ln L=\sum_{i=1}^{n}\left(y_i\ln\frac{1}{1+\mathrm{e}^{-(\boldsymbol{W}^{\mathrm{T}}\boldsymbol{X}_i+b)}}+(1-y_i)\ln\left(1-\frac{1}{1+\mathrm{e}^{-(\boldsymbol{W}^{\mathrm{T}}\boldsymbol{X}_i+b)}}\right)\right)$$

为什么取对数呢？一个原因是对数函数可以将乘积运算变为加法运算，容易求导，且对数函数是单调的；另一个原因是 $\frac{1}{1+\mathrm{e}^{-(\boldsymbol{W}^{\mathrm{T}}\boldsymbol{X}+b)}}$ 这个数可能会很小，那么 n 个类似的数的乘积就会非常小，计算机程序不好处理，在取对数后，计算机就可以正常处理。由于使用梯度下降法求得的是最小值，因此只要对对数似然函数取相反数，就可以使用梯度下降法求出最大值。

损失函数为

$$Q=-\ln L=-\sum_{i=1}^{n}\left(y_i\ln\frac{1}{1+\mathrm{e}^{-(\boldsymbol{W}^{\mathrm{T}}\boldsymbol{X}_i+b)}}+(1-y_i)\ln\left(1-\frac{1}{1+\mathrm{e}^{-(\boldsymbol{W}^{\mathrm{T}}\boldsymbol{X}_i+b)}}\right)\right) \tag{6-24}$$

均方误差为

$$J=-\frac{1}{n}\sum_{i=1}^{n}\left(y_i\ln\frac{1}{1+\mathrm{e}^{-(\boldsymbol{W}^{\mathrm{T}}\boldsymbol{X}_i+b)}}+(1-y_i)\ln\left(1-\frac{1}{1+\mathrm{e}^{-(\boldsymbol{W}^{\mathrm{T}}\boldsymbol{X}_i+b)}}\right)\right)$$
$$=\frac{1}{n}\sum_{i=1}^{n}(\ln(1+\mathrm{e}^{-(\boldsymbol{W}^{\mathrm{T}}\boldsymbol{X}_i+b)})+(1-y_i)(\boldsymbol{W}^{\mathrm{T}}\boldsymbol{X}_i+b))$$

下面求导数，得到损失函数的最小值：

$$\frac{\partial Q}{\partial \boldsymbol{W}}=\sum_{i=1}^{n}\left(\frac{-X_i\mathrm{e}^{-(\boldsymbol{W}^{\mathrm{T}}\boldsymbol{X}_i+b)}}{1+\mathrm{e}^{-(\boldsymbol{W}^{\mathrm{T}}\boldsymbol{X}_i+b)}}+(1-y_i)\boldsymbol{X}_i\right)=\sum_{i=1}^{n}\left(\frac{1}{1+\mathrm{e}^{-(\boldsymbol{W}^{\mathrm{T}}\boldsymbol{X}_i+b)}}-y_i\right)\boldsymbol{X}_i$$

$$\frac{\partial Q}{\partial b}=\sum_{i=1}^{n}\left(\frac{-\mathrm{e}^{-(\boldsymbol{W}^{\mathrm{T}}\boldsymbol{X}_i+b)}}{1+\mathrm{e}^{-(\boldsymbol{W}^{\mathrm{T}}\boldsymbol{X}_i+b)}}+(1-y_i)\right)=\frac{1}{n}\sum_{i=1}^{n}\left(\frac{1}{1+\mathrm{e}^{-(\boldsymbol{W}^{\mathrm{T}}\boldsymbol{X}_i+b)}}-y_i\right)$$

代入梯度下降法，得到迭代公式为

$$\begin{cases} w_i=w_{i-1}-\alpha\sum_{i=1}^{n}\left(\frac{1}{1+\mathrm{e}^{-(\boldsymbol{W}_{i-1}^{\mathrm{T}}\boldsymbol{X}_i+b)}}-y_i\right)\boldsymbol{X}_i \\ b_i=b_{i-1}-\alpha\sum_{i=1}^{n}\left(\frac{1}{1+\mathrm{e}^{-(\boldsymbol{W}_{i-1}^{\mathrm{T}}\boldsymbol{X}_i+b)}}-y_i\right) \end{cases} \tag{6-25}$$

（1）梯度下降法（GD）。

梯度下降法步骤如下。

① 给出初值 w_0 和 b_0，确定步长 α。

② 对于 i=1,2,…，由式（6-25）计算 w_i 和 b_i。

③ 设定程序终止条件。

- 可规定循环的次数，如循环 100 次，即固定循环次数。
- 比较两次循环参数的估计值的绝对误差，如 $|w_i-w_{i-1}|<\varepsilon$。
- 比较两次循环损失函数的绝对误差，如 $|Q_i-Q_{i-1}|<\varepsilon$，其中 Q 根据式（6-24）计算。

在使用梯度下降法时，若数据量 n 很大，由于每次更新都需要计算所有样本的梯度，计算量将非常大，时间复杂度随着 n 的增人，呈线性增长。该方法处理 100 个左右的数据尚可，但如果有上亿个样本（n）和上千个特征（m），那么该方法的时间复杂度为 $O(m\times n\times k)$，k 为迭代步数。因此在数据量很大时，我们可以使用其他梯度下降法。

（2）随机梯度下降法（SGD）。

如果使用随机梯度下降法，那么每次更新只依赖于随机抽取的一个样本，计算量要比随机梯度下降法小得多。

随机梯度下降法的步骤如下。

① 给出初值 w_0 和 b_0，确定步长 α。

② 使用 shuffle()函数打乱数据的顺序，随机抽取一组数据 (x_i,y_i)。

③ 对于 i=1,2,…，计算：

$$\boldsymbol{W}_i=\boldsymbol{W}_{i-1}-\alpha\left(\frac{1}{1+\mathrm{e}^{-(\boldsymbol{W}_{i-1}^{\mathrm{T}}\boldsymbol{X}_i+b)}}-y_i\right)\boldsymbol{X}_i,\quad b_i=b_{i-1}-\alpha\left(\frac{1}{1+\mathrm{e}^{-(\boldsymbol{W}^{\mathrm{T}}\boldsymbol{X}_i+b)}}-y_i\right) \tag{6-26}$$

④ 程序终止条件的设定方法与梯度下降法相同。

随机梯度下降法的优点是计算量小，而且步长可以取得小一些；缺点是数值不稳定，容易出现振荡。由于它一次仅用一个样本点来更新系数，所以时间复杂度仅为 $O(n\times k)$。

（3）迷你批梯度下降法（Minibatch Gradient Descent）。

迷你批梯度下降法是梯度下降法和随机梯度下降法的折中，每次更新时从 n 个样本数据中选取 m 个样本数据计算梯度。计算量比梯度下降法小，比随机梯度下降法大。无论 m 怎么选，都比随机梯度下降法稳定。

迷你批梯度下降法的步骤如下。

① 给出初值 w_0 和 b_0，确定步长 α。

② 从 n 个样本数据中随机选取 m 个样本数据，为 (x_i,y_i)，$i=1,2,\cdots,m$。

③ 对于 i=1,2,…，计算：

$$\boldsymbol{W}_i=\boldsymbol{W}_{i-1}-\alpha\sum_{(x_i,y_i)\in\text{minibatch}}\left(\frac{1}{1+\mathrm{e}^{-(\boldsymbol{W}_{i-1}^{\mathrm{T}}\boldsymbol{X}_i+b)}}-y_i\right)\boldsymbol{X}_i \tag{6-27}$$

$$b_i=b_{i-1}-\alpha\sum_{(x_i,y_i)\in\text{minibatch}}\left(\frac{1}{1+\mathrm{e}^{-(\boldsymbol{W}_{i-1}^{\mathrm{T}}\boldsymbol{X}_i+b)}}-y_i\right) \tag{6-28}$$

④ 程序终止条件的设定方法与梯度下降法相同。

迷你批梯度下降法的优点是比随机梯度下降法稳定，计算量比随机梯度下降法小。

例 6.9 数据如表 6.7 所示。

表 6.7 数据

X	−1	−2	−3	−4	−5	1	2	3	4	5	10	9
Y	0	0	0	0	0	1	1	1	1	1	1	1

把前 10 个数据作为测试集，把后 2 个数据作为验证集，使用逻辑回归进行分类，再判断 X=−10 的分类。

为了便于计算，取过原点的直线作为决策边界。

计算步骤如下。

（1）给出 w 的初值，设 w_0=1（也可以令 w_0 等于其他值）。

（2）步长取为 $\alpha=1.5$。

（3）迭代公式为 $\boldsymbol{W}_i=\boldsymbol{W}_{i-1}-\alpha\left(\sum_{i=1}^{10}\left(\frac{1}{1+\mathrm{e}^{-\boldsymbol{W}_{i-1}^{\mathrm{T}}\boldsymbol{X}_i}}-y_i\right)\boldsymbol{X}_i\right)$。

第一次迭代：w_0=1。

$$\begin{aligned}w_1=w_0-1.5\times&\left(\left(\frac{1}{1+\mathrm{e}^{1}}-0\right)\times(-1)+\left(\frac{1}{1+\mathrm{e}^{2}}-0\right)\times(-2)+\left(\frac{1}{1+\mathrm{e}^{3}}-0\right)\times(-3)+\left(\frac{1}{1+\mathrm{e}^{4}}-0\right)\times(-4)+\right.\\&\left(\frac{1}{1+\mathrm{e}^{5}}-0\right)\times(-5)+\left(\frac{1}{1+\mathrm{e}^{-1}}-1\right)\times1+\left(\frac{1}{1+\mathrm{e}^{-2}}-1\right)\times2+\left(\frac{1}{1+\mathrm{e}^{-3}}-1\right)\times3+\left(\frac{1}{1+\mathrm{e}^{-4}}-1\right)\times4+\\&\left.\left(\frac{1}{1+\mathrm{e}^{5}}-1\right)\times5\right)\\=3.265&\end{aligned}$$

$$
\begin{aligned}
w_2 = w_1 - 1.5 \times \Bigg(& \left(\frac{1}{1+e^{3.265}} - 0\right) \times (-1) + \left(\frac{1}{1+e^{2\times 3.265}} - 0\right) \times (-2) + \left(\frac{1}{1+e^{3\times 3.265}} - 0\right) \times (-3) + \\
& \left(\frac{1}{1+e^{4\times 3.265}} - 0\right) \times (-4) + \left(\frac{1}{1+e^{5\times 3.265}} - 0\right) \times (-5) + \left(\frac{1}{1+e^{-3.265}} - 1\right) \times 1 + \left(\frac{1}{1+e^{-2\times 3.265}} - 1\right) \times 2 + \\
& \left(\frac{1}{1+e^{-3\times 3.265}} - 1\right) \times 3 + \left(\frac{1}{1+e^{-4\times 3.265}} - 1\right) \times 4 + \left(\frac{1}{1+e^{5\times 3.265}} - 1\right) \times 5 \Bigg) \\
= 3.385 &
\end{aligned}
$$

$$
\begin{aligned}
w_3 = w_2 - 1.5 \times \Bigg(& \left(\frac{1}{1+e^{3.385}} - 0\right) \times (-1) + \left(\frac{1}{1+e^{2\times 3.385}} - 0\right) \times (-2) + \left(\frac{1}{1+e^{3\times 3.385}} - 0\right) \times (-3) + \\
& \left(\frac{1}{1+e^{4\times 3.385}} - 0\right) \times (-4) + \left(\frac{1}{1+e^{5\times 3.385}} - 0\right) \times (-5) + \left(\frac{1}{1+e^{-3.385}} - 1\right) \times 1 + \left(\frac{1}{1+e^{-2\times 3.385}} - 1\right) \times 2 + \\
& \left(\frac{1}{1+e^{-3\times 3.385}} - 1\right) \times 3 + \left(\frac{1}{1+e^{-4\times 3.385}} - 1\right) \times 4 + \left(\frac{1}{1+e^{5\times 3.385}} - 1\right) \times 5 \Bigg) \\
= 3.49 &
\end{aligned}
$$

一直计算下去，直到迭代 200 次，得到 6.44789，它和第 199 次的结果 6.44311 间的误差为 0.00478，停止迭代，得到 w=6.44789。

从而得到决策边界 $y = 6.44789x$，如图 6.4 中蓝色直线所示（本书黑白印刷无法显示颜色）。在决策边界左侧的为第一类，在决策边界右侧的为第二类。而测试集的数据［两个蓝色的点（本书黑白印刷无法显示颜色）］都在决策边界的右侧，属于第二类。

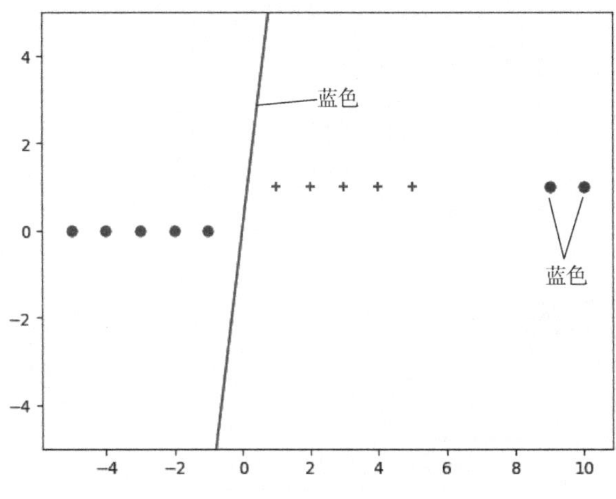

图 6.4　决策边界

X=−10 在决策边界的左侧，因此属于第一类，即 0 类。

代码 6.5:

```
import numpy as np
import pandas as pd
import matplotlib.pyplot as plt
buy = pd.read_excel(r'D:\buy.xlsx')
#截取前 10 行样本，iloc 对数据进行位置索引，以提取数据表中的相应数据作为训练集
buy1 = buy.iloc[0:10, :]
```

```
#截取最后 2 行样本，作为测试集
buy2 = buy.iloc[10:12, :]
temp1 = pd.DataFrame(buy1.iloc[:, 0:1])
#提取特征 X
X = temp1.iloc[:,0:1]
#提取标签 Y
Y = buy1['label'].values.reshape(len(buy1), 1)
#测试集的特征矩阵 X1 和标签向量 Y1
temp2 = pd.DataFrame(buy2.iloc[:, 0:1])
X1 = temp2.iloc[:,0:1]
Y1 = buy2['label'].values.reshape(len(buy2), 1)
#sigmoid 函数
def lox1(x):
     return 1./(1+np.exp(-x))
#求矩阵的 sigmoid 函数
def lox2(x):
    s = np.frompyfunc(lambda x: lox1(x), 1, 1)
    return s(x)
#批量梯度下降法
#矩阵大小
m,n = X.shape
#设定步长
alpha =1.5
#设定迭代次数
k =200
#构造损失函数
J = pd.Series(np.arange(k, dtype = float))
def train(x,y):
    #初始化参数
    theta = np.ones((n,1))
    for i in range(k):
        #X 与 θ 点积
        h = lox1(np.dot(X, theta))
        #计算损失函数值
        J[i] = -(np.sum(Y*np.log(h)+(1-Y)*np.log(1-h)))/m
        #计算误差
        error = h - Y
        #计算梯度
        grad = np.dot(X.T, error)
        #迭代公式
        theta= theta-alpha * grad/m
        print(i,theta)
    return(theta)
q,l=X1.shape
```

```
#计算估计值
Y2 = np.ones((q,1))
def pre():
    z=train(X,Y)
    for i in range(l):
        if lox2(np.dot(X1,z)[i])> 0.5:
            Y2[i]=1
        else:
            Y2[i]=0
    return Y2
#估计值或预测值
y1=pre()
print('预测值为',y1,'真实值为',Y1)
plt.ylim(-5,5)
plt.scatter(X, Y,color='red')
plt.plot(X,6.45*X)
plt.scatter(X1, Y1,color='blue')
```

输出结果：

```
191 [[6.40897771]]
192 [[6.41392602]]
193 [[6.41884987]]
194 [[6.42374948]]
195 [[6.42862512]]
196 [[6.433477]]
197 [[6.43830536]]
198 [[6.44311042]]
199 [[6.44789241]]
预测值为 [[1.]
        [1.]]
真实值为 [[1]
        [1]]
```

例 6.10　利用 iris.csv 数据集使用逻辑回归进行二分类，判断一条数据是否为 setosa。

iris.csv 数据集一共包含 5 个变量，其中有 4 个特征变量，1 个目标变量。该数据集共有 150 个样本，目标变量为鸢尾花的类别，所有鸢尾花都属于鸢尾属的 3 个亚属，分别是山鸢尾（Iris-setosa）、变色鸢尾（Iris-versicolor）、弗吉尼亚鸢尾（Iris-virginica）。该数据集包含 3 种鸢尾花的 4 个特征，分别是花萼长度（cm）、花萼宽度（cm）、花瓣长度（cm）、花瓣宽度（cm）。

试根据逻辑回归公式编写程序。

算法如下。

（1）导入数据集 iris.csv。

（2）把 Species 生成哑变量，转化为 onehot 向量（独热编码），即 n 维行向量中只有一个 1，其余均为 0。例如，第一行数据的标签为 setosa，将其转化为（1　0　0）。3 个亚属的名称如下。

```
      setosa    versicolor   virginica
0        1          0           0
1        1          0           0
2        1          0           0
3        1          0           0
4        1          0           0
```

再把新生成的3列数据作为3列添加到数据集中。

（3）取前100行数据作为训练集，取后50行数据作为测试集。训练集中的特征矩阵 $\boldsymbol{X}$ 由训练集的前4列特征组成，标签向量 $\boldsymbol{Y}$ 为对应的setosa列的值。对测试集做同样处理。

（4）如果数据集中的各个特征值大小相差过大，就需要做标准化处理。

（5）先给出初值 w_0 和 b_0，取定步长 α；再对于 i=1,2,⋯，根据式（6-25）计算 w_i 和 b_i，给定终止条件。

（6）训练完成，将测试集数据代入，利用求出的参数和逻辑函数得出估计值，如果估计值大于0.5（阈值），就令其为1；否则为0。比较估计值和真实值的差距，计算准确率。

代码 6.6：

```
import numpy as np
import pandas as pd
import matplotlib.pyplot as plt
iris = pd.read_csv('D:\iris.csv')
# 把 Species 生成哑变量，转化为 onehot 向量
dummy = pd.get_dummies(iris['Species'])
#把数据根据不同的轴进行简单的融合
iris = pd.concat([iris, dummy], axis =1)
#截取前 100 行样本，iloc 对数据进行位置索引，以提取数据表中的相应数据，作为训练集
iris1 = iris.iloc[0:100, :]
# 截取后 50 行样本，作为测试集
iris2 = iris.iloc[100:150, :]
#构建 Logistic Regression ，对 Species 是否为 setosa 进行分类
#训练集的特征矩阵 X 和标签向量 Y
temp1 = pd.DataFrame(iris1.iloc[:, 0:4])
#提取前 4 列数据的特征
X = temp1.iloc[:,0:4]
#Y 为标签向量，用来表明数据是否为 setosa，元素为 0 或 1
Y = iris1['setosa'].values.reshape(len(iris1), 1)
#测试集（后 50 行数据）的特征矩阵 X1 和标签向量 Y1
temp2 = pd.DataFrame(iris2.iloc[:, 0:4])
X1 = temp2.iloc[:,0:4]
Y1 = iris2['setosa'].values.reshape(len(iris2), 1)
#sigmoid 函数
def log(x):
    return 1./(1+np.exp(-x))
#求矩阵的 sigmoid 函数
```

```
def log1(x):
    s = np.frompyfunc(lambda x: log(x), 1, 1)
    return s(x)
#批量梯度下降法
#给出矩阵大小
m,n = X.shape
#设定步长
alpha = 0.01
#设定迭代次数
k = 20
#构造损失函数
J = pd.Series(np.arange(k, dtype = float))
def train(x,y):
    #初始化参数
    theta = np.zeros((n,1))
    for i in range(k):
        #X与θ进行点积
        h = log(np.dot(X, theta))
        #计算训练集中的100个样本的损失函数值
        J[i] = -(np.sum(Y*np.log(h)+(1-Y)*np.log(1-h)))
        #计算误差
        error = h - Y
        #计算梯度
        grad = np.dot(X.T, error)
        #迭代公式
        theta= theta-alpha * grad
        #plt.plot(J)
        print(i,theta)
    return(theta)
#计算估计值
Y2 = np.zeros((50,1))
def pre():
    z=train(X,Y)
    for i in range(n):
        if log1(np.dot(X1,z))[i]> 0.5:
            Y2[i]=1
        else:
            Y2[i]=0

    return Y2
y1=pre()
#计算准确率
p=0
for i in range(50):
    if y1[i]-Y1[i]==0:
        p+=1
```

```
p=p/50
print('准确率为',p)
```

从损失函数图像（见图 6.5）可以看出，当迭代次数超过 6 次时，损失函数接近于 0。

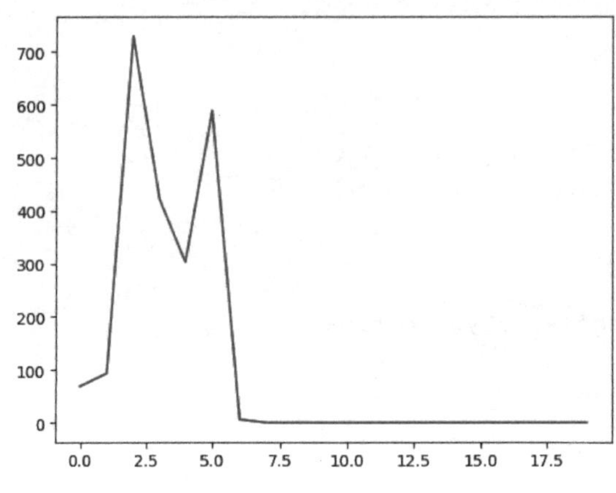

图 6.5　损失函数图像

最后两轮迭代的输出结果如下：

```
18 [[ 0.60291292]
 [ 2.14386749]
 [-3.19794631]
 [-1.35654936]]
19 [[ 0.60405026]
 [ 2.14747643]
 [-3.20334754]
 [-1.35908287]]
 准确率为 1.0
```

由输出结果可知，第 19 次和第 20 次迭代的绝对误差小于 0.01，因此参数 $\boldsymbol{\theta}$ 的 4 个分量的估计值为 0.60、2.15、−3.20、−1.36。

例 6.11　利用 iris.csv 数据集使用逻辑回归进行二分类，判断 Species 是 setosa 还是 versicolor，特征取前 2 个——花萼长度和花萼宽度。

我们只需提取前 2 个特征判断数据属于 setosa 还是 versicolor，属于二分类，由于数据集中的最后 50 个数据属于 virginica，因此只取前 100 个数据。

下面使用 sklearn 库解决本例题。

（1）导入 iris.csv 数据集和逻辑回归：

```
from sklearn.datasets import load_iris
from sklearn.linear_model import LogisticRegression
```

（2）导入 iris.csv 数据集中的数据：

```
iris=load_ ()
```

成功获取由花萼长度和花萼宽度数据组成的二维数组 X 后，再获取前 100 个数据的标签

数组 Y，每个点的坐标为(x,y)。先取二维数组 X 的第一列（花萼长度）的最小值和最大值，把它们分别减去 0.5 和加上 0.5，得到 xmin 和 xmax。然后取标签数组 Y 中的最小值和最大值，把它们分别减去 0.5 和加上 0.5，得到 ymin 和 ymax。设步长为 h（令其为 0.02）生成数组，用 meshgrid()函数生成两个矩阵 X1 和 Y1：

```
X1,Y1=np.meshgrid(np.arange(xmin,xmax,h),np.arange(ymin,ymax,h))
```

（3）初始化逻辑回归模型并进行训练：

```
l=LogisticRegression(solver='liblinear',multi_class='ovr')
l.fit(x,y)
```

（4）进行预测。

先调用 ravel()函数将 X1 和 Y1 两个矩阵分别转化为两个一维数组；然后使用 np.c_将两个一维数组合并，np.c_用于将一维数组作为列放入二维数组；最后调用 predict()函数进行预测，并将预测结果赋值给 z：

```
z=l.predict(np.c_[X1.ravel(),Y1.ravel()])
```

reshape()函数的功能是改变数组或矩阵的形状，a.reshape(m,n)表示将原有数组 a 转化为一个 m 行 n 列的新数组，数组 a 自身不变。

把 z 的行列数改为与 X1 矩阵的行列数相同；调用 pcolormesh()函数，将 X1 和 Y1 两个矩阵和对应的预测结果 z 绘制出来：

```
z=z.reshape(X1.shape)
plt.pcolormesh(xx,yy,z,cmap=plt.cm.Paired)
```

输出为 2 个颜色区块，表示分类的 2 类区域；代码中的 cmap=plt.cm.Paired 表示绘图样式选择 Paired 主题。

（5）调用 scatter()函数绘制前 50 个数据和后 50 个数据的散点图，标签为 setosa 和 versicolor。

代码 6.7 请扫描本节后面的二维码查看。

输出图像如图 6.6 所示。

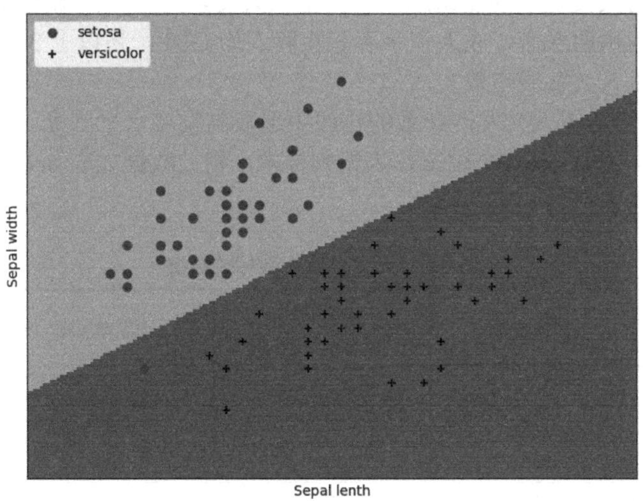

图 6.6　分类图

输出结果：

```
方程的系数及截距为 2.2122673282134784  -3.6826377378600266 -0.5858401100371677
```

输出图像的左上部分为红色的圆点，对应数据为 setosa；右下部分为蓝色星形，对应数据为 versicolor。预测数据的结果与训练数据的真实结果除了一个数据，其余数据都是一致的。

由输出结果可知，逻辑回归方程为 $y=-\dfrac{1}{1+\mathrm{e}^{-(2.21x_1-3.68x_2-0.59)}}$。

习题 6.3

1. 银行对信用卡持有人是否能按时还款进行考察，以判断信用卡申请人是否能按时还款，并据此确定是否给予通过。考察的 8 个信用卡持有人的数据如表 6.8 所示，数据包括年龄、月薪、学历和是否逾期。

表 6.8　8 个信用卡持有人的数据

序号	年龄/岁	月薪/元	学历	是否逾期
1	20	4000	1	1
2	25	5000	0	0
3	21	6000	1	0
4	25	5000	0	1
5	28	8000	1	0
6	30	7800	1	0
7	26	3000	0	1
8	21	6000	1	?

使用逻辑回归判断第 8 个信用卡持有人是否能按时还款。

注：学历数据中的“1”为“本科”，“0”为“专科”；是否逾期数据中的“1”为“逾期”，“0”为“未逾期”。

2. 人文发展指数是联合国开发计划署在 1990 年 5 月发表的《人类发展报告》中公布的。该报告建议，目前对人文发展的衡量应当以人生三大要素为重点，衡量人生三大要素的指示指标分别为出生时的预期寿命、成人识字率和实际人均 GDP，将以上 3 个指示指标的数值合成一个复合指数就是人文发展指数。

现从 1995 年世界各国人文发展指数的排序中选取高发展水平国家、中等发展水平国家各 5 个，作为两组样本，另选取 4 个国家作为待判样本，相关数据如表 6.9 所示，并利用逻辑回归判断待判样本中的国家属于哪一类。

表 6.9　人文发展指数相关数据

类别	序号	国家名称	出生时的预期寿命（x_1）/岁	成人识字率（x_2）/%	实际人均 GDP（x_3）/元
第一类（高发展水平国家）	1	美国	76	99	5374
	2	日本	79.5	99	5359
	3	瑞士	78	99	5372
	4	阿根廷	72.1	95.9	5242
	5	阿联酋	73.8	77.7	5370

续表

类别	序号	国家名称	出生时的预期寿命（x_1）/岁	成人识字率（x_2）/%	实际人均 GDP（x_3）/元
第二类（中等发展水平国家）	6	保加利亚	71.2	93	4250
	7	古巴	75.3	94.9	3412
	8	巴拉圭	70	91.2	3390
	9	格鲁吉亚	72.8	99	2300
	10	南非	62.9	80.6	3799
待判样本	11	中国	68.5	79.3	1950
	12	罗马尼亚	69.9	96.9	2840
	13	希腊	77.6	93.8	5233
	14	哥伦比亚	69.3	90.3	5158

3．已知一部分学生的学习时间和通过考试的情况，预测另一部分学生通过考试的情况。其中，特征为学习时间，标签为通过考试，具体数据如表 6.10 所示。

表 6.10　数据

学习时间/h	0.50	0.75	1.00	1.25	1.50	1.75	1.75	2.00	2.25	2.50
通过考试	0	0	0	0	0	0	1	?	1	0
学习时间/h	2.75	3.00	3.25	3.50	4.00	4.25	4.50	4.75	5.00	5.50
通过考试	1	0	1	0	1	1	1	?	1	1

4．对例 6.9，使用 sklearn 库中的 LogisticRegression 进行逻辑回归分析。

5．使用 sklearn 库中的 LogisticRegression 对 iris.csv 数据集中的 4 个特征进行分类。

6.3 节代码

扩展阅读：最小二乘法

1801 年，意大利天文学家朱赛普·皮亚齐发现了第一颗小行星——谷神星。经过 40 天的跟踪观测后，谷神星运行至太阳背后，皮亚齐失去了谷神星的位置。随后全世界的科学家根据皮亚齐的观测数据开始寻找谷神星，但是根据大多数人计算的结果来寻找谷神星都没有结果，只有时年 24 岁的高斯计算的谷神星的轨道被奥地利天文学家海因里希·奥尔伯斯证实。自此天文界可以预测到谷神星的精确位置。同样的方法在与哈雷彗星等很多相关的天文学成果中被应用。高斯使用的方法就是最小二乘法，1809 年该方法发表于高斯的著作《天体运动论》中。其实，法国科学家勒让德于 1806 年就独立发明了最小二乘法，但不为世人所知。1829 年，高斯提供了最小二乘法的优化效果强于其他方法的证明。

第 7 章　分布函数和分位数的计算

7.1　连分式

7.1.1　连分式的起源

1572 年，Bombelli 首次利用连分式逼近无理数 $\sqrt{13}$；1613 年，Pietro Cataldi 利用连分式逼近无理数 $\sqrt{18}$。

例 7.1　计算 $\sqrt{x^2+y}-x$。

解：
$$\sqrt{x^2+y}-x=\frac{y}{\sqrt{x^2+y}+x}=\frac{y}{2x+\sqrt{x^2+y}-x}=\frac{y}{2x+\dfrac{y}{2x+\sqrt{x^2+y}-x}}$$

$$=\cdots=\cfrac{y}{2x+\cfrac{y}{2x+\cfrac{y}{2x+\ddots+\cfrac{y}{2x}}}}$$

如计算 $\sqrt{13}=\sqrt{3^2+4}=\sqrt{3^2+4}-3+3=3+\cfrac{4}{6+\cfrac{4}{6+\cdots}}$

取 5 项，得

$$\sqrt{13}\approx 3+\cfrac{4}{6+\cfrac{4}{6+\cfrac{4}{6+\cfrac{4}{6+\cfrac{4}{6}}}}}=3.60551$$

计算 $\sqrt{18}=\sqrt{4^2+2}-4+4=4+\cfrac{2}{8+\cfrac{2}{8+\cdots}}$。

取 5 项，得

$$\sqrt{18}\approx 4+\cfrac{2}{8+\cfrac{2}{8+\cfrac{2}{8+\cfrac{2}{8+\cfrac{2}{8}}}}}=4.242640655$$

$$\sqrt{1+x}-1=\cdots=\cfrac{x}{2+\cfrac{x}{2+\cfrac{x}{2+\ddots+\cfrac{x}{2}}}}$$

7.1.2　连分式的定义和性质

定义 7.1

$$b_0+\cfrac{a_0}{b_1+\cfrac{a_1}{b_2+\cfrac{a_2}{b_3+\ddots+\cfrac{a_n}{b_n}}}} \tag{7-1}$$

上式称为连分式，b_0称为常数项，$a_0,a_1,a_2,\cdots,a_n$称为连分式的部分分子，$b_1,b_2,\cdots,b_n$称为连分式的部分分母。

性质 7.1　若$\dfrac{A_0}{B_0}=b_0$，$\dfrac{A_1}{B_1}=b_0+\dfrac{a_1}{b_1}$，式（7-1）满足：

$$\frac{A_n}{B_n}=\frac{b_nA_{n-1}+a_nA_{n-2}}{b_nB_{n-1}+a_nB_{n-2}},\ n=2,3,4,\cdots \tag{7-2}$$

证明：$\dfrac{A_0}{B_0}=b_0$，$\dfrac{A_1}{B_1}=b_0+\dfrac{a_1}{b_1}=\dfrac{b_0b_1+a_1}{b_1}$，令 $A_0=b_0$，$B_0=1$，$A_1=b_0b_1+a_1$，$B_1=b_1$，则

$$\frac{A_2}{B_2}=b_0+\cfrac{a_1}{b_1+\cfrac{a_2}{b_2}}=b_0+\frac{a_1b_2}{b_1b_2+a_2}=\frac{b_0b_1b_2+b_0a_2+a_1b_2}{b_1b_2+a_2}=\frac{b_2A_1+A_0a_2}{B_1b_2+a_2B_0}。$$

假设当$k=n$时成立，即$\dfrac{A_n}{B_n}=\dfrac{b_nA_{n-1}+a_nA_{n-2}}{b_nB_{n-1}+a_nB_{n-2}}$。

令 $A_n=b_nA_{n-1}+a_nA_{n-2}$，$B_n=b_nB_{n-1}+a_nB_{n-2}$，当$k=n+1$时，有

$$\frac{A_{n+1}}{B_{n+1}}=b_0+\cfrac{a_0}{b_1+\cfrac{a_1}{b_2+\cfrac{a_2}{b_3+\ddots+\cfrac{a_n}{b_n+\cfrac{a_n}{b_{n+1}}}}}}=b_0+\cfrac{a_0}{b_1+\cfrac{a_1}{b_2+\cfrac{a_2}{b_3+\ddots+\cfrac{a_n}{b_n'}}}}$$

$$=\frac{b_n'A_{n-1}+a_nA_{n-2}}{b_n'B_{n-1}+a_nB_{n-2}}=\frac{\left(b_n+\frac{a_{n+1}}{b_{n+1}}\right)A_{n-1}+a_nA_{n-2}}{\left(b_n+\frac{a_{n+1}}{b_{n+1}}\right)B_{n-1}+a_nB_{n-2}}=\frac{\left(b_n+\frac{a_{n+1}}{b_{n+1}}\right)A_{n-1}+A_n-b_nA_{n-1}}{\left(b_n+\frac{a_{n+1}}{b_{n+1}}\right)B_{n-1}+B_n-b_nB_{n-1}}=\frac{b_{n+1}A_n+a_{n+1}A_{n-1}}{b_{n+1}B_n+a_{n+1}B_{n-1}}$$

由数学归纳法证明结论成立。

性质 7.2

$$f(x)=a_0+a_1x+a_2x^2+\cdots+a_nx^n+\cdots$$

$$=a_0+\cfrac{a_1x}{1-\cfrac{a_2x}{a_1+a_2x-\cfrac{a_1a_3x}{a_2+a_3x-\cfrac{}{\ddots-\cfrac{a_{n-2}a_nx}{a_{n-1}+a_nx}}}}} \tag{7-3}$$

证明：当 $k=1$ 时，$f(x)=a_0+a_1x=a_0+\frac{a_1x}{1}$；当 $k=2$ 时，$f(x)=a_0+a_1x+a_1x^2$，而 $a_0+\cfrac{a_1x}{1-\cfrac{a_2x}{a_1+a_2x}}=a_0+\frac{a_1x(a_1+a_2x)}{a_1+a_2x-a_2x}=a_0+a_1x+a_1x^2$，结论成立。

假设当 $k=n$ 时成立，即

$$f(x)=a_0+a_1x+a_2x^2+\cdots+a_nx^n$$

$$=a_0+\cfrac{a_1x}{1-\cfrac{a_2x}{a_1+a_2x-\cfrac{a_1a_3x}{a_2+a_3x-\cfrac{}{\ddots-\cfrac{a_{n-2}a_nx}{a_{n-1}+a_nx}}}}}$$

当 $k=n+1$ 时，有

$$f(x)=a_0+a_1x+a_2x^2+\cdots+a_nx^n+a_{n+1}x^{n+1}=a_0+a_1x+a_2x^2+\cdots+(a_n+a_{n+1}x)x^n$$

$$=a_0+\cfrac{a_1x}{1-\cfrac{a_2x}{a_1+a_2x-\cfrac{a_1a_3x}{a_2+a_3x-\cfrac{}{\ddots-\cfrac{a_{n-2}(a_nx+a_{n+1})x}{a_{n-1}+(a_nx+a_{n+1})x}}}}}$$

而

$$\frac{a_{n-2}(a_n+a_{n+1}x)x}{a_{n-1}+(a_n+a_{n+1}x)x}=\cfrac{a_{n-2}x}{x+\cfrac{a_{n-1}}{a_n+a_{n+1}x}}=\cfrac{a_{n-2}a_nx}{a_nx+\cfrac{a_na_{n-1}}{a_n+a_{n+1}x}}=\cfrac{a_{n-2}a_nx}{a_nx+a_{n-1}-a_{n-1}+\cfrac{a_na_{n-1}}{a_n+a_{n+1}x}}$$

$$=\cfrac{a_{n-2}a_nx}{a_{n-1}+a_nx-\cfrac{a_{n-1}a_{n+1}x}{a_n+a_{n+1}x}}$$

由数学归纳法证明结论成立。

例 7.2　将 $\mathrm{e}^x=1+x+\frac{x^2}{2!}+\cdots+\frac{x^n}{n!}$ 展成连分式。

解：此时 $a_0=1$，$a_1=1$，$a_2=\frac{1}{2!},\cdots$，$a_n=\frac{1}{n!}$，则有

$$\mathrm{e}^x=1+\cfrac{x}{1-\cfrac{\frac{1}{2!}x}{1+\frac{1}{2!}x-\cfrac{\frac{1}{3!}x}{\frac{1}{2!}+\frac{1}{3!}x-\cfrac{}{\ddots-\cfrac{\frac{1}{n!}x}{\frac{1}{(n-1)!}+\frac{1}{n!}x}}}}}$$

$$=1+\cfrac{x}{1-\cfrac{\frac{1}{2}x}{1+\frac{1}{2}x-\cfrac{\frac{1}{3}x}{1+\frac{1}{3}x-\cfrac{}{\ddots-\cfrac{\frac{1}{n}x}{1+\frac{1}{n}x}}}}}$$

$$=1+\cfrac{x}{1-\cfrac{x}{2+x-\cfrac{2x}{3+x-\cfrac{}{\ddots-\cfrac{(n-1)x}{n+x}}}}}$$

当 n=1 时，$\mathrm{e}^x=1+x$；当 n=2 时，$\mathrm{e}^x=1+\cfrac{x}{1-\cfrac{\frac{1}{2}x}{1+\frac{1}{2}x}}=1+\cfrac{x}{1-\cfrac{x}{2+x}}$。

当 n=3 时，

$$e^x = 1 + \cfrac{x}{1 - \cfrac{\frac{1}{2}x}{1 + \frac{1}{2}x - \cfrac{\frac{1}{6}x}{\frac{1}{2} + \frac{1}{6}x}}} = 1 + \cfrac{x}{1 - \cfrac{\frac{1}{2}x}{1 + \frac{1}{2}x - \cfrac{\frac{1}{3}x}{1 + \frac{1}{3}x}}} = 1 + \cfrac{x}{1 - \cfrac{x}{2 + x - \cfrac{2x}{3 + x}}}$$

性质 7.3

$$\begin{aligned} f(x) &= a_0 + a_1 x + a_2 x^2 + \cdots + a_n x^n + \cdots \\ &= \cfrac{c_0}{1 - \cfrac{c_1 x}{1 + c_1 x - \cfrac{c_2 x}{1 + c_2 x - \cfrac{c_3 x}{1 + c_3 x - \cfrac{\ddots}{\quad - \cfrac{c_n x}{1 + c_n x}}}}}} \end{aligned}$$

式中，$c_0 = a_0$，$c_i = \dfrac{a_i}{a_{i-1}}$。

该性质同样可以用数学归纳法证明。

例 7.3 使用性质 7.3 将 $e^x = 1 + x + \dfrac{x^2}{2!} + \cdots + \dfrac{x^n}{n!}$ 展成连分式。

解：此时 $a_0 = 1$，$a_1 = 1$，$a_2 = \dfrac{1}{2!}$，$\cdots$，$a_n = \dfrac{1}{n!}$，则 $c_0 = 1$，$c_1 = 1$，$c_2 = \dfrac{1}{2}, \cdots, c_n = \dfrac{1}{n}$，则有

$$e^x = \cfrac{1}{1 - \cfrac{x}{1 + x - \cfrac{\frac{1}{2}x}{1 + \frac{1}{2}x - \cfrac{\frac{1}{3}x}{1 + \frac{1}{3}x - \cfrac{\ddots}{\quad - \cfrac{\frac{1}{n}x}{1 + \frac{1}{n}x}}}}}}$$

$$= \cfrac{1}{1 - \cfrac{x}{1 + x - \cfrac{x}{2 + x - \cfrac{2x}{3 + x - \cfrac{\ddots}{\quad - \cfrac{(n-1)x}{n + x}}}}}}$$

性质 7.4（欧拉连分式）

$$f(x)=a_0+a_0a_1+a_0a_1a_2+\cdots+a_0a_1a_2\cdots a_n$$
$$=\cfrac{a_0}{1-\cfrac{a_1}{1+a_1-\cfrac{a_2}{1+a_2-\cfrac{a_3}{1+a_3-\cfrac{\ddots}{\ddots-\cfrac{a_n}{1+a_n}}}}}}$$

该性质同样可以用数学归纳法证明。

例 7.4　利用性质 7.4 将 $e^x=1+x+\frac{x^2}{2!}+\cdots+\frac{x^n}{n!}$ 展成连分式。

解：此时 $a_0=1$，$a_1=x$，$a_2=\frac{1}{2!}x$，…，$a_n=\frac{1}{n!}x$，则有

$$e^x=\cfrac{1}{1-\cfrac{x}{1+x-\cfrac{x}{2+x-\cfrac{2x}{3+x-\cfrac{\ddots}{\ddots-\cfrac{(n-1)x}{n+x}}}}}}$$

7.1.3　计算连分式的方法

算法 7.1　计算：

$$\begin{cases}u_n=b_n\\ u_{k-1}=b_{k-1}+\dfrac{a_k}{u_k},\quad k=n,n-1,\cdots,1\end{cases}\tag{7-4}$$

则 u_0 为连分式的值，或者计算：

$$\begin{cases}u_n=\dfrac{a_n}{b_n}\\ u_{k-1}=\dfrac{a_{k-1}}{b_{k-1}+u_k},\quad k=n,n-1,\cdots,2\end{cases}\tag{7-5}$$

则 u_1+b_0 为连分式的值。

算法 7.2　使用性质 7.1，$A_0=b_0$，$B_0=1$，$\frac{A_1}{B_1}=b_0b_1+a_1$，$B_1=b_1$，…，$A_n=b_nA_{n-1}+a_nA_{n-2}$，$B_n=b_nB_{n-1}+a_nB_{n-2}$，$n=2,3,4,\cdots$。

7.1.4　将函数展开成连分式

下面利用上面的性质给出：

$$f(x)=\frac{a_{10}+a_{11}x+a_{12}x^2+\cdots}{a_{00}+a_{01}x+a_{02}x^2+\cdots}=\cfrac{1}{\frac{a_{00}}{a_{10}}+\frac{a_{00}+a_{01}x+a_{02}x^2+\cdots}{a_{10}+a_{11}x+a_{12}x^2+\cdots}-\frac{a_{00}}{a_{10}}}$$

$$=\cfrac{1}{\frac{a_{00}}{a_{10}}+\frac{a_{10}a_{01}x+a_{10}a_{02}x^2+\cdots-a_{00}a_{11}x-a_{00}a_{12}x^2-\cdots}{a_{10}(a_{10}+a_{11}x+a_{12}x^2+\cdots)}}$$

$$=\cfrac{1}{\frac{a_{00}}{a_{10}}+\frac{(a_{10}a_{01}-a_{00}a_{11})x+(a_{10}a_{02}-a_{00}a_{12})x^2+\cdots}{a_{10}(a_{10}+a_{11}x+a_{12}x^2+\cdots)}}$$

$$=\cfrac{a_{10}}{a_{00}+\frac{(a_{10}a_{01}-a_{00}a_{11})x+(a_{10}a_{02}-a_{00}a_{12})x^2+\cdots}{a_{10}+a_{11}x+a_{12}x^2+\cdots}}$$

令：

$$a_{20}=a_{10}a_{01}-a_{00}a_{11},a_{21}=a_{10}a_{02}-a_{00}a_{12},\cdots,\quad a_{2i}=a_{10}a_{0(i+1)}-a_{00}a_{1(i+1)}$$

则

$$f(x)=\cfrac{a_{10}}{a_{00}+\frac{a_{20}x+a_{21}x^2+\cdots}{a_{10}+a_{11}x+a_{12}x^2+\cdots}}=\cfrac{a_{10}}{a_{00}+a_{20}x\frac{1+a_{21}x+\cdots}{a_{10}+a_{11}x+a_{12}x^2+\cdots}}$$

$$=\cfrac{a_{10}}{a_{00}+x\frac{a_{20}+a_{21}x+\cdots}{a_{10}+a_{11}x+a_{12}x^2+\cdots}}=\cfrac{a_{10}}{a_{00}+\cfrac{a_{20}x}{a_{10}+x\frac{a_{30}+a_{31}x+\cdots}{a_{20}+a_{21}x+\cdots}}}=\cdots=\cfrac{a_{10}}{a_{00}+\cfrac{a_{20}x}{a_{10}+\cfrac{a_{30}x}{a_{20}+\cdots}}}$$

式中，$a_{k,i}=a_{k-1,0}a_{k-2,i+1}-a_{k-2,0}a_{k-1,i+1}$。

排成表格：

$$\begin{matrix} a_{00} & a_{01} & a_{02} & a_{03} & \cdots \\ a_{10} & a_{11} & a_{12} & a_{13} & \cdots \\ a_{20} & a_{21} & a_{22} & a_{23} & \cdots \\ a_{30} & a_{31} & a_{32} & a_{33} & \cdots \\ \cdots & & & & \end{matrix}$$

若 $a_{20}=0$，则有

$$f(x)=\frac{a_{10}+a_{11}x+a_{12}x^2+\cdots}{a_{00}+a_{01}x+a_{02}x^2+\cdots}$$

$$=\cfrac{a_{10}}{a_{00}+\frac{a_{20}x+a_{21}x^2+\cdots}{a_{10}+a_{11}x+a_{12}x^2+\cdots}}=\cfrac{a_{10}}{a_{00}+x^2\frac{a_{21}+a_{22}x^2+\cdots}{a_{10}+a_{11}x+a_{12}x^2+\cdots}}=\cdots=\cfrac{a_{10}}{a_{00}+\cfrac{a_{21}x^2}{a_{10}+\cfrac{a'_{31}x^2}{a_{21}+\cdots}}}$$

式中，$a'_{31}=a_{21}a_{11}-a_{10}a_{22}$，$a'_{32}=a_{21}a_{12}-a_{10}a_{23},\cdots$，$a'_{41}=a'_{31}a_{22}-a_{21}a'_{32}$，$a'_{42}=a'_{31}a_{23}-a_{21}a'_{33},\cdots$，$a'_{4i}=a'_{31}a_{2,i+1}-a_{21}a'_{3,i+1}$，$a'_{5i}=a'_{41}a'_{3,i+1}-a'_{31}a'_{4,i+1},\ldots$，$a'_{ki}=a'_{k-1,1}a'_{k-2,i+1}-a'_{k-2,1}a'_{k-1,i+1}$。

排成表格：

$$
\begin{matrix}
a_{00} & a_{01} & a_{02} & a_{03} & \cdots \\
a_{10} & a_{11} & a_{12} & a_{13} & \cdots \\
a_{21} & a_{22} & a_{23} & a_{24} & \cdots \\
a'_{31} & a'_{32} & a'_{33} & a'_{34} & \cdots \\
a'_{41} & a'_{42} & a'_{43} & a'_{44} & \cdots \\
\cdots
\end{matrix}
$$

7.2 标准正态分布分布函数的计算

7.2.1 误差函数和分布函数

正态分布是日常生活中常见的分布。在自然界中，取值受众多微小独立因素综合影响的随机变量一般都服从正态分布，如测量的误差的分布、质量指数的分布、农作物的收获量的分布、用电量的分布、考试成绩的分布、炮弹落点的分布等，因此大量的随机变量都服从正态分布。即使随机变量不服从正态分布，但是根据中心极限定理可知，其独立同分布的随机变量的和的分布近似服从正态分布。所以无论在理论上还是在生产实践中，正态分布有着极其广泛的应用。

若 $X \sim N(\mu,\sigma^2)$，则 X 的密度函数为 $f(x)=\dfrac{1}{\sqrt{2\pi}\sigma}\mathrm{e}^{-\frac{(x-\mu)^2}{2\sigma^2}}$（$-\infty < x < +\infty$），标准正态分布 $N(0,1)$ 的密度函数记为 $\varphi(x)=\dfrac{1}{\sqrt{2\pi}}\mathrm{e}^{-\frac{x^2}{2}}$（$-\infty < x < +\infty$），相应的分布函数为 $\Phi(x)=\dfrac{1}{\sqrt{2\pi}}\int_{-\infty}^{x}\mathrm{e}^{-\frac{t^2}{2}}\mathrm{d}t$。

定义 7.2 误差函数 $\mathrm{erf}(x)=\dfrac{2}{\sqrt{\pi}}\int_0^x \mathrm{e}^{-t^2}\mathrm{d}t$（$x>0$），余误差函数为 $\mathrm{erfc}(x)=1-\dfrac{2}{\sqrt{\pi}}\int_x^{\infty}\mathrm{e}^{-t^2}\mathrm{d}t$（$x>0$）。下面研究分布函数与误差函数间的关系。

定理 7.1 分布函数与误差函数间的关系为

$$
\Phi(x)=\begin{cases}\dfrac{1}{2}\left(1+\mathrm{erf}\left(\dfrac{x}{\sqrt{2}}\right)\right), & x\geqslant 0\\[2ex] \dfrac{1}{2}\left(1-\mathrm{erf}\left(\dfrac{-x}{\sqrt{2}}\right)\right), & x<0\end{cases} \tag{7-6}
$$

证明：当 $x\geqslant 0$ 时，$\Phi(x)=\dfrac{1}{\sqrt{2\pi}}\int_{-\infty}^{x}\mathrm{e}^{-\frac{t^2}{2}}\mathrm{d}t=\dfrac{1}{\sqrt{2\pi}}\int_{-\infty}^{0}\mathrm{e}^{-\frac{t^2}{2}}\mathrm{d}t+\dfrac{1}{\sqrt{2\pi}}\int_0^{x}\mathrm{e}^{-\frac{t^2}{2}}\mathrm{d}t$，令 $t=\sqrt{2}y$，则 $\Phi(x)=\dfrac{1}{2}+\dfrac{1}{\sqrt{2\pi}}\int_0^{x}\mathrm{e}^{-\frac{t^2}{2}}\mathrm{d}t=\dfrac{1}{2}+\dfrac{1}{\sqrt{2\pi}}\int_0^{\frac{x}{\sqrt{2}}}\mathrm{e}^{-y^2}\sqrt{2}\mathrm{d}y=\dfrac{1}{2}+\dfrac{1}{\sqrt{\pi}}\int_0^{\frac{x}{\sqrt{2}}}\mathrm{e}^{-y^2}\mathrm{d}y=\dfrac{1}{2}+\dfrac{1}{2}\dfrac{2}{\sqrt{\pi}}\int_0^{\frac{x}{\sqrt{2}}}\mathrm{e}^{-y^2}\mathrm{d}y=\dfrac{1}{2}+\dfrac{1}{2}\mathrm{erf}(x)$。

当 $x<0$ 时，$\Phi(x)=\dfrac{1}{\sqrt{2\pi}}\int_{-\infty}^{x}\mathrm{e}^{-\frac{t^2}{2}}\mathrm{d}t\overset{t=\sqrt{2}y}{=}\dfrac{1}{\sqrt{2\pi}}\int_{-\infty}^{\frac{x}{\sqrt{2}}}\mathrm{e}^{-y^2}\sqrt{2}\mathrm{d}y=\dfrac{1}{\sqrt{\pi}}\int_{-\infty}^{\frac{x}{\sqrt{2}}}\mathrm{e}^{-y^2}\mathrm{d}y=\dfrac{1}{2}-\dfrac{1}{\sqrt{\pi}}\int_{\frac{x}{\sqrt{2}}}^{0}\mathrm{e}^{-y^2}\mathrm{d}y=\dfrac{1}{2}-\dfrac{1}{\sqrt{\pi}}\int_0^{-\frac{x}{\sqrt{2}}}\mathrm{e}^{-y^2}\mathrm{d}y=\dfrac{1}{2}-\mathrm{erf}\left(-\dfrac{x}{\sqrt{2}}\right)$，证毕。

下面考虑用分部积分法将 $\Phi(x)$ 和 $\mathrm{erf}(x)$ 展开成级数。

$$\int_0^x \mathrm{e}^{-\frac{t^2}{2}}\mathrm{d}t = t\mathrm{e}^{-\frac{t^2}{2}}\Big|_0^x - \int_0^x t(-t)\mathrm{e}^{-\frac{t^2}{2}}\mathrm{d}t = x\mathrm{e}^{-\frac{x^2}{2}} + \int_0^x t^2\mathrm{e}^{-\frac{t^2}{2}}\mathrm{d}t = x\mathrm{e}^{-\frac{x^2}{2}} + \int_0^x \mathrm{e}^{-\frac{t^2}{2}}\mathrm{d}\frac{1}{3}t^3$$

$$= x\mathrm{e}^{-\frac{x^2}{2}} + \mathrm{e}^{-\frac{t^2}{2}}\frac{1}{3}t^3\Big|_0^x - \int_0^x \frac{1}{3}t^3(-t)\mathrm{e}^{-\frac{t^2}{2}}\mathrm{d}t = x\mathrm{e}^{-\frac{x^2}{2}} + \frac{1}{3}x^3\mathrm{e}^{-\frac{x^2}{2}} + \int_0^x \frac{1}{3}t^4\mathrm{e}^{-\frac{t^2}{2}}\mathrm{d}t$$

$$= x\mathrm{e}^{-\frac{x^2}{2}} + \frac{1}{3}x^3\mathrm{e}^{-\frac{x^2}{2}} + \int_0^x \mathrm{e}^{-\frac{t^2}{2}}\mathrm{d}\frac{1}{15}t^5 = x\mathrm{e}^{-\frac{x^2}{2}} + \frac{1}{3}x^3\mathrm{e}^{-\frac{x^2}{2}} + \frac{1}{15}x^5\mathrm{e}^{-\frac{x^2}{2}} - \int_0^x \frac{1}{15}t^5(-t)\mathrm{e}^{-\frac{t^2}{2}}\mathrm{d}t$$

$$= \cdots$$

$$= \mathrm{e}^{-\frac{x^2}{2}}\left(x + \frac{1}{3}x^3 + \frac{1}{15}x^5 + \cdots + \frac{1}{(2k+1)!!}x^{2k+1} + \cdots\right)$$

所以有

$$\Phi(x) = \frac{1}{2} + \frac{1}{\sqrt{2\pi}}\int_0^x \mathrm{e}^{-\frac{t^2}{2}}\mathrm{d}t = \frac{1}{2} + \frac{1}{\sqrt{2\pi}}\mathrm{e}^{-\frac{x^2}{2}}\left(x + \frac{1}{3}x^3 + \frac{1}{15}x^5 + \cdots + \frac{1}{(2k+1)!!}x^{2k+1} + \cdots\right)$$

又

$$1-\Phi(x) = \frac{1}{\sqrt{2\pi}}\int_x^{+\infty} \mathrm{e}^{-\frac{t^2}{2}}\mathrm{d}t = \frac{1}{\sqrt{2\pi}}\int_x^{+\infty}\left(-\frac{1}{t}\right)\mathrm{e}^{-\frac{t^2}{2}}(-t)\mathrm{d}t = \frac{1}{\sqrt{2\pi}}\int_x^{+\infty} -\frac{1}{t}\,\mathrm{d}\mathrm{e}^{-\frac{t^2}{2}}$$

$$= \frac{1}{\sqrt{2\pi}}\left(-\frac{1}{t}\mathrm{e}^{-\frac{t^2}{2}}\Big|_x^{+\infty} + \int_x^{+\infty} -\frac{1}{t^2}\mathrm{e}^{-\frac{t^2}{2}}\mathrm{d}t\right) = \frac{1}{\sqrt{2\pi}}\left(\frac{1}{x}\mathrm{e}^{-\frac{x^2}{2}} + \int_x^{+\infty}\frac{1}{t^3}\,\mathrm{d}\mathrm{e}^{-\frac{t^2}{2}}\right)$$

$$= \frac{1}{\sqrt{2\pi}}\left(\frac{1}{x}\mathrm{e}^{-\frac{x^2}{2}} - \frac{1}{x^3}\mathrm{e}^{-\frac{x^2}{2}} - \int_x^{+\infty}\frac{-3}{t^4}\mathrm{d}\mathrm{e}^{-\frac{t^2}{2}}\right)$$

$$= \frac{1}{\sqrt{2\pi}}\left(\frac{1}{x}\mathrm{e}^{-\frac{x^2}{2}} - \frac{1}{x^3}\mathrm{e}^{-\frac{x^2}{2}} + \frac{3}{x^5}\mathrm{e}^{-\frac{x^2}{2}} + \int_x^{+\infty}\frac{3\times 5}{t^7}\mathrm{d}\mathrm{e}^{-\frac{t^2}{2}}\right)$$

$$= \frac{1}{\sqrt{2\pi}}\mathrm{e}^{-\frac{x^2}{2}}\left(\frac{1}{x} - \frac{1}{x^3} + \frac{3}{x^5} - \frac{3\times 5}{x^7} + \cdots + (-1)^k\frac{(2k-1)!!}{x^{2k+1}} + \cdots\right)$$

所以有如下两个级数展开式。

定理 7.2 （1）$\Phi(x) = \frac{1}{2} + \frac{1}{\sqrt{2\pi}}\mathrm{e}^{-\frac{x^2}{2}}\left(x + \frac{1}{3}x^3 + \frac{1}{15}x^5 + \cdots + \frac{1}{(2k+1)!!}x^{2k+1} + \cdots\right)$

（2）$\Phi(x) = 1 - \frac{1}{\sqrt{2\pi}}\mathrm{e}^{-\frac{x^2}{2}}\left(\frac{1}{x} - \frac{1}{x^3} + \frac{3}{x^5} - \frac{3\times 5}{x^7} + \cdots + (-1)^k\frac{(2k-1)!!}{x^{2k+1}} + \cdots\right)$

同样使用分部积分法可得如下误差函数级数展开式。

定理 7.3 （1）$\mathrm{erf}(x) = \frac{2}{\sqrt{\pi}}\mathrm{e}^{-x^2}\left(x + \frac{2}{3}x^3 + \frac{4}{15}x^5 + \cdots + \frac{2^k}{(2k+1)!!}x^{2k+1} + \cdots\right)$

（2）$\mathrm{erf}(x) = 1 - \frac{1}{\sqrt{\pi}}\mathrm{e}^{-x^2}\left(\frac{1}{x} - \frac{1}{2x^3} + \frac{3}{4x^5} + \cdots + \frac{(2k+1)!!}{2^k x^{2k+1}} + \cdots\right)$

证明：（1）$\int_0^x \mathrm{e}^{-t^2}\mathrm{d}t = t\mathrm{e}^{-t^2}\Big|_0^x - \int_0^x t(-2t)\mathrm{e}^{-t^2}\mathrm{d}t = x\mathrm{e}^{-x^2} + \int_0^x 2t^2\mathrm{e}^{-t^2}\mathrm{d}t = x\mathrm{e}^{-x^2} + \int_0^x \mathrm{e}^{-t^2}\mathrm{d}\frac{2}{3}t^3$

$$= x\mathrm{e}^{-x^2} + \frac{2}{3}x^3\mathrm{e}^{-x^2} - \int_0^x \frac{4}{3}t^4\mathrm{e}^{-t^2}\mathrm{d}t$$

$$=x\mathrm{e}^{-x^2}+\frac{2}{3}x^3\mathrm{e}^{-x^2}+\frac{4}{15}x^5\mathrm{e}^{-x^2}+\cdots$$

$$=\mathrm{e}^{-x^2}\left(x+\frac{2}{3}x^3+\frac{4}{15}x^5+\cdots+\frac{2^k}{(2k+1)!!}x^{2k+1}+\cdots\right)$$

因此有 $\mathrm{erf}(x)=\dfrac{2}{\sqrt{\pi}}\int_0^x \mathrm{e}^{-t^2}\mathrm{d}t=\dfrac{2}{\sqrt{\pi}}\mathrm{e}^{-x^2}\left(x+\dfrac{2}{3}x^3+\dfrac{4}{15}x^5+\cdots+\dfrac{2^k}{(2k+1)!!}x^{2k+1}+\cdots\right)$。

（2）$\mathrm{erfc}(x)=\dfrac{2}{\sqrt{\pi}}\int_x^{+\infty}\mathrm{e}^{-t^2}\mathrm{d}t=\dfrac{2}{\sqrt{\pi}}\int_x^{+\infty}\left(-\dfrac{1}{2t}\right)\mathrm{e}^{-t^2}(-2t)\mathrm{d}t=\dfrac{2}{\sqrt{\pi}}\int_x^{+\infty}-\dfrac{1}{2t}\mathrm{d}\mathrm{e}^{-t^2}$

$$=\frac{2}{\sqrt{\pi}}\left(\left(-\frac{1}{2t}\right)\mathrm{e}^{-t^2}\Big|_x^{+\infty}+\int_x^{+\infty}-\frac{1}{2t^2}\mathrm{e}^{-t^2}\mathrm{d}t\right)$$

$$=\frac{2}{\sqrt{\pi}}\left(\frac{1}{2x}\mathrm{e}^{-x^2}+\int_x^{+\infty}\frac{1}{4t^3}\mathrm{d}\mathrm{e}^{-t^2}\right)$$

$$=\frac{2}{\sqrt{\pi}}\left(\frac{1}{2x}\mathrm{e}^{-x^2}-\frac{1}{4x^3}\mathrm{e}^{-x^2}+\int_x^{+\infty}\frac{-3}{4x^4}\mathrm{e}^{-t^2}\mathrm{d}t\right)$$

$$=\frac{2}{\sqrt{\pi}}\left(\frac{1}{2x}\mathrm{e}^{-x^2}-\frac{1}{4x^3}\mathrm{e}^{-x^2}+\int_x^{+\infty}\frac{3}{8x^5}\mathrm{d}\mathrm{e}^{-t^2}\right)$$

$$=\cdots$$

$$=\frac{2}{\sqrt{\pi}}\left(\frac{1}{2x}\mathrm{e}^{-x^2}-\frac{1}{4x^3}\mathrm{e}^{-x^2}+\frac{3}{8x^5}\mathrm{e}^{-x^2}+\cdots+(-1)^k\frac{(2k-1)!!}{2^k x^{2k+1}}\mathrm{e}^{-x^2}+\cdots\right)$$

$$=\frac{1}{\sqrt{\pi}}\frac{1}{x}\mathrm{e}^{-x^2}\left(1-\frac{1}{2x^2}+\frac{3}{4x^4}+\cdots+(-1)^k\frac{(2k-1)!!}{2^k x^{2k}}+\cdots\right)$$

7.2.2　连分式展开

将 $\Phi(x)$ 展开成连分式。

（1）$\Phi(x)=\dfrac{1}{2}+\dfrac{1}{\sqrt{2\pi}}\mathrm{e}^{-\frac{x^2}{2}}x\left(1+\dfrac{1}{3}x^2+\dfrac{1}{15}x^4+\cdots+\dfrac{1}{(2k+1)!!}x^{2k}+\cdots\right)$

下面将 $f(x)=1+\dfrac{1}{3}x^2+\dfrac{1}{15}x^4+\cdots+\dfrac{1}{(2k+1)!!}x^{2k}+\cdots$ 展开。

由于有

$$a_{00}=1，a_{01}=a_{02}=\cdots=0$$

$$a_{10}=1，a_{11}=0，a_{12}=\frac{1}{3}，a_{13}=0，a_{14}=\frac{1}{15}，a_{15}=0，a_{16}=\frac{1}{3\times5\times7}=\frac{1}{105},\cdots$$

$a_{20}=a_{10}a_{01}-a_{00}a_{11}=0$ ，　$a_{21}=a_{10}a_{02}-a_{00}a_{12}=-\dfrac{1}{3}$ ，　$a_{22}=a_{10}a_{03}-a_{00}a_{13}=0$ ，　$a_{23}=a_{10}a_{04}-a_{00}a_{14}=-\dfrac{1}{15}$，$a_{24}=0$，$a_{25}=-\dfrac{1}{105}$，…

$a'_{31}=a_{21}a_{11}-a_{10}a_{22}=0$，$a'_{32}=a_{21}a_{12}-a_{10}a_{23}=-\dfrac{1}{3}\times\dfrac{1}{3}-1\times\left(-\dfrac{1}{15}\right)=-\dfrac{2}{45}$，$a'_{33}=a_{21}a_{13}-a_{10}a_{24}=0$，$a'_{34}=a_{21}a_{14}-a_{10}a_{25}=-\dfrac{4}{315}$，…

写成表格式为

$$\begin{array}{ccccc}
a_{00} & a_{01} & a_{02} & a_{03} & \cdots \\
a_{10} & a_{11} & a_{12} & a_{13} & \cdots \\
a_{21} & a_{22} & a_{23} & a_{24} & \cdots \\
a'_{32} & a'_{33} & a'_{34} & a'_{35} & \cdots \\
\cdots\cdots
\end{array}
\qquad
\begin{array}{cccccc}
1 & 0 & 0 & 0 & 0 & \cdots \\
1 & 0 & -1/3 & 0 & -1/15 & \cdots \\
-1/3 & 0 & -1/15 & 0 & -1/105 & \cdots \\
-1/45 & 0 & -4/315 & 0 & \cdots \\
\cdots\cdots
\end{array}$$

$$f(x)=\cfrac{1}{1+\cfrac{-\frac{1}{3}x^2}{1+\cfrac{-\frac{2}{45}x^2}{-\frac{1}{3}+\cdots}}}=\cfrac{1}{1-\cfrac{x^2}{3+\cfrac{-\frac{2}{15}x^2}{-\frac{1}{3}+\cdots}}}=\cfrac{1}{1-\cfrac{x^2}{3+\cfrac{2x^2}{5+\cdots}}}$$

有如下结论：

$$\Phi(x)=\frac{1}{2}+\frac{1}{\sqrt{2\pi}}\mathrm{e}^{-\frac{x^2}{2}}x\left(1+\frac{1}{3}x^2+\frac{1}{15}x^4+\cdots+\frac{1}{(2k+1)!!}x^{2k}+\cdots\right)$$

$$=\frac{1}{2}+\frac{1}{\sqrt{2\pi}}\mathrm{e}^{-\frac{x^2}{2}}\cfrac{x}{1-\cfrac{x^2}{3+\cfrac{2x^2}{5+\cfrac{\ddots}{+\cfrac{(-1)^k kx^2}{2k+1}}}}}\qquad (0\leqslant x\leqslant 3)$$

（2）$$\Phi(x)=\frac{1}{\sqrt{2\pi}}\mathrm{e}^{-\frac{x^2}{2}}\left(\frac{1}{x}-\frac{1}{x^3}+\frac{3}{x^5}\mathrm{e}^{-\frac{x^2}{2}}-\frac{3\times5}{x^7}+\cdots+(-1)^k\frac{(2k-1)!!}{x^{2k+1}}+\cdots\right)$$

$$=1-\frac{1}{\sqrt{2\pi}}\mathrm{e}^{-\frac{x^2}{2}}x\cfrac{1}{x+\cfrac{2}{x+\cfrac{3}{x+\cfrac{\ddots}{+\cfrac{k-1}{x+\cfrac{k}{x}}}}}}\qquad (x>3)$$

7.2.3 使用连分式法计算标准正态分布分布函数的算法

（1）当$0\leqslant x\leqslant 3$时，连分式的通项表达式为$\frac{(-1)^k kx^2}{2k+1}$，所以递推公式为

$$u_{n+1}=0,\quad u_n=\frac{(-1)^k kx^2}{(2k+1)+u_{n+1}},\quad k=n,n-1,\cdots,1 \tag{7-7}$$

计算$\phi(x)=\frac{1}{\sqrt{2\pi}}\mathrm{e}^{-\frac{x^2}{2}}$，$\Phi(x)=\frac{1}{2}+\phi(x)\frac{x}{1+u_1}$。

（2）当 $x>3$ 时，连分式的通项表达式为 $\frac{k}{x}$，所以递推公式为

$$u_{n+1}=0\text{，}\quad u_k=\frac{k}{x+u_{k+1}}\text{，}\quad k=n,n-1,\cdots,1 \qquad (7\text{-}8)$$

计算 $\phi(x)=\frac{1}{\sqrt{2\pi}}\mathrm{e}^{-\frac{x^2}{2}}$，$\Phi(x)=1-\frac{\phi(x)}{x+u_1}$。

（3）当 $x<0$ 时，$\Phi(-x)=1-\Phi(x)$。

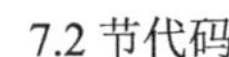

7.2 节代码

代码 7.1 请扫描本节后面的二维码查看。

7.3　其他分布的分布函数的计算

7.3.1　贝塔分布的分布函数

1．贝塔分布的分布函数的性质

对于贝塔分布的分布函数 $I_x(a,b)=\frac{1}{\mathrm{B}(a,b)}\int_0^x t^{a-1}(1-t)^{b-1}\mathrm{d}t$，给出如下性质。记 $U_x(a,b)=\frac{1}{\mathrm{B}(a,b)}x^a(1-x)^b$。

性质 7.5　$U_x(a+1,b)=\frac{a+b}{a}xU_x(a,b)$。

证明：

由于 $\mathrm{B}(a+1,b)=\frac{\Gamma(a+b+1)}{\Gamma(a+1)\Gamma(b)}=\frac{(a+b)\Gamma(a+b)}{a\Gamma(a)\Gamma(b)}=\frac{a+b}{a}\frac{1}{\mathrm{B}(a,b)}$，因此：

$$\begin{aligned}U_x(a+1,b)-\frac{a+b}{a}xU_x(a,b)&=\frac{1}{\mathrm{B}(a+1,b)}x^{a+1}(1-x)^b-\frac{a+b}{a}x\frac{1}{\mathrm{B}(a,b)}x^a(1-x)^b\\&=\frac{a+b}{a}\frac{1}{\mathrm{B}(a,b)}x^{a+1}(1-x)^b-\frac{a+b}{a}x\frac{1}{\mathrm{B}(a,b)}x^a(1-x)^b=0\end{aligned}$$

性质 7.6　$U_x(a,b+1)=\frac{a+b}{b}(1-x)U_x(a,b)$。

证明：

由于 $\mathrm{B}(a,b+1)=\frac{\Gamma(a+b+1)}{\Gamma(a)\Gamma(b+1)}=\frac{a+b}{b}\frac{1}{\mathrm{B}(a,b)}$，因此：

$$\begin{aligned}U_x(a,b+1)-\frac{a+b}{b}(1-x)U_x(a,b)&=\frac{1}{\mathrm{B}(a,b+1)}x^a(1-x)^{b+1}-\frac{a+b}{b}(1-x)\frac{1}{\mathrm{B}(a,b)}x^a(1-x)^b\\&=\frac{a+b}{b}\frac{1}{\mathrm{B}(a,b)}x^a(1-x)^{b+1}-\frac{a+b}{b}(1-x)\frac{1}{\mathrm{B}(a,b)}x^a(1-x)^b=0\end{aligned}$$

性质 7.7　$I_x(a+1,b)=I_x(a,b)-\frac{1}{a}U_x(a,b)$。

证明：

$$I_x(a+1,b)-I_x(a,b)=\frac{1}{\mathrm{B}(a+1,b)}\int_0^x t^a(1-t)^{b-1}\mathrm{d}x-\frac{1}{\mathrm{B}(a,b)}\int_0^x t^{a-1}(1-t)^{b-1}\mathrm{d}t$$

$$
\begin{aligned}
&= \frac{1}{a\mathrm{B}(a,b)}\int_0^x (a+b)\,t^a(1-t)^{b-1} - at^{a-1}(1-t)^{b-1}\mathrm{d}t \\
&= \frac{1}{a\mathrm{B}(a,b)}\int_0^x at^a(1-t)^{b-1} + bt^a(1-t)^{b-1} - at^{a-1}(1-t)^{b-1}\mathrm{d}t \\
&= \frac{1}{a\mathrm{B}(a,b)}\int_0^x -at^{a-1}(1-t)^b + bt^a(1-t)^{b-1}\mathrm{d}t \\
&= \frac{1}{a\mathrm{B}(a,b)}\int_0^x (-t^a(1-t)^b)'\mathrm{d}t \\
&= -\frac{1}{a\mathrm{B}(a,b)}x^a(1-x)^b = -\frac{1}{a}U_x(a,b)
\end{aligned}
$$

性质 7.8 $I_x(a,b+1) = I_x(a,b) + \dfrac{1}{b}U_x(a,b)$。

证明：

$$
\begin{aligned}
&I_x(a,b+1) - I_x(a,b) \\
&= \frac{1}{\mathrm{B}(a,b+1)}\int_0^x t^{a-1}(1-t)^b\mathrm{d}t - \frac{1}{\mathrm{B}(a,b)}\int_0^x t^{a-1}(1-t)^{b-1}\mathrm{d}t \\
&= \frac{a+b}{b}\frac{1}{\mathrm{B}(a,b)}\int_0^x t^{a-1}(1-t)^b\mathrm{d}t - \frac{1}{\mathrm{B}(a,b)}\int_0^x t^{a-1}(1-t)^{b-1}\mathrm{d}t \\
&= \frac{1}{b\mathrm{B}(a,b)}\int_0^x (a+b)t^{a-1}(1-t)^b\mathrm{d}t - \int_0^x bt^{a-1}(1-t)^{b-1}\mathrm{d}t \\
&= \frac{1}{b\mathrm{B}(a,b)}\int_0^x (a+b)t^{a-1}(1-t)^b - bt^{a-1}(1-t)^{b-1}\mathrm{d}t = \frac{1}{b\mathrm{B}(a,b)}\int_0^x at^{a-1}(1-t)^b - bt^a(1-t)^{b-1}\mathrm{d}t \\
&= \frac{1}{b\mathrm{B}(a,b)}\int_0^x (t^a(1-t)^b)'\mathrm{d}t = \frac{1}{b\mathrm{B}(a,b)}x^a(1-x)^b = \frac{1}{b}U_x(a,b)
\end{aligned}
$$

性质 7.5～性质 7.8 是计算贝塔分布的分布函数的递推公式。为了利用贝塔分布的分布函数求出其他分布的分布函数，下面给出 F 分布、t 分布的分布函数与贝塔分布的分布函数的关系。

2. 由贝塔分布的分布函数计算 F 分布、t 分布、二项分布的分布函数

定理 7.4 $F_F(x,m,n) = I_y\left(\dfrac{m}{2},\dfrac{n}{2}\right)$，$y = \dfrac{mx}{n+mx}$。

证明：

$$
F_F(x,m,n) = \frac{1}{\mathrm{B}\left(\frac{m}{2},\frac{n}{2}\right)}\left(\frac{m}{n}\right)^{\frac{m}{2}}\int_0^x t^{\frac{m}{2}-1}\left(1+\frac{m}{n}t\right)^{-\frac{m+n}{2}}\mathrm{d}t
$$

$$
\overset{y=\frac{mt}{n+mt}}{=} \frac{1}{\mathrm{B}\left(\frac{m}{2},\frac{n}{2}\right)}\left(\frac{m}{n}\right)^{\frac{m}{2}}\int_0^{\frac{mx}{n+mx}}\left(\frac{n}{m}\right)^{\frac{m}{2}-1}\left(\frac{y}{1-y}\right)^{\frac{m}{2}-1}\left(1+\frac{y}{1-y}\right)^{-\frac{m+n}{2}}\frac{n}{m}\frac{1}{(1-y)^2}\mathrm{d}y
$$

$$=\frac{1}{\mathrm{B}\left(\frac{m}{2},\frac{n}{2}\right)}\int_0^{\frac{mx}{n+mx}} y^{\frac{m}{2}-1}(1-y)^{\frac{n}{2}-1}\mathrm{d}y=I_y\left(\frac{m}{2},\frac{n}{2}\right)$$

定理 7.5　$F_t(x,n)=\begin{cases}1-\frac{1}{2}I_y\left(\frac{n}{2},\frac{1}{2}\right), & x\geqslant 0\\ \frac{1}{2}I_y\left(\frac{n}{2},\frac{1}{2}\right), & x<0\end{cases}$，$y=\frac{n}{n+x^2}$。

证明：

当 $x<0$ 时：

$$F_t(x,n)=\frac{1}{\mathrm{B}\left(\frac{n}{2},\frac{1}{2}\right)\sqrt{n}}\int_{-\infty}^{x}\left(1+\frac{t^2}{n}\right)^{-\frac{n+1}{2}}\mathrm{d}t$$

$$\overset{y=\frac{n}{n+t^2}}{=}\frac{1}{2\mathrm{B}\left(\frac{n}{2},\frac{1}{2}\right)}\int_0^{\frac{n}{n+x^2}} y^{\frac{n}{2}-1}(1-y)^{-\frac{1}{2}}\mathrm{d}y$$

$$=\frac{1}{2}I_y\left(\frac{n}{2},\frac{1}{2}\right)$$

当 $x\geqslant 0$ 时：

$$F_t(x,n)=\frac{1}{\mathrm{B}\left(\frac{n}{2},\frac{1}{2}\right)\sqrt{n}}\int_{-\infty}^{0}\left(1+\frac{t^2}{n}\right)^{-\frac{n+1}{2}}\mathrm{d}t+\frac{1}{\mathrm{B}\left(\frac{n}{2},\frac{1}{2}\right)\sqrt{n}}\int_0^{x}\left(1+\frac{t^2}{n}\right)^{-\frac{n+1}{2}}\mathrm{d}t$$

$$\overset{y=\frac{n}{n+t^2}}{=}\frac{1}{2}+\frac{1}{2\mathrm{B}\left(\frac{n}{2},\frac{1}{2}\right)}\int_{\frac{n}{n+x^2}}^{1} y^{\frac{n}{2}-1}(1-y)^{-\frac{1}{2}}\mathrm{d}y$$

$$=\frac{1}{2}+\frac{1}{2}\left(1-\frac{1}{\mathrm{B}\left(\frac{n}{2},\frac{1}{2}\right)}\int_0^{\frac{n}{n+x^2}} y^{\frac{n}{2}-1}(1-y)^{-\frac{1}{2}}\mathrm{d}y\right)=1-\frac{1}{2}I_y\left(\frac{n}{2},\frac{1}{2}\right)$$

定理 7.6　若 $X\sim\mathrm{Be}(a,b)$，则$I_x(a,b)=1-I_{1-x}(a,b)$。

证明：

$$I_x(a,b)=\frac{1}{\mathrm{B}(a,b)}\int_0^x t^{a-1}(1-t)^{b-1}\mathrm{d}t\overset{y=1-t}{=}\frac{1}{\mathrm{B}(a,b)}\int_{1-x}^{1}(1-y)^{a-1}y^{b-1}\mathrm{d}y$$

$$=1-\frac{1}{\mathrm{B}(a,b)}\int_0^{1-x} y^{b-1}(1-y)^{a-1}\mathrm{d}x=1-I_{1-x}(b,a)=1-I_{1-x}(a,b)$$

3. 计算贝塔分布的分布函数的递推公式的初值

由定理 7.4～定理 7.6 可以看出，计算 F 分布、t 分布的分布函数只需要用到正整数和 $\frac{1}{2}$ 的倍数，所以我们只要知道如下初值就可以算出贝塔分布及其他三种分布的分布函数。

定理 7.7 当$a=\frac{1}{2}$，$b=\frac{1}{2}$时，$I_x\left(\frac{1}{2},\frac{1}{2}\right)=1-\frac{2}{\pi}\arctan\sqrt{\frac{1-x}{x}}$；$U_x\left(\frac{1}{2},\frac{1}{2}\right)=\frac{1}{\pi}\sqrt{x(1-x)}$。

证明：

$$I_x\left(\frac{1}{2},\frac{1}{2}\right)=\frac{1}{\mathrm{B}\left(\frac{1}{2},\frac{1}{2}\right)}\int_0^x t^{-\frac{1}{2}}(1-t)^{-\frac{1}{2}}\mathrm{d}t=\frac{\Gamma(1)}{\Gamma\left(\frac{1}{2}\right)\Gamma\left(\frac{1}{2}\right)}\int_0^x t^{-\frac{1}{2}}(1-t)^{-\frac{1}{2}}\mathrm{d}t=\frac{1}{\pi}\int_0^x\sqrt{t(1-t)}\mathrm{d}t$$

令$y=\sqrt{\frac{1-t}{t}}$，有$t=\frac{1}{1+y^2}$，$\mathrm{d}t=\frac{-2y}{(1+y^2)^2}\mathrm{d}y$，则有

$$\begin{aligned}\frac{1}{\pi}\int\frac{1}{\sqrt{t(1-t)}}\mathrm{d}t&=\frac{1}{\pi}\int\frac{1}{\sqrt{\frac{1}{1+y^2}\frac{y^2}{1+y^2}}}\frac{-2y}{(1+y^2)^2}\mathrm{d}y\\&=\frac{1}{\pi}\int\frac{-2}{1+y^2}\mathrm{d}y\\&=-\frac{2}{\pi}\arctan y+c\\&=-\frac{2}{\pi}\arctan\sqrt{\frac{1-t}{t}}+c\end{aligned}$$

故 $I_x\left(\frac{1}{2},\frac{1}{2}\right)=-\frac{2}{\pi}\arctan\sqrt{\frac{1-t}{t}}\Bigg|_0^x=1-\frac{2}{\pi}\arctan\sqrt{\frac{1-x}{x}}$，$U_x\left(\frac{1}{2},\frac{1}{2}\right)=\frac{1}{\mathrm{B}\left(\frac{1}{2},\frac{1}{2}\right)}x^{\frac{1}{2}}(1-x)^{\frac{1}{2}}=$ $\frac{1}{\pi}\sqrt{x(1-x)}$。

定理 7.8 当$a=\frac{1}{2}$，$b=1$时，$I_x\left(\frac{1}{2},1\right)=\sqrt{x}$；$U_x\left(\frac{1}{2},1\right)=\frac{1}{2}\sqrt{x}(1-x)$。

证明：$I_x\left(\frac{1}{2},1\right)=\frac{1}{\mathrm{B}\left(\frac{1}{2},1\right)}\int_0^x t^{-\frac{1}{2}}\mathrm{d}t=\frac{\Gamma\left(\frac{3}{2}\right)}{\Gamma\left(\frac{1}{2}\right)\Gamma(1)}\int_0^x t^{-\frac{1}{2}}\mathrm{d}t=\frac{1}{2}\int_0^x t^{-\frac{1}{2}}\mathrm{d}t=\sqrt{x}$，$U_x\left(\frac{1}{2},1\right)=$ $\frac{1}{\mathrm{B}\left(\frac{1}{2},1\right)}x^{\frac{1}{2}}(1-x)=\frac{1}{2}\sqrt{x}(1-x)$。

定理 7.9 当$a=1$，$b=\frac{1}{2}$时，$I_x\left(1,\frac{1}{2}\right)=1-\sqrt{1-x}$；$U_x\left(1,\frac{1}{2}\right)=\frac{1}{2}x\sqrt{1-x}$。

证明：$I_x\left(1,\frac{1}{2}\right)=\frac{1}{\mathrm{B}\left(1,\frac{1}{2}\right)}\int_0^x(1-t)^{-\frac{1}{2}}\mathrm{d}t=\frac{1}{2}\int_0^x\frac{1}{\sqrt{1-t}}\mathrm{d}t=1-\sqrt{1-x}$，$U_x\left(1,\frac{1}{2}\right)=\frac{1}{\mathrm{B}\left(1,\frac{1}{2}\right)}x\sqrt{1-x}=$ $\frac{1}{2}x\sqrt{1-x}$。

定理 7.10 当$a=1$，$b=1$时，$I_x(1,1)=x$；$U_x(1,1)=x(1-x)$。

证明：$I_x(1,1)=\frac{1}{\mathrm{B}(1,1)}\int_0^x 1\mathrm{d}t=x$，$U_x(1,1)=\frac{1}{\mathrm{B}(1,1)}x(1-x)$。

根据定理 7.7～定理 7.10 可以计算贝塔分布的分布函数。

例 7.5　求 $I_x\left(\frac{3}{2},2\right)$。

解：
$$\begin{aligned}I_x\left(\frac{3}{2},2\right)&=I_x\left(\frac{1}{2},2\right)-2U_x\left(\frac{1}{2},2\right)\\&=I_x\left(\frac{1}{2},1\right)+U_x\left(\frac{1}{2},1\right)-2\times\frac{3}{2}(1-x)U_x\left(\frac{1}{2},1\right)\\&=\sqrt{x}+(3x-2)\frac{1}{2}\sqrt{x}(1-x)\\&=\frac{5}{2}x^{\frac{3}{2}}-\frac{3}{2}x^{\frac{5}{2}}\end{aligned}$$
。

验证：

$$I_x\left(\frac{3}{2},2\right)=\frac{1}{\mathrm{B}\left(\frac{3}{2},2\right)}\int_0^x t^{\frac{1}{2}}(1-t)\,\mathrm{d}t=\frac{\Gamma\left(\frac{7}{2}\right)}{\Gamma\left(\frac{3}{2}\right)\Gamma(2)}\int_0^x\sqrt{t}-t^{\frac{3}{2}}\mathrm{d}t=\frac{\frac{5}{2}\frac{3}{2}\Gamma\left(\frac{3}{2}\right)}{\Gamma\left(\frac{3}{2}\right)}\left(\frac{2}{3}x^{\frac{3}{2}}-\frac{2}{5}x^{\frac{5}{2}}\right)$$
$$=\frac{15}{4}\left(\frac{2}{3}x^{\frac{3}{2}}-\frac{2}{5}x^{\frac{5}{2}}\right)=\frac{5}{2}x^{\frac{3}{2}}-\frac{3}{2}x^{\frac{5}{2}}。$$

例 7.6　求 $I_x(2,2)$。

解：
$$\begin{aligned}I_x(2,2)&=I_x(1,2)-U_x(1,2)=I_x(1,1)+U_x(1,1)-2(1-x)U_x(1,1)\\&=x+(2x-1)x(1-x)=3x^2-2x^3。\end{aligned}$$

验证：$I_x(2,2)=\frac{1}{\mathrm{B}(2,2)}\int_0^x t(1-t)\,\mathrm{d}t=\frac{\Gamma(4)}{\Gamma(2)\Gamma(2)}\int_0^x t-t^2\mathrm{d}t=6\left(\frac{1}{2}x^2-\frac{1}{3}x^3\right)=3x^2-2x^3$。

4. 计算贝塔分布的分布函数的算法

设置最大迭代次数 N=500，精度为 10^{-10}。定义贝塔分布的分布函数为 $\mathrm{B}(x,a,b)$，令 $m=2a$，$n=2b$。

（1）计算 U_x 和 I_x 使用 ta 和 tb 表示贝塔分布中的参数 a 和 b 的初值。

① 若 m 和 n 均为奇数，可设 $\mathrm{ta}=0.5$，$\mathrm{tb}=0.5$，此时：

$$U_x\left(\frac{1}{2},\frac{1}{2}\right)=\frac{1}{\pi}\sqrt{x(1-x)}，\quad I_x\left(\frac{1}{2},\frac{1}{2}\right)=1-\frac{2}{\pi}\arctan\sqrt{\frac{1-x}{x}}$$

② 若 m 为奇数，n 为偶数，可设 $\mathrm{ta}=0.5$，$\mathrm{tb}=1$，此时：

$$U_x\left(\frac{1}{2},1\right)=\frac{1}{2}\sqrt{x}(1-x)，\quad I_x\left(\frac{1}{2},1\right)=\sqrt{x}$$

③ 若 m 为偶数，n 为奇数，可设 $\mathrm{ta}=1$，$\mathrm{tb}=0.5$，此时：

$$U_x\left(1,\frac{1}{2}\right)=\frac{1}{2}x\sqrt{1-x}，\quad I_x\left(1,\frac{1}{2}\right)=1-\sqrt{1-x}$$

④ 若 m 和 n 均为偶数，可设 $\mathrm{ta}=1$，$\mathrm{tb}=1$，此时：

$$U_x(1,1)=x(1-x)，\quad I_x(1,1)=x$$

（2）若 $\mathrm{ta}<a$，$I_x(\mathrm{ta}+1,b)=I_x(\mathrm{ta},b)-\frac{1}{a}U_x(\mathrm{ta},b)$，$U_x(\mathrm{ta}+1,b)=\frac{\mathrm{ta}+b}{\mathrm{ta}}xU_x(\mathrm{ta},b)$，将 ta+1，

计算 $I_x(\text{ta}+1,b)$，直到 ta=a。

若 $\text{tb}<b$，由 $I_x(a,\text{tb}+1)=I_x(a,\text{tb})+\frac{1}{\text{tb}}U_x(a,\text{tb})$，$U_x(a,\text{tb}+1)=\frac{a+\text{tb}}{\text{tb}}(1-x)U_x(a,\text{tb})$，将 tb+1，计算 $I_x(a,\text{tb}+1)$，直到 tb=b。

代码 7.2 请扫描本节后面的二维码查看。

5．计算 *t* 分布和 *F* 分布的分布函数的算法

1）计算 *t* 分布的分布函数的算法

需要调用贝塔分布的分布函数的代码，定义 t 分布的分布函数 $t(x,n)$。

① 计算 $y=\frac{n}{n+x^2}$。

② 计算：

$$F_t(x,n)=\begin{cases}1-\frac{1}{2}I_y\left(\frac{n}{2},\frac{1}{2}\right), & x\geqslant 0\\ \frac{1}{2}I_y\left(\frac{n}{2},\frac{1}{2}\right), & x<0\end{cases} \tag{7-9}$$

可得 t 分布的分布函数值。

2）计算 *F* 分布的分布函数的算法

需要调用贝塔分布的分布函数的代码，定义 F 分布的分布函数 $F(x,m,n)$。

① 计算 $y=\frac{mx}{n+mx}$。

② 当 $x>0$ 时，计算：

$$F_F(x,m,n)=I_y\left(\frac{m}{2},\frac{n}{2}\right) \tag{7-10}$$

可得 F 分布的分布函数值。

代码 7.3 请扫描本节后面的二维码查看。

7.3.2 卡方分布的分布函数

1）递推公式

定理 7.11 $n=3,4,\cdots$ 卡方分布的密度函数和分布函数满足如下递推公式。

（1）$f_X(x,n)=\frac{x}{n-2}f_X(x,n-2)$；

（2）$F_X(x,n)=F_X(x,n-2)-2f_X(x,n)$。

（3）递推公式的初值为

$$f_X(x,1)=\frac{1}{\sqrt{2}\sqrt{\pi}\sqrt{x}}\mathrm{e}^{-\frac{x}{2}},\quad x>0$$

$$f_X(x,2)=\frac{1}{2}\mathrm{e}^{-\frac{x}{2}},\quad x>0$$

$$F_X(x,1)=2\varPhi(\sqrt{x})-1,\quad x>0$$

$$F_X(x,2)=1-\mathrm{e}^{-\frac{x}{2}},\quad x>0$$

证明：（1）$f_X(x,n)=\dfrac{1}{2^{\frac{n}{2}}\Gamma\left(\dfrac{n}{2}\right)}x^{\frac{n}{2}-1}\mathrm{e}^{-\frac{x}{2}}=\dfrac{1}{2^{\frac{n}{2}}\Gamma\left(\dfrac{n-2}{2}+1\right)}x^{\frac{n}{2}-1}\mathrm{e}^{-\frac{x}{2}}$

$$=\frac{1}{2^{\frac{n}{2}}\dfrac{n-2}{2}\Gamma\left(\dfrac{n-2}{2}\right)}xx^{\frac{n}{2}-2}\mathrm{e}^{-\frac{x}{2}}=\frac{x}{n-2}\frac{1}{2^{\frac{n-2}{2}}\Gamma\left(\dfrac{n-2}{2}\right)}x^{\frac{n}{2}-2}\mathrm{e}^{-\frac{x}{2}}$$

$$=\frac{x}{n-2}f_X(x,n-2)$$

（2）$F_X(x,n)=\displaystyle\int_0^x\frac{1}{2^{\frac{n}{2}}\Gamma\left(\frac{n}{2}\right)}t^{\frac{n}{2}-1}\mathrm{e}^{-\frac{t}{2}}\mathrm{d}t=-\int_0^x\frac{1}{2^{\frac{n}{2}-1}\Gamma\left(\frac{n}{2}\right)}t^{\frac{n}{2}-1}\mathrm{d}\mathrm{e}^{-\frac{t}{2}}$

$$=-\frac{2}{2^{\frac{n}{2}}\Gamma\left(\dfrac{n}{2}\right)}t^{\frac{n}{2}-1}\mathrm{e}^{-\frac{t}{2}}\bigg|_0^x+\int_0^x\frac{1}{2^{\frac{n-2}{2}}\Gamma\left(\dfrac{n}{2}\right)}\left(\frac{n-2}{2}\right)t^{\frac{n}{2}-2}\mathrm{e}^{-\frac{t}{2}}\mathrm{d}t$$

$$=-\frac{2}{2^{\frac{n}{2}}\Gamma\left(\dfrac{n}{2}\right)}x^{\frac{n}{2}-1}\mathrm{e}^{-\frac{x}{2}}+\int_0^x\frac{1}{2^{\frac{n-2}{2}}\dfrac{n-2}{2}\Gamma\left(\dfrac{n-2}{2}\right)}\frac{n-2}{2}t^{\frac{n-2}{2}-1}\mathrm{e}^{-\frac{t}{2}}\mathrm{d}t$$

$$=-2f_X(x,n)+F_X(x,n-2)$$

（3）
$$f_X(x,1)=\frac{1}{2\Gamma\left(\dfrac{1}{2}\right)}\left(\frac{x}{2}\right)^{-\frac{1}{2}}\mathrm{e}^{-\frac{x}{2}}=\frac{1}{\sqrt{2}\sqrt{\pi}\sqrt{x}}\mathrm{e}^{-\frac{x}{2}},\ x>0$$

$$f_X(x,2)=\frac{1}{2\Gamma\left(\dfrac{2}{2}\right)}\left(\frac{x}{2}\right)^{0}\mathrm{e}^{-\frac{x}{2}}=\frac{1}{2}\mathrm{e}^{-\frac{x}{2}},\ x>0$$

$$F_X(x,1)=\int_0^x\frac{1}{\sqrt{2}\sqrt{\pi}\sqrt{t}}\mathrm{e}^{-\frac{t}{2}}\mathrm{d}t\overset{\sqrt{t}=y}{=}\int_0^{\sqrt{x}}\frac{1}{\sqrt{2}\sqrt{\pi}y}\mathrm{e}^{-\frac{y^2}{2}}2y\mathrm{d}y=\int_0^{\sqrt{x}}\frac{2}{\sqrt{2}\sqrt{\pi}}\mathrm{e}^{-\frac{y^2}{2}}\mathrm{d}y=2\Phi(\sqrt{x})-1$$

$$F_X(x,2)=\int_0^x\frac{1}{2}\mathrm{e}^{-\frac{t}{2}}\mathrm{d}t=1-\mathrm{e}^{-\frac{x}{2}},\ x>0$$

例 7.7　已知 $X\sim\chi^2(n)$，求 $F_X(x,3)$ 和 $F_X(x,5)$。

解：$F_X(x,3)=F_X(x,1)-2f(x,3)=F_X(x,1)-2\dfrac{x}{1}f_X(x,1)$

$$=2\Phi(\sqrt{x})-1-2x\frac{1}{\sqrt{2\pi x}}\mathrm{e}^{-\frac{x}{2}}$$

$$=2\Phi(\sqrt{x})-1-\sqrt{\frac{2x}{\pi}}\mathrm{e}^{-\frac{x}{2}},\ x>0$$

$$F_X(x,5)=F_X(x,3)-2f_X(x,5)=F_X(x,1)-2xf_X(x,1)-2\frac{x^2}{3}f_X(x,1)$$

$$=2\Phi\left(\sqrt{x}\right)-1-\sqrt{\frac{2x}{\pi}}\mathrm{e}^{-\frac{x}{2}}-\frac{2}{3}x^2\frac{1}{\sqrt{2\pi x}}\mathrm{e}^{-\frac{x}{2}},\ x>0$$

2）算法

（1）若自由度 n 为奇数，计算初值 $f_X(x,1)=\dfrac{1}{\sqrt{2}\sqrt{\pi}\sqrt{x}}\mathrm{e}^{-\frac{x}{2}}$，$x>0$；$F_X(x,1)=2\Phi(\sqrt{x})-1$，$x>0$。设 k 的初值为 1，当 $k<n$ 时，$k=k+2$，即只计算自由度为奇数的卡方分布的分布函数值。计算 $f_X(x,n)=\dfrac{x}{n-2}f_X(x,n-2)$，计算 $F_X(x,n)=F_X(x,n-2)-2f_X(x,n)$。

（2）若自由度 n 为偶数，计算初值 $f_X(x,2)=\dfrac{1}{2}\mathrm{e}^{-\frac{x}{2}}$，$x>0$；$F_X(x,2)=1-\mathrm{e}^{-\frac{x}{2}}$，$x>0$。设 k 的初值为 2，当 $k<n$ 时，$k=k+2$，即只计算自由度为偶数的卡方分布的分布函数。计算 $f_X(x,n)=\dfrac{x}{n-2}f_X(x,n-2)$，计算 $F_X(x,n)=F_X(x,n-2)-2f_X(x,n)$。

7.3 节代码

代码 7.4 请扫描本节后面的二维码查看。

7.4 分位数的计算

7.4.1 利用 Toda 近似公式计算标准正态分布的分位数

由分位数的定义可知，u_α 满足 $\Phi(u_\alpha)=\alpha$，称 u_α 为标准正态分布的下侧分位数。令 $u_\alpha^*=u_{1-\alpha}$，称 u_α^* 为上侧概率分位数。对给定的 $\alpha\in(0,0.5)$，有 $u_\alpha^*>0$ 且

$$u_p=\begin{cases}-u_\alpha^*, & 0<p<0.5,\ \alpha=p\\ 0, & p=0.5\\ u_\alpha^*, & 0.5<p<1,\ \alpha=1-p\end{cases}\tag{7-11}$$

因此只需要给出 $0<\alpha<0.5$ 时的 u_α^* 近似计算公式即可。

Toda 近似公式为

$$u_\alpha^*\approx\left(y\sum_{i=0}^{10}b_iy^i\right)^{\frac{1}{2}},\quad y=-\ln(4\alpha(1-\alpha))\tag{7-12}$$

式中：

$$\begin{aligned}&b_0=0.1570796288\times10,\ b_1=0.3706987906\times10^{-1},\ b_2=-0.8464353589\times10^{-3},\\&b_3=-0.2250947176\times10^{-3},\ b_4=0.6841218299\times10^{-5},\ b_5=0.5824238515\times10^{-5},\\&b_6=-0.1045274970\times10^{-5},\ b_7=0.8360937017\times10^{-7},\ b_8=-0.3231081277\times10^{-8},\\&b_9=0.3657763036\times10^{-9},\ b_{10}=0.6936233982\times10^{-10}\end{aligned}\tag{7-13}$$

以上公式的最大相对误差为 1.2×10^{-8}。

算法如下。

（1）输入列表 b=[$b_0,b_1,b_2,b_3,b_4,b_5,b_6,b_7,b_8,b_9,b_{10}$]，$b_i$ 由式（7-13）算得。

（2）根据式（7-12）计算 y 和 u_α^*，若 $\alpha>0.5$，则 $u_p=u_\alpha^*$，否则 $u_p=-u_\alpha^*$。

代码 7.5 请扫描本节后面的二维码查看。

7.4.2 计算贝塔分布的分位数

贝塔分布的分位数可以利用二分法求根公式来求解。令实验次数为 times，初值为 0，最

大实验次数为 Maxtimes=500，精度为 10^{-10}。

算法如下。

（1）贝塔分布的取值范围为 0～1，因此可以设置有根区间为[0,1]，即设置初值 $x_0 = 0$，$x_1 = 1$，$f_0 = I_x(x_0, a, b) - \alpha$，$f_1 = I_x(x_1, a, b) - \alpha$。

（2）使用二分法计算函数 $I_x(x, a, b) - \alpha$ 的值，设置终止条件为 $|x_1 - x_0| < \varepsilon$，循环执行如下步骤。

- 计算 $x_2 = (x_0 + x_1)/2$。
- 计算 $f_2 = I_x(x_2, a, b) - \alpha$。
- 若 $f_0 f_2 < 0$，则 $x_0 = x_2$；否则 $x_1 = x_2$。
- $f_0 = I_x(x_0, a, b) - \alpha$，$f_1 = I_x(x_1, a, b) - \alpha$。
- 实验次数加 1，若 Maxtimes=500，即运行了 500 次也达不到要求的精度，则停止。

（3）输出得到的解 x_2。

代码 7.6 请扫描本节后面的二维码查看。

7.4.3　计算 *t* 分布的分位数

由 t 分布与贝塔分布的分布函数关系可得如下结论。

（1）当 $\alpha > 0.5$ 时，$t_\alpha > 0$，且 t_α 满足 $T(t_\alpha, n) = 1 - \frac{1}{2} I_x\left(\frac{n}{2}, \frac{1}{2}\right) = \alpha$，其中 $x = \frac{n}{n + t_\alpha^2}$，则 $\beta_{2-2\alpha}\left(\frac{n}{2}, \frac{1}{2}\right) = \frac{n}{n + t_\alpha^2}$，求解 $t_\alpha(n)$ 得

$$t_\alpha(n) = \sqrt{\frac{n}{\beta_{2-2\alpha}\left(\frac{n}{2}, \frac{1}{2}\right)} - n} \tag{7-14}$$

（2）当 $0 < \alpha \leqslant 0.5$ 时，$t_\alpha < 0$，可由分布函数对称性得

$$t_\alpha(n) = -\sqrt{\frac{n}{\beta_{2\alpha}\left(\frac{n}{2}, \frac{1}{2}\right)} - n} \tag{7-15}$$

算法如下。

（1）当 $\alpha > 0.5$ 时，先计算分位数 $\beta_{2-2\alpha}\left(\frac{n}{2}, \frac{1}{2}\right)$，再由式（7-14）计算 $t_\alpha(n)$。

（2）当 $0 < \alpha \leqslant 0.5$ 时，先计算分位数 $\beta_{2\alpha}\left(\frac{n}{2}, \frac{1}{2}\right)$，再由式（7-15）计算 $t_\alpha(n)$。

代码 7.7 请扫描本节后面的二维码查看。

7.4.4　计算 *F* 分布的分位数

记 F 分布的 α 分位数为 $F_\alpha(m, n)$，且满足 $F(F_\alpha, m, n) = \alpha$。由 F 分布与贝塔分布的分布函数之间的关系可知，F_α 满足 $F(F_\alpha, m, n) = I_y\left(\frac{m}{2}, \frac{n}{2}\right) = \alpha$，其中 $y = \frac{mF_\alpha}{n + mF_\alpha}$，则推出 $\frac{mF_\alpha(m, n)}{n + mF_\alpha(m, n)} = \beta_\alpha\left(\frac{m}{2}, \frac{n}{2}\right)$，即

$$F_\alpha(m,n)=\frac{n\beta_\alpha\left(\frac{m}{2},\frac{n}{2}\right)}{m\left(1-\beta_\alpha\left(\frac{m}{2},\frac{n}{2}\right)\right)} \tag{7-16}$$

算法如下。

（1）先计算分位数 $\beta_\alpha\left(\frac{m}{2},\frac{n}{2}\right)$。

（2）再由分位数公式，即式（7-16），计算 $F_\alpha(m,n)$。

代码 7.8 请扫描本节后面的二维码查看。

7.4.5 计算卡方分布的分位数

卡方分布是多个独立的标准正态分布的平方和。记卡方分布的 α 分位数为 $\chi_\alpha^2(n)$。

（1）当 $n=1$ 时，由 $H(x,1)=2\Phi(\sqrt{x})-1=\alpha$，得 $\Phi(\sqrt{x})=(1+\alpha)/2$，则 $\sqrt{\chi_\alpha^2(n)}=u_{\alpha/2}$，所以 $\chi_\alpha^2(1)=(u_{\alpha/2})^2$。

（2）当 $n=2$ 时，$\chi_\alpha^2(2)$ 的分布为参数为 0.5 的指数分布。由 $H(x,2)=1-\mathrm{e}^{-\frac{x}{2}}=\alpha$，可以得出 $\chi_\alpha^2(2)=-2\ln(1-\alpha)$。

（3）当 $n>2$ 时，卡方分布的分位数可以利用下面的近似公式得出

$$\chi_\alpha^2(n)\approx n\left[1-\frac{2}{9n}+u_\alpha\sqrt{\frac{2}{9n}}\right]^3 \tag{7-17}$$

式中，u_α 为标准正态分布的 α 分位数。

此时可以利用标准正态分布求解近似公式，求出标准正态分布的分位数 u_α 后，将其作为卡方分布的分位数的初值代入方程 $H(x,n)-(1-\alpha)=0$，利用牛顿法计算卡方分布的分位数。此过程可以提高算得的卡方分布的分位数的精度。

由卡方分布的概率密度函数为 $f(x,n)=\frac{1}{2^{n/2}\Gamma(n/2)}\mathrm{e}^{-\frac{x}{2}}x^{\frac{n}{2}-1}$ 可以看出，需要先定义伽玛函数再定义卡方分布的概率密度函数。

算法如下。

（1）定义伽玛函数，计算 $\Gamma(n/2)$。

（2）定义伽玛分布的密度函数。

（3）定义卡方分布的分位数，具体如下。

- 当 $n=1$ 时，由 $H(x,1)=2\Phi(\sqrt{x})-1=\alpha$，得 $\Phi(\sqrt{x})=(1+\alpha)/2$，则 $\sqrt{\chi_\alpha^2(n)}=u_{\alpha/2}$，所以 $\chi_\alpha^2(1)=(u_{\alpha/2})^2$。
- 当 $n=2$ 时，$\chi_\alpha^2(2)$ 的分布为参数为 0.5 的指数分布。由 $H(x,2)=1-\mathrm{e}^{-\frac{x}{2}}=\alpha$，可以得出 $\chi_\alpha^2(2)=-2\ln(1-\alpha)$。
- 当 $n>2$ 时，卡方分布的分位数可以利用式（7-17）得出。

（4）使用牛顿法计算卡方分布的分位数，即 $F_{\chi^2}(x,n)-\alpha=0$。

代码 7.9 请扫描本节后面的二维码查看。

7.4 节代码

扩展阅读：分布函数和分位数的数值计算

为了便于读者计算，几乎所有概率论与数理统计相关教材都会在附录中给出正态分布的分布函数和分位数、卡方分布的分位数、t 分布的分位数及 F 分布的分位数，而卡方分布、t 分布和 F 分布的分布函数鲜有人给出。读者可以通过查表得到这些分位数和分布函数，但是这些表格中的数字是怎么得来的呢？它们是通过数值计算的方法得到的吗？本章内容研究了如何得到这些分布的分位数和分布函数，并且给出了正态分布相关的分布和贝塔分布相关的分布，目的是使读者不仅知道分位数是什么，还可以通过编写代码求出分位数，从而做到知其然并知其所以然。

附录A　统计图形

1．散点图

命令：plt.scatter()

代码：

```
import matplotlib.pyplot as plt
years = [2011, 2012, 2013, 2014, 2015, 2016, 2017, 2018, 2019, 2020,
2021,2022]
turnovers = [0.35, 10.36, 51, 189, 375, 585, 922, 1019, 1698, 2135, 2678,2893]
plt.figure()
plt.scatter(years, turnovers, c='red', s=100, label='legend')
plt.xticks(range(2011, 2022, 3))
plt.yticks(range(0, 3200, 800))
plt.xlabel("Year", fontdict={'size': 16})
plt.ylabel("number", fontdict={'size': 16})
plt.title("Title", fontdict={'size': 20})
plt.legend(loc='best')
plt.show()
```

输出的散点图如图A.1所示。

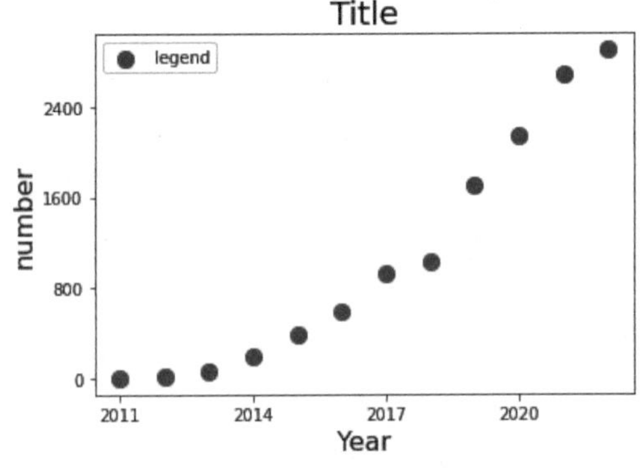

图A.1　输出的散点图

2．饼图

命令：plt.pie()

代码：

```
import numpy as np
import matplotlib.pyplot as plt
x = [1, 3, 5, 7]
```

```
plt.pie(x)
plt.show()
```

输出的饼图如图 A.2 所示。

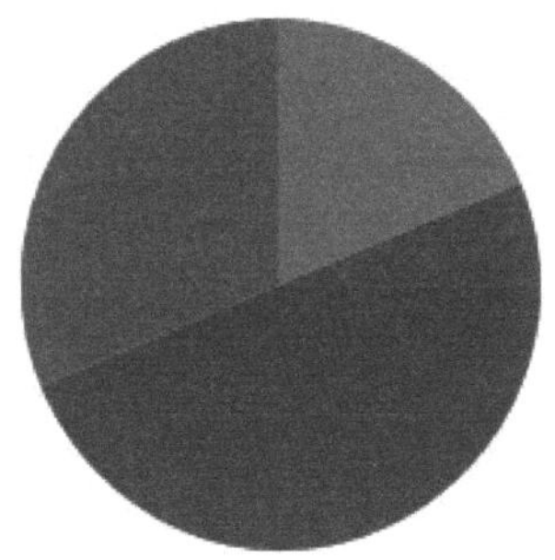

图 A.2 输出的饼图

3. 柱状图

命令：plt.bar()

代码：

```
import matplotlib.pyplot as plt
X=[6,7,8,9,10]
Y=[0.2,0.6,0.1,0.8,0.4]
plt.bar(X,Y,color='b')
plt.show()
```

输出的柱形图如图 A.3 所示。

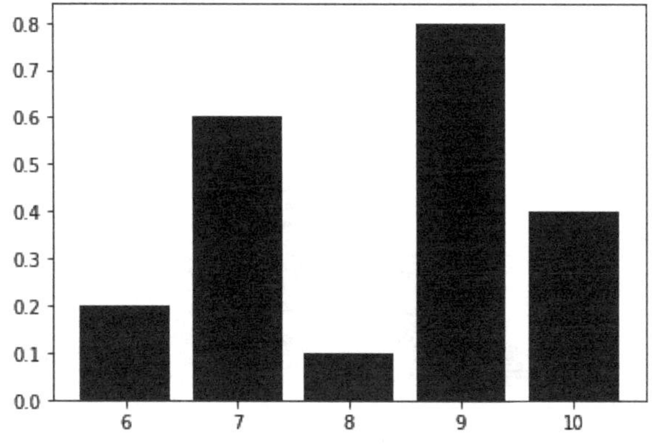

图 A.3 输出的柱形图

4. 概率直方图

命令：plt.hist()

代码：

```
import matplotlib.pyplot as plt
import numpy as np
```

```
example_list=[]
n=1000
for i in range(n):
    tmp=[np.random.normal()]
    example_list.extend(tmp)
width=120
n, bins, patches = plt.hist(example_list,bins = width,color='blue',alpha=0.7)
X = bins[0:width]+(bins[1]-bins[0])/2.0
Y = n
maxn=max(n)
maxn1=int(maxn%8+maxn+8*2)
ydata=list(range(0,maxn1+1,maxn1//8))
yfreq=[str(i/sum(n)) for i in ydata]
plt.plot(X,Y,color='green')        #利用返回值绘制区间中点连线
#利用 7 次多项式拟合，返回拟多项式系数，按照阶数从高到低排列
p1 = np.polyfit(X, Y, 7)
Y1 = np.polyval(p1,X)
plt.plot(X,Y1,color='red')
plt.xlim(-2.5,2.5)
plt.ylim(0)
plt.yticks(ydata,yfreq)            #确定纵坐标是频数或频率
plt.legend(['midpoint','fitting'],ncol=1,frameon=False)
plt.show()
```

输出的直方图如图 A.4 所示。

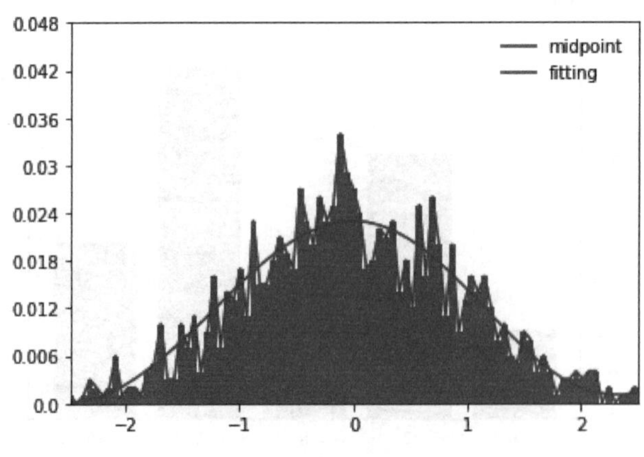

图 A.4　输出的直方图

5. 茎叶图

命令：plt.pie()

代码：

```
from itertools import groupby
data = (1, 35, 57, 40, 73, 82, 68, 69, 52, 1, 23, 35, 55, 65, 48, 93, 59, 87,
```

```
2, 64)
data = sorted([str(e) for e in data])     # 数据转换
# k 和 h 分别为每个数值的十位数字和个位数字的字符形式
for k, g in groupby(data, key=lambda x: int(x) // 10):
   lst = map(str, [int(h) % 10 for h in list(g)])
   print (k, '|', ' '.join(lst))
```

输出结果：

```
0 | 1 1 2
2 | 3
3 | 5 5
4 | 0 8
5 | 2 5 7 9
6 | 4 5 8 9
7 | 3
8 | 2 7
9 | 3
```

参考文献

[1] 李东风. 统计计算[M]. 北京：高教出版社，2017.

[2] 高惠璇. 统计计算[M]. 北京：北京大学出版社，1995.

[3] 玛利亚 L. 里佐. 统计计算——使用 R[M]. 胡锐，李义，译. 北京：机械工业出版社，2019.

[4] 肖华勇. 统计计算与软件应用[M]. 2 版. 西安：西北工业大学出版社，2018.

[5] 檀结庆. 连分式理论及其应用[M]. 北京：科学出版社，2017.

[6] 燕雪峰，张德平. 统计计算与智能分析理论及其 Python 实践[M]. 北京：电子工业出版社，2022.

[7] 张仕斌. 现代统计理论与计算[M]. 北京：科学出版社，2022.

[8] 周永道，贺平，宁建辉，等. 随机模拟的方法和应用[M]. 北京：高等教育出版社，2021.

[9] 肖柳青，周石鹏. 随机模拟方法与应用[M]. 北京：北京大学出版社，2014.

[10] 孙荣恒. 应用数理统计[M]. 3 版. 北京：科学出版社，2014.

[11] 李庆扬，王能超，易大义. 数值分析[M]. 5 版. 北京：清华大学出版社，2008.

反侵权盗版声明

电子工业出版社依法对本作品享有专有出版权。任何未经权利人书面许可，复制、销售或通过信息网络传播本作品的行为；歪曲、篡改、剽窃本作品的行为，均违反《中华人民共和国著作权法》，其行为人应承担相应的民事责任和行政责任，构成犯罪的，将被依法追究刑事责任。

为了维护市场秩序，保护权利人的合法权益，我社将依法查处和打击侵权盗版的单位和个人。欢迎社会各界人士积极举报侵权盗版行为，本社将奖励举报有功人员，并保证举报人的信息不被泄露。

举报电话：（010）88254396；（010）88258888

传　　真：（010）88254397

E-mail:　　dbqq@phei.com.cn

通信地址：北京市万寿路 173 信箱

　　　　　电子工业出版社总编办公室

邮　　编：100036

反侵权盗版声明

电子工业出版社依法对本作品享有专有出版权。任何未经权利人书面许可，复制、销售或通过信息网络传播本作品的行为；歪曲、篡改、剽窃本作品的行为，均违反《中华人民共和国著作权法》，其行为人应承担相应的民事责任和行政责任，构成犯罪的，将被依法追究刑事责任。

为了维护市场秩序，保护权利人的合法权益，我社将依法查处和打击侵权盗版的单位和个人。欢迎社会各界人士积极举报侵权盗版行为，本社将奖励举报有功人员，并保证举报人的信息不被泄露。

举报电话：（010）88254396；（010）88258888

传　　真：（010）88254397

E-mail：　　dbqq@phei.com.cn

通信地址：北京市万寿路 173 信箱

　　　　电子工业出版社总编办公室

邮　　编：100036